ÉTUDES

GÉOLOGIQUES ET MINÉRALOGIQUES

OU

CONSIDÉRATIONS

pour servir

A LA THÉORIE DE LA CLASSIFICATION RATIONNELLE DES TERRAINS,
A CELLE DE L'AGE RELATIF DES MINÉRAUX ET DES ROCHES,
AINSI QU'A CELLE DU MÉTAMORPHISME;

PAR

A. RIVIÈRE.

PREMIÈRE PARTIE.

CONSIDÉRATIONS

pour servir à la théorie de la classification rationnelle des terrains.

PARIS.

IMPRIMERIE DE A. LACOUR,

Rue St-Hyacinthe-St-Michel, 33.

ÉTUDES

GÉOLOGIQUES ET MINÉRALOGIQUES.

ÉTUDES

GÉOLOGIQUES ET MINÉRALOGIQUES

OU

CONSIDÉRATIONS

pour servir

A LA THÉORIE DE LA CLASSIFICATION RATIONNELLE DES TERRAINS,
A CELLE DE L'AGE RELATIF DES MINÉRAUX ET DES ROCHES,
AINSI QU'A CELLE DU MÉTAMORPHISME;

PAR

A. RIVIÈRE.

PREMIÈRE PARTIE.

CONSIDÉRATIONS

pour servir à la théorie de la classification rationnelle des terrains.

PARIS.

IMPRIMERIE DE A. LACOUR,
Rue St-Hyacinthe-St-Michel, 33.

1847

INTRODUCTION.

A l'époque où nous sommes, un grand nombre de géologues appartiennent à la classe des gens du monde qui, dédaignant les connaissances accessoires, font de la géologie un objet de récréation. Cependant, la géologie, considérée dans sa véritable acception, est, selon les esprits sérieux, une science trop étendue et trop difficile pour qu'on ose l'aborder sans études préalables. Aussi que résulte-t-il de cet état de choses? D'un côté, une foule d'idées parfois ingénieuses, je n'en disconviens pas, mais qui ne sont appuyées sur aucun fait sérieusement examiné; d'un autre côté, une quantité extraordinaire de travaux descriptifs mal conçus, et qui sont tout autant de matériaux impossibles à coordonner. Dès lors, l'édifice géologique, loin de grandir, est prêt à crouler sur tous ses points; et non-seulement on arrête ainsi la marche d'une science d'observation, mais encore on la fait descendre du degré où son sujet élevé l'avait placée. Au reste, il faut l'espérer, les esprits sains et le temps feront justice et de ces travaux infructueux et de ces doctrines dangereuses, qui naguère ont été répandues.

Je le demande, en effet, depuis 1830, depuis que le nombre des géologues s'est accru d'une manière extraordinaire, la géologie a-t-elle fait des progrès en raison de la quantité prodigieuse des travaux qui ont été publiés? A-t-on introduit dans le domaine de cette science quelque principe fondamental, quelque théorie mère? A-t-on changé quelque chose d'important à la théorie de la chaleur centrale, à celle des soulèvements des montagnes, à la paléontologie générale, à n'importe quelle partie en même temps philosophique et fondamentale des sciences géologiques? Non, la géologie, comme toutes les autres sciences, ne marche que pas à pas, et il faut de temps à autre quelque génie pour lui faire subir de ces sauts brusques, qui reculent tout d'un coup ses bornes! Ainsi, les progrès extraordinaires et le renversement de théories admises, que certains travaux de classification, ou que certaines doctrines auraient amenés depuis peu d'années, n'existent que dans la crédulité de certains géologues : ils sont la dupe de leur légèreté, et souvent aussi de celle des auteurs, dont ils adoptent avec enthousiasme les vues erronnées.

Comme je l'ai dit ailleurs (1), je suis placé entre deux écoles : celle qui s'en va et celle qui n'est pas encore. Dans cette position, je dois professer le plus grand respect pour les travaux de nos devanciers, et j'ai dû accepter avec religion les principes des maîtres: aussi je ne touche à leurs œuvres qu'avec la plus grande réserve et la plus grande précaution. D'après cette manière de voir, toutes les fois que les théories admises satisfont complétement, il faut, selon moi, les respecter comme des monuments; si, au contraire, elles présentent des côtés faibles, ou si elles ne sont plus d'accord avec des faits nouvellement acquis à la science, il convient de les modifier avec tout le savoir et toute la sagesse nécessaires en cette occasion; on doit enfin avouer hautement son impuissance, et se récuser, lorsqu'après avoir réuni ses efforts à ceux des savants qui ont précédé, on ne peut parvenir à trouver une théorie rationnelle. Mais la faillibilité ou les défauts d'une théorie, d'un principe admis ne donnent jamais le droit de briser les travaux que nous devons aux longues méditations de géologues illustres, encore moins celui de se poser en rénovateur, et de substituer alors, à la théorie, au principe consacrés, des doctrines aussi défectueuses: car n'oublions point que l'intelligence et la philosophie ne sont pas la propriété exclusive de notre époque.

(1) Page vij de mes *Éléments de Géologie pure et appliquée*. 1 vol. in-8. Paris; Méquignon-Marvis, libraire, rue de l'École-de-Médecine. 1839.

Or, deux théories aussi fécondes en résultats que dangereuses pour la géologie rationnelle sont à l'ordre du jour; je veux parler du métamorphisme des roches et de la classification des terrains au moyen des fossiles. Il en est de ces deux théories comme de toutes les bonnes choses: elles ont subi le sort de tout ce qui est vaste par le sujet, de tout ce qui est vrai en principe; c'est-à-dire que deux théories, exactes dans certaines limites, ont été exagérées à tel point qu'en ce moment tout géologue raisonnable est presque obligé de ne rien admettre de ce qui les touche.

Relativement à la théorie de métamorphisme, il est, en effet, beaucoup plus facile pour les personnes qui ne veulent pas se donner la peine d'étudier préalablement la minéralogie, la chimie et la physique, d'adopter un mot qui tranche toute question; de dire, par exemple, lorsqu'on ne connaît pas les roches anciennes, ce sont des roches ou des terrains métamorphiques, que d'étudier exactement les roches, d'établir leur différence ou leur similitude, de les classer rationnellement et de décrire avec soin tous les phénomènes. Mais la géologie étant devenue une science d'observation, de calcul et d'expérience, il est temps que les géologues abandonnent ces spéculations hasardeuses, ces expressions vagues, et qu'ils reviennent enfin à la minéralogie, ainsi qu'aux sciences physiques connexes, les seules et véritables bases de la géologie; car sans ces sciences il est aussi impossible de faire de la géologie, qu'il serait ridicule aujourd'hui d'étudier la zoologie sans anatomie et sans physiologie. Pour le moment, je laisserai de côté la question du métamorphisme ; elle fera ultérieurement le sujet d'un travail de longue haleine, et dont celui-ci n'est pour ainsi dire que le préambule nécessaire.

PREMIÈRE PARTIE.

CONSIDÉRATIONS

POUR SERVIR A LA THÉORIE DE LA CLASSIFICATION RATIONNELLE DES TERRAINS.

Dans le but de rester fidèle au plan que je me suis tracé, et comme certains paléontologistes (1) ont une tendance à envahir le domaine de la géologie et à vouloir imposer leurs doctrines, comme, enfin, ils ont déjà réussi à faire de nombreux prosélytes parmi les géologues, je

(1) Je ne fais nullement allusion aux véritables zoologistes et phytologistes qui se bornent à l'étude des animaux et des végétaux en eux-mêmes, ou qui, forts de connaissances positives en zoologie et phytologie, cherchent à éclairer certaines parties de la géogénie par une application réservée de la paléontologie; mais je parle de ces gens qui, avec des connaissances superficielles en zoologie ou en phytologie, veulent appliquer la paléontologie à la géologie, dont ils ignorent les principales bases comme les difficultés : il est question, en un mot, de ces prétendus paléontologistes-géologues ou géologues-paléontologistes, comme on le voudra, qui essayent de séduire par la combinaison de sciences ayant de nombreux rapports entre elles, mais qu'ils n'ont pas assez approfondies séparément pour résoudre les questions complexes qu'elles présentent.

crois devoir examiner actuellement une question qui me semble être fondamentale, je veux parler de la classification des terrains.

Posant la question d'une manière générale, je dirai : la géologie doit-elle être guidée plutôt par la zoologie et la phytologie que par la minéralogie, la chimie et la physique? ou, en d'autres termes, les sciences organiques jouent-elles dans la géologie un rôle plus important que les sciences inorganiques? En partant de la définition de la géologie prise dans sa véritable acception, la logique seule suffirait pour trancher immédiatement la question, et pour accorder aux dernières sciences une part incomparablement plus grande qu'aux premières. Mais il convient de démontrer cette vérité essentielle, par une discussion suffisante; c'est pourquoi j'entrerai dans des détails à l'égard de la classification rationelle des terrains, que je prendrai pour type de la question principale.

CHAPITRE I.

HISTOIRE SOMMAIRE DE LA CLASSIFICATION DES TERRAINS.

Il serait bien difficile d'indiquer le philosophe ou le naturaliste qui, le premier, a eu l'idée de la division de l'écorce du globe en formations ou terrains. Si l'on tentait de résoudre cette question il arriverait sans doute, comme il arrive presque toujours en matière de priorité, qu'après avoir attribué l'honneur de la première classification à tel auteur, on découvrirait plus tard qu'un autre savant avait fait ou médité auparavant une classification analogue. Dans cette position, je me bornerai à dire que nous trouvons déjà des traces non équivoques d'une division de l'écorce du globe, ou en d'autres termes, d'une classification, dans les écrits de George Owen, de Hooke, de Sténon, de Llwyd, de Bourguet, de Moro, de Henckel, de Strachey, de Guettard, de Linné, de Lehmann, de J. Michell, de Bergmann, etc.

Or, si nous jetons un coup-d'œil sur les travaux des naturalistes qui se sont succédés, depuis Owen jusqu'à Werner et W. Smith, nous pourrons apprécier la suite des idées qui ont présidé à la division de l'écorce du globe et par conséquent à la classification des terrains.

Dès la fin du XVIe siècle Owen établissait, dans sa topographie du Pembrokeshire, des séries de roches distinctes, et admettait que les mêmes séries se succèdent les unes aux autres, dans un ordre régulier, sur une vaste étendue de pays. Sa classification était fondée sur des caractères pétrologiques et sur l'aspect physique des séries. Mais le manuscrit d'Owen ne fut publié que longtemps après la divulgation des idées de ce naturaliste : il fut imprimé dans le deuxième volume du *Cambrian Register*.

Vers le milieu du XVIIe siècle, le philosophe Hooke pressentait un ordre chonologique dans les parties qui constituent l'écorce du globe. De son côté, Sténon publia en 1699 une dissertation relative à la théorie de l'enveloppe du globe (1). On trouve dans cet ouvrage une division en montagnes primitives et en montagnes secondaires, de plus, certaines subdivisions. Sa classification, quoique théorique, est fondée sur l'observation des faits ; car il l'appuie sur l'horizontalité et l'inclinaison des couches, j'ajouterai même sur les soulèvements.

Plus tard, deux naturalistes anglais, Llwyd et Lister, établissaient que les débris des corps organisés diffèrent selon les couches qni les recèlent, en montrant que certaines espèces d'échinites étaient particulières à la craie d'Angleterre et à celle du nord-est de l'Irlande, etc., etc. (2).

Bourguet, dans son Mémoire relatif à la théorie de la terre, mémoire qu'il publia en 1729, dit que l'écorce du globe est formée de divers matériaux rangés par couches distinctes. Il reconnaît des alternances et établit des divisions, en s'appuyant sur l'horizontalité, sur les différentes inclinaisons et sur les directions.

Nous voyons aussi que Lazaro Moro, à l'exemple de plusieurs autres savants, distingue deux grandes formations ou époques : la première est celle du soulèvement des mon-

---

(1) *De solido intrà solidum naturaliter contento dissertationis prodromus;* in-4°. Florence. 1669.

(2) Voyez les *Transactions philosophiques* etc.

tagnes primitives, formées au sein des eaux avant l'origine des êtres organisés ; la deuxième, bien postérieure à la première, est celle des montagnes secondaires, formées également sous les eaux, mais après l'origine des êtres organisés, et qui, pour cette raison, en renferment beaucoup de débris.

En 1725, Henckel fit connaître des observations exactes sur la distribution et l'arrangement des filons métalliques, et indiqua leurs directions (1).

Peu de temps après, Strachey remarquait l'inclinaison des strates carbonifères de l'Angleterre, ainsi que l'horizontalité des couches ferrugineuses et du lias qui les recouvrent. Dès cette époque, la discordance de stratification entre des formations ou terrains différents fut un fait acquis à la science; cette vérité fut également confirmée par Odoardi (2). Néanmoins les naturalistes d'alors ne surent pas en tirer le parti qu'elle offrait à leurs spéculations.

En 1746, Guettard divisa la surface du globe en trois grandes bandes : la schisteuse, la marneuse et la sablonneuse. La première correspond à peu près aux terrains primitifs et intermédiaires; la deuxième, aux terrains secondaires; et la troisième, aux terrains tertiaires.

Vers la même époque, Linné divisait l'écorce du globe en cinq assises. La première assise comprenait les roches granitiques et quartzeuses; la seconde, les roches schisteuses avec les débris des plantes marines ; la troisième, les roches calcaires avec les débris des animaux marins ; la quatrième, les roches schisteuses et argileuses ; la cinquième, les roches sablonneuses et les roches dures, com-

---

(1) *Pyritologia*, oder kieshistorie, als des vornehemsten minerals, nach dessen Namen, etc. in-8. Leipsick. 1725 (*Pyritologie* ou histoire naturelle de la pyrite, etc; traduction; in-4. Paris. 1760). Voyez aussi l'*origine des pierres* et l'*introduction à la minéralogie*, par le même auteur.

(2) *De Corpi marini che nel Feltrese distretto si trovanò.— Nuova raccolta d'opusc. scientif., VIII.* 1761.

posées de parties hétérogènes et réunies par un ciment argileux ou siliceux.

En Italie, Targioni marcha sur les traces de Sténon : comme ce dernier, il admit des montagnes primitives et des montagnes secondaires ou collines ; il établit leur distinction en disant que les premières sont inclinées sous différents angles, et que les secondes sont généralement horizontales. En définitive, il ne fit que développer les principes posés par Sténon.

Quoique le chimiste français Rouelle n'ait publié aucun ouvrage sur les questions relatives à la géologie, il n'en a pas moins exercé une grande influence sur les progrès de cette science, par les leçons qu'il faisait et par les disciples qu'il a formés. On trouvera, du reste, un exposé de ses idées dans le tome 1er de la *Géographie physique de l'Encyclopédie méthodique* : cet article est dû à la plume de l'un de ses meilleurs élèves, l'académicien Desmarest.

Rouelle distinguait plusieurs formations appartenant à deux et même à trois groupes, puisqu'il admettait un travail intermédiaire. Sa classification, toute théorique, était fondée cependant sur le caractère de la superposition, sur l'ordre chronologique, et sur les connaissances solides qu'il avait en chimie et en physique. Le tableau suivant représentera approximativement la classification systématique de Rouelle.

1er groupe, ou terre ancienne, COMPRENANT :	Les roches sans couches distinctes, telles que granites, gneiss, roches à base de serpentine, etc.
2e groupe, ou terre intermédiaire, COMPRENANT :	Masses argileuses, schistes divers, roches recomposées, houille.
3e groupe, ou terre nouvelle, COMPRENANT :	Calcaires, argile, marne, sable.

Dans cette classification on reconnaît celle que Lehmann

publia peu de temps après que Rouelle eut émis ses idées dans son cours, et l'on y entrevoit déjà le terrain intermédiaire de Werner.

En 1759, Lehmann, qui dès 1756 avait publié son Histoire des terrains secondaires(1), écrivit deux ouvrages (2) dans lesquels nous trouvons, outre sa classification sommaire, des caractères en général plus précis et des détails plus circonstanciés que ceux qui ont été donnés par ses prédécesseurs. Il divise l'écorce du globe en deux et même en trois classes de roches, quoiqu'on ait dit qu'il avait seulement fait une division binaire. La première classe comprend les roches à strates inclinés et à filons ; la deuxième, les roches à couches sensiblement horizontales; la troisième, les roches à dépôts sédimentaires. Ces trois classes représentaient, dans l'esprit de Lehmann, les roches primitives, les roches secondaires et les roches tertiaires, quoiqu'il n'ait pas parlé explicitement de roches tertiaires.

L'année suivante, J. Michell publia dans les *Transactions philosophiques* une classification encore plus complète que celle de Lehmann, tout au moins pour une partie de l'échelle des terrains; et, en 1772, le chimiste suédois Bergmann admettait aussi de son côté une division chronologique et ternaire. Il divisait l'écorce du globe en : 1° montagnes sans fossiles, 2° montagnes à fossiles, 3° montagnes à couches généralement horizontales.

Bergmann appuyait sur la direction, ainsi que sur l'inclinaison des couches et des filons, sur la composition minérale des montagnes, sur les fossiles qu'elles renfer-

---

(1) *Versuch u. Geschichte von Floetz-Gebirgen,* etc. In-8°. 1756.

(2) 1° *Essai d'une histoire naturelle des couches de la terre;* Paris; in-12. 2° *Traité de physique, d'histoire naturelle, de minéralogie et de métallurgie;* Paris; 3 vol. in-12.

ment, etc.; en sorte que sa classification reposait sur différents caractères à la fois: il employait donc une méthode mixte. Bergmann invita les géologues à vérifier et à généraliser le fait qu'il avait observé, c'est-à-dire à rechercher s'il y a partout une correspondance entre les couches qui composent les montagnes. Enfin il paraîtrait qu'il avait distingué des autres terrains ceux de transport.

Fuchsel avait observé, dès 1775 et même dès 1762, que certaines couches, entre le Hartz et le Thuringerwald, ainsi qu'aux environs de Rudolstadt, sont caractérisées non seulement par leur structure minéralogique, mais encore par les débris organiques qu'elles contiennent (1). Fuchsel distinguait les strates qui forment chacun un dépôt, les couches (situs) composées de strates, et les formations (séries montana) ou les séries de couches répondant à une époque dans l'histoire du globe. Il avait essayé de déterminer la position relative du Muschelkalk, du grès bigarré, du Zechstein, du schiste cuivreux, etc.

Arduino paraît être un des premiers auteurs qui aient parlé des quatre sols: primitif, secondaire, tertiaire et alluvial. Il ne se contente pas de fonder ses divisions sur les superpositions, car il appuie tant sur l'origine ignée du sol primitif et sur l'origine neptunienne des autres sols, que sur les différences paléontologiques offertes par ces derniers (2).

Blumenbach et Schlottheim, en Allemagne, contribuè-

---

(1) *Historia terræ et maris*, ex historiâ Thuringiæ per montium descriptionem erecta; 1762. — *Entwurf zu der ältesten Erd-und Menschengeschichte*; 1775.

(2) *Raccolta di memorie*, etc., d'Arduino; Venise; 1775. — *Nuovo giornale*; Venise; 1782.

rent aussi à la classification des terrains par l'observation des fossiles (1).

Malgré le nombre et la valeur des travaux que j'ai cités, toutes les classifications étaient restées à l'état rudimentaire jusqu'au moment où Werner jeta les bases de l'école, qu'ont illustrée le maître et les disciples.

Le professeur de Freyberg en 1787, je dirai même dès 1778, car à cette époque Werner avait déjà publié un mémoire qui renferme le germe de ses théories, introduisit tant dans ses leçons que dans ses écrits une méthode précise et des principes solides, soit pour les observations géognostiques en général, soit pour la détermination des terrains en particulier. Relativement à la division de l'écorce du globe, il se servit principalement des caractères offerts par la superposition, l'alternance, la stratification, l'inclinaison, la direction, la composition, la structure et les fossiles. Afin de donner une idée des connaissances et de certaines doctrines de Werner, je rapporterai quelques extraits des ouvrages de ce savant minéralogiste, d'après ses meilleurs interprètes.

« La nature a imprimé, dit Werner suivant ses interprètes, un type caractéristique à chaque création et à » chaque époque. Nous appellerons donc une formation, » le type qui est propre à une certaine époque. Les différents rapports constants qui forment ce type, se remarquent dans les périodes les plus longues, comme dans » les époques les plus courtes ; mais ces rapports se nuancent selon qu'on observe les extrémités ou le centre de » la période. Pour que deux roches puissent être appelées » de la même formation, il faut et que les rapports qui

(1) Voyez *Zeitschr. f. mineral*, 1826, p. 313, et un mémoire sur l'emploi de la paléontologie en géologie, par de Born.

» caractérisent le type de cette formation, et que l'époque » à laquelle ces roches se sont formées soient les mêmes. » On reconnaîtra le type par la nature de la composition » de chaque roche ; l'époque par les rapports de super- » position, de stratification et de la composition en grand » d'une roche avec les autres.

» A l'aide de la superposition et de la stratification on » parvient à connaître les formations ; de son côté la po- » sition de la stratification est fournie par l'inclinaison et » la direction qu'elle affecte.

» La roche fondamentale ou de base est toujours dessous » et jamais dessus ; la roche superposée est toujours dessus » et jamais dessous. Ainsi le micaschiste partout où il se » trouve, repose sur le gneiss, tandis qu'il est toujours au- » dessous du schiste argileux, etc.

» La superposition uniforme a lieu quand la stratification » de la roche superposée a la même direction et la même » inclinaison que la roche fondamentale. Les roches qui » offrent cette superposition appartiennent à la même » grande période. Aux points de superposition il y a pas- » sage entre les roches ; c'est ce que montrent le gneiss » et le micaschiste, le micaschite et le schiste argileux, etc.

» La superposition contrastante a lieu quand la strati- » fication de la roche superposée n'est pas parallèle à celle » de la roche fondamentale. Les roches de cette structure » sont d'une formation différente ; elles présentent un autre » type et appartiennent à des époques différentes. Enfin » la superposition contrastante prouve que la surface de la » roche fondamentale a changé de position par une révo- » lution quelconque.

» Ordinairement les filons de différentes natures se croi- » sent ; tandis que les filons qui affectent la même direction » présentent les mêmes substances et appartiennent à la » même formation. Les filons de la même époque sont sen-

» siblement parallèles entre eux ; et le filon croiseur est » plus récent que le filon coupé. Un même district peut offrir » des filons appartenant à des époques très différentes : à » Freyberg on remarque des filons de huit époques ou for- » mations ; mais à ce nombre ne se borne pas celui des » époques, si l'on considère toute la surface du globe. Il » y a eu des métaux plus anciennement formés les uns que » les autres (Ordre chronologique : 1° étain, molybdène ; » 2° urane, bismuth ; 3° or, argent, mercure, antimoine, » manganèse ; 4° cuivre, plomb, zinc ; 5° cobalt, nickel).

» Il en est de même des filons pierreux (1).

» Les terrains inférieurs, à texture cristalline, à structure » problématique ou qui se présentent sous de fortes incli- » naisons, et dans lesquels on voit de nombreux filons, mais » qui ne renferment pas de fragments de roches, ni de » débris de corps organisés, constituent les terrains pri- » mitifs ou les formations primitives.

» Les terrains supérieurs, qui sont formés de couches, » ordinairement peu inclinées ou horizontales, et offrant » de fréquentes alternances entre elles, qui sont remplis de » débris de corps organisés, qui renferment de nombreux » fragments de roches des terrains préexistants, et qui sont » généralement composés de calcaire, de grès, d'argile et » de sable, constituent les terrains ou formations secon- » daires.

» Les terrains qui se trouvent placés entre les deux pré- » cédents, qui sont formés de couches plus distinctes que » ceux sur lesquels ils reposent, qui participent néanmoins » des terrains primitifs par une forte inclinaison, par la » présence de nombreux filons, par les caractères de » texture, de structure et de composition, mais qui par-

(1) *Neue Theorie von der Entstehung der Gänge*, etc., par Abr. Gottlob Werner, in-8 ; Freyberg ; Gerlach. 1791.

» tagent aussi les caractères des terrains secondaires par la
» présence de fragments de roches des terrains primitifs et
» quelquefois de débris de corps organisés, par l'alternance
» des couches, etc., constituent les terrains ou formations
» intermédiaires. On peut les désigner aussi sous le nom
» de terrains de transition, parce qu'ils forment en quelque
» sorte le passage des terrains primitifs aux terrains se-
» condaires.

» Les roches produites par les volcans constituent une
» classe de terrains tout-à-fait distincte. »

Werner comprenait dans la classe des roches volcaniques seulement celles qui sont le produit des volcans en activité durant notre époque; les autres roches volcaniques, telles que les basaltes, les trachytes, etc., des époques antérieures rentraient sous le nom de trapps dans ses terrains à couches. Quant aux roches plutoniques, depuis les porphyres jusqu'aux granites, il les rangeait dans le terrain primitif ou dans celui de transition, suivant les caractères qu'elles offraient à son système de classification.

Il serait bien difficile de reproduire aujourd'hui, et surtout en français, la classification des terrains de Werner avec tous les détails qu'il admettait. En présence de cette difficulté, j'espère qu'on me pardonnera les infidélités que je pourrais commettre en essayant de retracer ici le tableau sommaire de la classification du minéralogiste de Freyberg, d'après ses premiers interprètes.

Formations primitives :	Granite; Gneiss, etc.; Schiste micacé, etc.; Schiste argileux, etc.; Calcaire, etc.; Trapps, Serpentines, etc.; Porphyre, Syénite, etc.
Formations intermédiaires :	Grauwacke, divers schistes, etc.; Calcaires, etc.; Etc.; Trapps.

Formations secondaires :	Grès rouge, Calcaire, Charbon, etc.; Grès, Argile avec gypse, etc.; Muschelkalk; Quadersanstein; Calcaire; Etc.; Trapps.
Appendice :	Alluvions; Roches volcaniques.

Werner est entré dans un grand nombre de détails que je n'entreprendrai pas de retracer, malgré l'intérêt qu'ils offrent, afin de rester dans le rôle de l'historien exact et de ne pas sortir du cadre étroit que je me suis tracé.

On voit, d'après ce qui précède, que Werner a eu au moins le mérite, si toutefois on ne lui en accordait pas d'autres, d'avoir présenté plus de détails, d'avoir introduit plus de précision dans l'exposé des faits, plus de netteté dans la déduction des principes, et d'avoir su formuler mieux que ses devanciers les caractères distinctifs des formations ou terrains.

C'est sur les bases de la classification géognostique de Werner que Reuss, Karsten, Leonhard, Kopp et Merk, de Heim, etc., ont établi les leurs. D'autres géologues, parmi lesquels je citerai de Hoff, Hausmann, etc., s'en sont un peu écartés, mais seulement dans la formation des groupes.

Du temps que l'école de Freyberg s'illustrait à tout jamais, de son côté W. Smith, le Werner de l'Angleterre, enrichissait la science de travaux importants, car dès 1790 il publiait le résultat de ses recherches, et exposait ses idées sur la distribution et la classification des terrains. Ce savant a établi des divisions précises dans l'écorce du globe, et, relativement aux parties qui la composent, une succession très satisfaisante et assez complète, même pour notre époque (1).

Aussi a-t-il été, comme Werner, pris pour guide dans

(1) W. Smith, *Tableau des couches britanniques.*

la classification des terrains par un grand nombre de géologues de son pays.

Depuis Werner et Smith, les disciples des écoles de Freyberg se répandirent dans tous les pays; ceux des écoles britanniques, car il y en eut bientôt plusieurs, ainsi que ceux des écoles françaises ou autres se multiplièrent également; depuis lors, dis-je, le nombre des géologues de toutes les écoles s'accrut rapidement, les disciples devinrent des maîtres, et l'on conçoit combien les classifications primitives durent se modifier et même s'améliorer, quoiqu'elles fussent déjà établies en grande partie.

Je ne saurais donc tracer l'historique de la classification des terrains depuis l'époque de Werner jusqu'à ce moment, sans sortir du but principal que je me suis proposé, avec d'autant plus de raison que, d'un côté, M. de Bonnard a fait en partie cette histoire depuis l'époque de Werner jusqu'en 1819, et que, d'un autre côté, rien de saillant sur ce sujet n'a été introduit depuis 1819 jusqu'à ce moment, si j'en excepte toutefois l'application directe de la théorie des soulèvements.

Néanmoins, je crois devoir rappeler les améliorations et les changements les plus importants qu'on a introduits dans les classifications primitives, soit antérieurement, soit postérieurement à l'œuvre pleine d'érudition, de sens et d'intérêt qui a été publiée par M. de Bonnard. Dans cette esquisse rapide, je me contenterai de retracer les principaux traits des travaux qui ont été entrepris sur les classifications, et quelquefois même de citer les noms des géologues qui ont enrichi la science de détails plus ou moins intéressants sur ce sujet.

Nous avons vu que vers le milieu du dernier siècle Lehmann avait déjà publié l'histoire des terrains secondaires, dans laquelle on trouve une description des couches du terrain houiller. Je rappellerai également que Fuchsel, de 1762 à 1775, a écrit un ouvrage qui paraît renfermer la détermination de la position relative du muschelkalk, du grès bigarré, du kupferschiefer, du zechstein et du rothetodteliegende, mais sous d'autres noms.

Werner, outre les divisions et subdivisions qu'il avait établies dans les terrains primitifs et intermédiaires, avait reconnu la série des dépôts secondaires depuis le terrain houiller jusqu'au muschelkalk ; il avait discuté l'ordre de superposition du terrain houiller, qu'il classait dans les formations secondaires ; de plus il avait partagé l'ensemble des terrains de transport rougeâtres en deux formations distinctes (rothetodteliegende et bunter sandstein ou grès bigarré), dont le rothetodteliegende avec la houille constituaient la base. Mais Werner n'avait pas débrouillé les membres supérieurs des formations secondaires, et avait confondu en grande partie le terrain tertiaire avec les alluvions, quoiqu'il eût divisé les terrains de transport en terrain de transport des montagnes et en terrain de transport des plaines.

De son côté W. Smith, d'après l'observation des fossiles, avait assigné aux différentes parties de la série oolitique, y compris le lias, des noms particuliers, dont quelques uns sont encore employés. Au reste, son travail ne fut publié complétement qu'en 1815.

Voici l'ordre des terrains reconnus par Smith.

« Sur le terrain primitif, qui forme la partie occidentale » de l'Angleterre, on a un grès rouge ou brun, au-dessus » duquel se trouve le calcaire encrinitique (encrinal limes- » tone, ou mountain limestone) ; on a ensuite, si l'on s'a- » vance vers l'Est, une succession de grandes assises qui » plongent vers cette partie de l'horizon, et qui sont :

» 1° Terrain houiller ;
» 2° Calcaire magnésien jaunâtre ;

» 3° Marne et grès rouge, gypse, sel gemme;
» 4° Calcaire argilo-bitumineux, contenant beaucoup » d'ammonites;
» 5° Marne bleue avec belemnites, gryphites;
» 6° Calcaire oolitique;
» 7° Calcaire compacte avec de l'argile schisteuse;
» 8° Calcaire blanc et sablonneux, mince assise;
» 9° Argile schisteuse d'un bleu foncé, calcarifère et » bitumineuse;
» 10° Sable ferrugineux, contenant des masses calcaires, » de la terre à foulon, de l'argile;
» 11° Calcaire avec débris de madrépores et pisolites;
» 12° Marne bleuâtre;
» 13° Sable vert et souvent grès chlorité à ciment » calcaire;
» 14° Craie;
» 15° Sable;
» 16° Argile plastique;
» 17° Argile bleuâtre de Londres. »

M. L. de Buch paraît être le premier géologue qui ait limité avec assez de succès pour l'époque, les terrains intermédiaires de Werner (1).

Pendant ce temps M. A. de Humboldt séparait, sous le nom de calcaire alpin (zechstein), le grès rouge et le terrain houiller tant du grès bigarré, avec ses argiles, etc., que du calcaire du Jura.

Comme M. A. de Humboldt, divers géologues, parmi lesquels je citerai Voigt, de Heim, Hoff, Freieseleben, etc., ont discuté l'ordre de superposition du terrain houiller et l'ont assez bien fait connaître.

---

(1) *Moll's Jahrb.* 1798. B. 2, p. 254.

Freieseleben a étudié avec beaucoup de soin les dépôts de schistes cuivreux et leur a donné le nom de kupferschiefergebirge. Il a décrit aussi avec détails les terrains ou parties de terrains entre lesquels se trouve sa formation de kupferschiefergebirge (1).

En 1808, G. Cuvier et M. Alex. Brongniart, dans leur célèbre mémoire *sur la Géographie minéralogique des environs de Paris* (2), séparèrent des terrains secondaires un ensemble de terrains qu'ils nommèrent tertiaires. Ils y comprirent toutes les couches qui sont situées au-dessus de la craie et un grand nombre de dépôts que l'on regardait comme de simples dépôts superficiels. Dès cette époque aussi, ils donnèrent la première description du terrain de la craie à la hauteur de la géologie moderne.

Vers le même temps, M. d'Omalius d'Halloy établissait dans les terrains anciens le groupe ardoisier, et il réunissait sous le nom de formation du grès rouge, qu'il a remplacé plus tard par celui de terrain pénéen, le grès bigarré, le grès des Vosges, le zechstein, le kupferschiefer et le todteliegende.

Les conglomérats des dépôts arénacés qui sont mêlés de calcaire et de houille ont fait également le sujet d'études de la part de MM. Fleming, Jameson, Macculloch, Bald, Boué, Sedgwich, Phillips, etc.; mais une partie de ces travaux n'a été publiée que longtemps après (3).

En 1813, M. d'Omalius d'Halloy avait mieux circonscrit

---

(1) *Geogr. Beschr des Kupferschiefergebirges.* in-4°, Th. 1807-1815.

(2) *Essai sur la géographie minéralogique des environs de Paris,* par MM. G. Cuvier et Alex. Brongniart; mémoire lu le 11 avril 1808 (Mémoires de la classe des sciences mathématiques et physiques de l'Institut impérial de France, année 1810).

(3) *Voyez :* 1° les coupes de M. Philipps dans les *Geol. trans.*, 2e série vol. III; 2° les observations de M. Segdwick, dans les *proceedings of the geolog. society,* 1831.

que ses prédécesseurs le terrain crétacé y compris le grès vert, néanmoins son mémoire n'a été publié qu'en 1817 ; et il est vrai d'ajouter que de son côté M. Alex. Brongniart, à l'exemple de W. Smith, avait séparé du terrain crétacé proprement dit le terrain du grès vert et de l'argile wealdienne, en lui donnant le nom de terrain arénacé.

M. Alex. Brongniart, en 1814, dans le n° 206 du *Journal des Mines*, a proposé une nouvelle division des terrains en neuf classes, déterminée principalement d'après les caractères fournis par les fossiles. Je reproduirai plus loin cette classification telle qu'elle a été publiée par son savant auteur en 1829.

Dans une esquisse géognostique de la France, de l'Angleterre, ainsi que d'une partie de l'Allemagne et de l'Italie, publiée à Berlin en 1816, MM. de Raumer et d'Engelhardt divisèrent les terrains en cinq groupes ou formations générales.

Le premier groupe comprend tous les terrains des deux classes primordiale et intermédiaire. Les auteurs rapportent la principale formation houillère au terrain schisteux du premier groupe. Un appendice à ce premier groupe classe, d'une manière particulière, les terrains des trois grandes chaines des Pyrénées, des Alpes et des Ardennes (celles-ci prolongées jusqu'au Hartz), chaines dans lesquelles, à tous les terrains du premier groupe, se trouvent réunis des terrains houillers, gypseux et salifères, et où la structure des montagnes paraît différente de celle des autres contrées décrites.

Le deuxième groupe est désigné sous le nom du grès rouge, qui en forme la masse principale et auquel le calcaire alpin est subordonné, ainsi que des terrains houillers, des gypses, des sels gemmes, des porphyres, des trapps, etc.

Le troisième groupe est celui du calcaire coquillier.

Le quatrième groupe désigné sous le nom de formation de craie et de sable, comprend la craie et les terrains qui lui sont superposés.

Le cinquième groupe, enfin, comprend les terrains désignés par Werner sous le nom de trapps secondaires.

Quoiqu'il en soit de cette classification, M. de Raumer a mieux assigné que ses devanciers la place du quadersanstein : il l'a séparé nettement du muschelkalk et mis au-dessous du calcaire du Jura, c'est-à-dire, dans le lias.

Dans la même année, M. Buckland écrivait son *Tableau des formations de l'Angleterre*, dans lequel il réunit en un même terrain ou groupe le magnesian limestone et le redmarl.

En 1819, M. d'Aubuisson de Voisins a publié son excellent *Traité de géognosie*, où se trouve la classification de Werner avec les modifications que les progrès de la géologie exigeaient.

Il divise les terrains en deux grandes sections : les terrains proprement dits et les terrains ignés ; les terrains proprement dits en cinq classes. La première classe comprend les terrains primitifs ; la deuxième, les terrains intermédiaires ; la troisième, les terrains secondaires ; la quatrième, les terrains tertiaires ; et la cinquième, les terrains de transport.

A la même époque, M. de Bonnard écrivit l'*Aperçu géognostique des terrains* que j'ai déjà cité, et dont j'extrairai plus tard la classification détaillée qu'il proposa. Comme ce travail est le résumé de toutes les connaissances que l'on possédait alors sur les terrains, il a dû nécessairement exercer de l'influence sur les classifications ultérieures.

M. A. Boué, dans son *Essai géologique sur l'Écosse*, publié en 1820, a donné une classification dans laquelle on voit des roches d'origine ignée à la suite des terrains auxquels elles correspondent, suivant l'auteur; mais ce travail de M. Boué a surtout servi à la détermination des terrains anciens ; tandis que les mémoires qu'il a écrits postérieurement ont été utiles plutôt à la classification des terrains oolitique, crétacé, etc., qu'à celle des terrains inférieurs. Dans tous les cas, je reproduirai à son tour la classification des terrains qui a été proposée par M. Boué en 1835.

MM. Conybeare et Phillips ont publié en 1822 un ouvrage (1) qui a exercé une grande influence sur la détermination et la classification des terrains, notamment du terrain du vieux grès rouge, du terrain houiller et du terrain oolitique. Ils ont partagé la série oolitique en trois systèmes : 1° Système supérieur, 2° système moyen, 3 système inférieur, sans y comprendre le lias qui a été regardé par ces géologues comme devant être en dehors de la série; cette subdivision a été généralement adoptée.

A cette époque M. de la Bèche a également éclairé la classification du groupe oolitique (2).

Un assez grand nombre d'ouvrages avait été publié sur le terrain erratique, mais ce n'est qu'en 1822 que M. Buckland a fixé l'attention d'une manière définitive sur ce terrain (3). Depuis cette époque, on a essayé de déterminer plus rigoureusement les formations diluviennes et l'on a tenté des classifications rationnelles. Parmi les géologues, dont les travaux ont le plus contribué à faire connaître les formations erratiques, je citerai de Razoumowski, MM. Alex. Brongniart, Segdwick, Élie de Beaumont, Boué (4), etc. Je mentionnerai également ici les naturalistes

---

(1) *Outlines of the geology of England and Wales*, par Conybeare et Philipps. Londres. 1822.

(2) *Geol. trans.*, tome I. 1822.

(3) *Reliquiæ diluvianæ*, etc. in-4°. Londres. 1822-1823.

(4) *Le déluge, le diluvium et l'époque alluviale ancienne* (Mémoires géoogiques et paléontologiques. 1832).

suisses, qui tout nouvellement ont repris l'étude des terrains de transport.

En 1823, M. A. de Humboldt, qui avait déjà écrit et publié en partie, mais sous un autre titre, son *Essai géognostique sur le gisement des roches dans les deux hémisphères*, a reproduit ce travail après l'avoir complété au moyen des ouvrages de ses prédécesseurs (1). On voit dans ce livre une classification générale des terrains, qui trouvera plus tard sa place parmi les classifications que je reproduirai.

En 1824, M. Keferstein a contribué à établir les caractères distinctifs du keuper, du lias et du véritable quadersanstein, malgré les travaux qui avaient déjà été écrits sur ce sujet (2).

L'année suivante M. A. Boué publiait son *Tableau synoptique des formations de la croûte du globe* et admettait que : « le sol secondaire peut se diviser en deux grandes formations » (3).

En 1826 (4), M. d'Alberti a étudié avec soin la série comprise entre le lias et le zechstein; mais ce n'est qu'en 1834 qu'il a définitivement établi le terrain, auquel il a donné le nom de trias, en réunissant sous cette dénomination plusieurs systèmes de roches : le keuper, les marnes irisées, le redmarl, le muschelkalk, le terrain salifère, le bunte mergel, le bunter sandstein, le grès bigarré, le grès de Nébra, le grès des Vosges, etc. (5).

Dès 1825, MM. Dufrénoy et Élie de Beaumont avaient

---

(1) *Essai géognostique sur le gisement des roches dans les deux hémisphères*, par M. A. de Humboldt. in-8. Paris. 1823.

(2) Page 75, 3e vol., *Teutschland geologisch dargestellt*.

(3) *Edimb. phil. j.*, juillet 1825; *Zeitsch f. Min.*, 1827; ou *Mém. de la Soc. linn. de Normandie*, in-4o, vol. I, p. 1, 1829.

(4) *Die Gebirge des Königreichs Würtemberg*, etc., Stuttgard, 1826, p. 303.

(5) *Monographie des bunten Sandsteins, Muschelkalk und Keuper*, von Alberti. Stuttgart, 1834.

indiqué dans les terrains de transition du Cornouailles, du pays de Galles et du Devonshire une division en trois groupes(1). Plus tard ils ont introduit une division analogue dans les terrains de transition de la France, et différents géologues Français, Anglais, Belges et Allemands les ont suivis dans cette voie; mais je ne parlerai ici que des travaux les plus saillants.

En 1827, M. Élie de Beaumont dans son beau travail sur les Vosges(2) a séparé du keuper, du muschelkalk et du grès bigarré, le grès des Vosges.

On doit surtout à M. Fitton la détermination exacte des parties inférieures du groupe crétacé et la séparation de l'étage du weald; il partage le terrain du grès vert en grès verts supérieurs et en gault ou grès verts inférieurs (3). Mais ce n'est qu'en 1836 qu'il a publié un travail complet sur cette matière(4). Il a en outre éclairci la position du terrain de Maestricht, terrain problématique qui a été également le sujet de déterminations de la part de différents géologues, notamment de MM. Al. Brongniart (5) et d'Omalius.

Enfin M. Webster a étudié particulièrement les sables de Hastings (6); de sorte que l'étude de la série des terrains crétacés était dès lors à peu près complète.

En 1829, les deux géologues dont les travaux ont exercé le plus d'influence sur les progrès de la géologie, MM. Du-

(1) *Voyage métallurgique en Angleterre*, Ann. des mines, 1re série, t. 9, p. 835.

(2) *Terrains secondaires du système des Vosges*, Ann. des mines, années 1827 et 1828.

(3) *Proceedings of the geological society of London*, 18 décembre 1829.

(4) *Observations of some of the strata between the chalk*, etc. (*Transactions geolog., Trans. soc. London*, 1836).

(5) *Géogr. min. des environs de Paris*, page 13.

(6) *Geol. trans.*, second. sér., vol. II.

frénoy et Élie de Beaumont avaient déjà enrichi la science de leurs nombreuses observations et fixé des limites plus rigoureuses à l'égard de certains terrains; mais ils ne s'arrêtèrent pas à ces premiers résultats, comme on le verra dans les pages suivantes. Ainsi, pour citer des exemples dès à présent, M. Dufrénoy dans son Mémoire sur le plateau central de la France a réuni, en 1829, le lias avec le terrain jurassique(1); tandis que M. Élie de Beaumont a établi des séparations nettes dans les terrains tertiaires.

En 1830, M. Lyell a publié ses Principes de géologie (2) et y a exposé ses idées sur la classification des terrains. Je me contenterai de reproduire plus tard la classification que cet auteur emploie dans les dernières éditions de ses ouvrages.

M. Hoffmann a divisé l'ensemble du terrain de rothetodteliegende en trois parties (3).

De son côté M. d'Omalius, qui avait réuni le grès bigarré, le muschelkalk et le keuper sous le nom de terrain keuprique, a ensuite remplacé ce nom, d'après M. d'Alberti, par celui de terrain triasique.

A la même époque, M. Weaver a intercalé des dépôts charbonneux dans le groupe de la Grauwacke (4), et M Dumont a fait connaître en détail les membres inférieurs du groupe carbonifère, c'est-à-dire le terrain anthraxifère (5).

Plus tard, MM. Segdwick et Murchison, après avoir

---

(1) *Considérations générales sur le plateau central de la France, et particulièrement sur les terrains secondaires qui recouvrent les pentes méridionales du massif primitif qui le compose*, par M. Dufrénoy (tome I des Mémoires pour servir à une description géologique de la France. Paris, 1830).

(2) *Principles of geology*. 1830.

(3) *Ubersicht der orographischen und geognostischen verhältnisen vom nord-westlichen Deutschland*; 1830. P. 504.

(4) *Weaver, proceedings of the geological society*, 4 juin 1830.

(5) *Sur la constitution géologique de la province de Liége*. In-4. Bruxelles. 1832.

fait une longue étude des terrains compris depuis le terrain houiller jusqu'aux plus inférieurs, ont établi leurs systèmes carbonifère, silurien et cambrien (1), systèmes qu'ils ont depuis lors modifiés et remaniés plusieurs fois, comme je l'indiquerai dans la suite.

Du temps que ces deux savants anglais arrêtaient et changeaient ainsi leurs classifications, plusieurs autres géologues, notamment MM. Dufrénoy et Dumont, établissaient sur des bases plus solides la division et la classification des terrains qui sont compris depuis le gneiss jusqu'à la formation houillère inclusivement (2).

Me serait-il permis de rappeler en passant que j'ai essayé de fixer une démarcation dans les terrains tertiaires (3), et que j'ai indiqué dans différents écrits les modifications utiles à apporter, selon moi, dans la division des terrains depuis le terrain houiller jusqu'aux plus anciens. Je me réserve, au reste, de compléter ces indications au moyen d'un travail étendu et dont une grande partie est déjà rédigée.

Je ne crois pas devoir m'arrêter sur la classification d'abord établie par MM. Segdwick et Murchison, ni sur

---

(1) *Proceedings of the geological society of London*, vol. II (M. Sedgwick avait d'abord fait ses observations dans le Westmoreland; puis, en 1834, M. Murchison a indiqué les résultats de ses recherches dans le pays de Galles).

(2) *Mémoire sur la composition des terrains de transition de l'ouest de la France*, par M. Dufrénoy (Annales des mines, 2e série, 14e volume, 1838).

Rapport fait à l'académie de Bruxelles sur les travaux de la carte géologique de la Belgique, par M. A. H. Dumont (Bulletin de la société géolog. de France, t. 8, p. 77, 1836).

Rapport fait à l'académie de Bruxelles sur les travaux de la carte géologique de la Belgique pendant 1838 (Bulletin de l'académie royale des sciences et belles-lettres de Bruxelles, vol. V, p. 634, année 1838).

(3) *Mémoire sur les terrains tertiaires de la Vendée; et Bulletin de la soc. géol. de France*, tome XI, p. 295.

les divers changements qui ont été ensuite apportés, séparément par ces auteurs, à leur classification primitive. Je ne m'arrêterai pas davantage aux différentes classifications qui ont été proposées par M. d'Omalius dans les éditions successives de ses *Éléments de géologie* : je ne reproduirai plus loin que la classification qui a été publiée par cet auteur dans la dernière édition de ses *Éléments de géologie*. Je retracerai de même la dernière classification qui a été adoptée par M. Murchison dans la *Description géologique de la Russie*, ainsi que celle qui a été proposée par MM. Élie de Beaumont et Dufrénoy dans leur *Explication de la carte géologique de la France*, classification que j'ai déjà reproduite dans les *Annales des sciences géologiques* (1).

On a cru devoir faire, sous la dénomination de terrain néocomien, un terrain particulier d'une série de couches qui se trouvent dans les terrains crétacés; mais il paraît d'après M. Fitton (2) que ce terrain devrait être compris dans celui du grès vert : c'est, au reste, l'opinion que j'avais déjà émise (3). Quoiqu'il en soit de l'indépendance ou non des couches néocomiennes, leur étude a certainement conduit à des résultats utiles pour la géologie de détails.

On a, en outre, voulu établir un nouveau terrain entre le terrain crétacé et le terrain tertiaire inférieur. Or, malgré les études qui ont été faites avec soin dans les Pyrénées et ailleurs, rien de certain à ce sujet n'est encore sorti des investigations des géologues.

Enfin, je rappellerai que, depuis Hutton jusqu'à ce

(1) *Annales des sciences géologiques*. 1842.

(2) *Bulletin de la société géologique de France*, vol. I, 2e série, p. 438.

(3) *Groupe crétacique ou terrains crétacés de la Vendée et de la Bretagne*, page 3. In-8°; Paris; 1842.

moment, on a essayé d'intercaler, parmi les roches sédimentaires et les roches pseudo-sédimentaires, un grand nombre de roches d'origine évidemment ignée et de roches qui présentent de l'analogie avec les roches d'origine évidemment ignée. De même on a fait une classe à part, sous le nom de roches métamorphiques, des roches dont l'origine paraît être problématique aux yeux de certains géologues. Comme la théorie du métamorphisme sera discutée dans une autre partie de mon travail, je laisserai de côté cette question, pour le moment du moins.

Je ne me suis pas arrêté à toutes les divisions et subdivisions qu'on a établies dans les terrains. Il est des auteurs qui les ont faites avec discernement et beaucoup de restriction ; tandis que d'autres les ont multipliées presque à l'infini et pourtant sans motif rationnel. La plupart de ces divisions et subdivisions ne sont pas constantes ; elles n'ont d'importance que dans les détails et les descriptions de pays : en un mot, elles ne sont que locales ou arbitraires, et ne sauraient par conséquent trouver place dans une discussion relative à l'histoire générale du globe.

Il serait impossible de reproduire ici, même sommairement, toutes les classifications générales qui ont été publiées ou proposées depuis l'époque où parut celle de Werner jusqu'à ce jour; je me bornerai donc à en retracer quelques unes : du reste, comme ces classifications reposent toutes sur les mêmes principes et qu'elles ne sont que des variantes plus ou moins développées les unes des autres, je ne vois aucune utilité à présenter toutes ces pièces pour faire juger le procès que je soutiens. En conséquence, je retracerai seulement les classifications qui ont été les plus suivies: ce sont celles de MM. d'Aubuisson de Voisins, de Bonnard, de Humboldt, Conybeare; Alex. Brongniart, d'Omalius d'Halloy, de La Bèche, Lyell, Boué, Agassiz, Murchison, Élie de Beaumont et Dufrénoy ; j'indiquerai enfin les classifications des terrains que MM. Cordier et Constant Prévost exposent dans leurs cours, quoiqu'elles ne soient pas encore publiées par leurs savants auteurs.

CLASSIFICATION DES TERRAINS

PUBLIÉE PAR D'AUBUISSON DE VOISINS, EN 1819 (1).

TERRAINS PRIMITIFS.	Granite (granite, granite graphique, protogine, syénite, roche de topaze).	
	Gneiss.	
	Schiste micacé.	
	Phyllade.	
	Porphyre.	
	Amphibolites (amphibolites, grünstein, trapp, aphanite).	
	Serpentine (serpentine, euphotide).	
	Quartz en roche.	
	Calcaire primitif (calcaire, gypse, etc.).	
TERRAINS INTERMÉDIAIRES.	Traumate et phyllade intermédiaire.	
	Calcaire intermédiaire.	
	Granite et porphyre.	
	Gneiss, schistes micacés, serpentines intermédiaires, etc.	
	Quartz.	
	Amphibolites.	
	Gypse.	
TERRAINS SECONDAIRES.	Grès.	Grès ancien ou grès houiller.
		Grès mitoyen ou grès avec argile.
		Grès nouveau ou grès quartzeux.
	Calcaire.	Calcaire ancien (calcaire alpin, calcaire du Jura).
		Calcaire coquillier, *placé entre les deux derniers grès.*
		Craie.
TERRAINS TERTIAIRES.	Divisés principalement en sept systèmes de couches.	Argile plastique avec sable.
		Calcaire grossier avec sable et grès.
		Calcaire siliceux.
		Gypse avec marnes.
		Marnes.
		Sables et grès.
		Calcaire d'eau douce avec meulières.

(1) *Traité de géognosie*, par J.-F. D'AUBUISSON DE VOISINS, 2 vol. in-8°. Paris, 1819.

TERRAINS DE TRANSPORT.	Terrains de transport des montagnes. Terrains de transport des plaines.
TERRAINS VOLCANIQUES.	Terrains trachytiques (trachyte, trachyte émaillé, trachyte vitreux, trachyte ponceux, phonolite, brèches et tufs). Terrains basaltiques (Basaltes et laves basaltiques, brèches et tufs volcaniques).

CLASSIFICATION DES TERRAINS

PUBLIÉE PAR M. A. H. DE BONNARD, EN 1819 (1).

1re *Classe*.

TERRAINS PRIMORDIAUX.

TERRAINS DU GRANITE.	Terrain de granite antérieur au gneiss. Terrain de granite, de gneiss et du micaschiste. Terrain de granite postérieur au gneiss et au micaschiste.
SÉRIE MICACÉE.	Terrain de gneiss. Terrain de micaschiste. Terrain de schiste et de phyllade.
SÉRIE FELDSPATHIQUE.	Terrain de pegmatite. Terrain d'eurite schistoïde (weisstein). Terrain de pétrosilex et d'eurite. Terrain de porphyre. Terrain de syénite.
SÉRIE QUARZEUSE. . .	Terrain d'hyalomicte (Greisen). Terrains de quarzite. Terrain de jaspe schistoïde (kieselschiefer).
SÉRIE TALQUEUSE. . . .	Terrains de protogyne. Terrains de stéaschiste. Terrains d'ophiolite ou de serpentine. Terrains d'euphotide.
SÉRIE AMPHIBOLIQUE.	Terrains d'amphibolite. Terrains de diabase. Terrains de trappite et de cornéenne.
SÉRIE CALCAIRE. . . .	Terrains de calcaire, de cipolin et d'ophicalce grenu.

2e *Classe*.

TERRAINS INTERMÉDIAIRES.

SÉRIE MICACÉE. . . .	Terrains de phyllade et de schiste. Terrains de psammité et de poudingue, ou terrains de grauwacke.
SÉRIE TALQUEUSE. . .	Terrains de stéaschiste, de serpentine, etc.

(1) *Aperçu géognostique des terrains*, par A. H. de BONNARD, in-8°. Paris, 1819.

SÉRIE QUARZEUSE.
- Terrains de quarzite.
- Terrains de jaspe schistoïde.
- Terrains de transport, brèches quarzeuses, poudingues psammites, grès.

SÉRIE CALCAIRE.
- Terrains de calcaire, cipolin, ophicalce, calciphyre roches glanduleuses, brèches et poudingues.

SÉRIE AMPHIBOLIQUE OU TRAPPÉENNE.
- Terrains d'amphibolite.
- Terrains de diabase, d'ophite et de trappite.
- Terrains de cornéenne et de spillite (amygdaloïde).
- Terrains de basalte ou de dolérite ?

SÉRIE FELDSPATHIQUE.
- Terrains de pétrosilex et d'eurite.
- Terrains de porphyre.
- Terrains de syénite, de protogyne et de granite.

SÉRIE GYPSEUSE ET SALINE
- Terrains de gypse et de sel.

SÉRIE CHARBONNEUSE.
- Terrains d'anthracite.
- Terrain de houille ?

3e *Classe.*

TERRAINS SECONDAIRES.

Premier groupe : *Terrains secondaires inférieurs.*

SÉRIE SCHISTEUSE.
- Terrain houiller.
- Terrains de grès rouge.
  - Terrains de grès rouge ancien. (todteliegende)
  - Terrains de grès rouge nouveau ou de grès bigarré (bunter-sandstein).
- Terrains de grès vert.

SÉRIE QUARTZEUSE.
- Terrains de grès.
- Terrain de grès spathique.
- Terrain de jaspe schistoïde.

SÉRIE FELDSPATHIQUE.
- Terrains de pétrosilex.
- Terrains de porphyre et d'argilophyre.

SÉRIE AMPHIBOLIQUE OU TRAPPÉENNE.
- Terrains de cornéenne.

SÉRIE CALCAIRE.
- Terrain de calcaire marbre.
- Terrain de calcaire argileux.
- Terrain de calcaire caverneux et fétide.

SÉRIES GYPSEUSE ET SALINE.
- Gypse et sel du calcaire alpin.
- Terrain de sel et de gypse situé au-dessus du calcaire alpin.
- Gypse et sel du grès bigarré.

SÉRIE CHARBONNEUSE.
- Terrains de houille.
  - Houille et anthracite du terrain houiller.
  - Houille et schiste charbonneux du grès rouge ancien.
  - Houille du calcaire alpin.
  - Houille du grès bigarré.

Second groupe : ***Terrains secondaires supérieurs.***

SÉRIE CALCAIRE. . . .	Terrain de calcaire coquiller (muschelkalk). Terrain de craie.
SÉRIE QUARZEUSE. . .	Terrain de grès blanc (quadersanstein). Terrains de poudingue et de psammite.
SÉRIE ARGILEUSE. . .	Terrains d'argile. Terrains de poudingue argileux.
SÉRIE CHARBONNEUSE.	Terrains de houille. { Houille du calcaire coquiller. Houille du grès blanc. Terrains de lignite?

SÉRIES GYPSEUSE ET SALINE?

4e *Classe.*

TERRAINS TERTIAIRES.

SÉRIE ARGILEUSE. . . .	Argile plastique, marne du calcaire grossier, marnes du gypse, marnes marines, marnes des meulières sans coquilles, marne du second terrain d'eau douce.
SÉRIE QUARZEUSE. . .	Sable de l'argile plastique. Sable, grès et silex du calcaire grossier. Sables et grès sans coquilles. Sables et grès marins supérieurs. Meulières sans coquilles et sable. Silex et sable du terrain d'eau douce supérieur.
SÉRIE CALCAIRE. . . .	Calcaire grossier. Calcaire siliceux inférieur. Second calcaire d'eau douce.
SÉRIE GYPSEUSE. . . .	Terrain de gypse grossier.
SÉRIE CHARBONNEUSE.	Terrains de lignite.

5e *Classe.*

TERRAINS D'ALLUVION OU D'ATTERRISSEMENT.

PREMIER GROUPE : *Alluvions anciennes...*	Alluvions de montagnes. Alluvions de plaines.
DEUXIÈME GROUPE : *Alluvions modernes. .*	Première subdivision. Deuxième subdivision. Terrains de tuf.

6e *Classe.*

TERRAINS PYROGÈNES.

PREMIER ORDRE. . . .	Terrains pseudo-volcaniques.
DEUXIÈME ORDRE. . .	Terrains produits par les salses.
TROISIÈME ORDRE. . .	Terrains volcaniques.
QUATRIÈME ORDRE : *Terrains réputés volcaniques.*	Terrains basaltiques. Terrains trachytiques.

CLASSIFICATION DES TERRAINS

PUBLIÉE PAR MM. CONYBEARE ET PHILLIPS, EN 1822 (1).

I. Ordre supérieur (*superior*). Formations (principalement de sable et d'argile) au-dessus de la craie.

II. Ordre *supra* moyen (*super medial*).
- A Craie.
- B Sables, argiles, etc.
- C Calcaires oolithiques avec couches argileuses.
- D Nouveau grès rouge, conglomérats et calcaire magnésien.

III. Ordre moyen (*medial*) . . . . . .
- A Terrain houiller,
- B Calcaire carbonifère.
- C Vieux grès rouge.

IV. Ordre sous moyen (*submedial*)(phyllades, etc.).

V. Ordre inférieur (*inferior*)(schiste micacé, gneiss, granite, etc.).

CLASSIFICATION DES TERRAINS

PUBLIÉE PAR M. DE HUMBOLDT EN 1823 (2).

TERRAINS PRIMITIFS.

I. Granite primitif.
Granite et Gneis primitifs.
Granite stannifère.
Weisstein avec Serpentine.

II. Gneis primitif.
Gneis et Micaschiste.
Granites postérieurs au Gneis, antérieurs au Micaschiste primitif.
Syénite primitive?
(*Les cinq dernières formations, placées entre le Gneiss et le Micaschiste primitifs, sont des formations parallèles*).
Serpentine primitive ?
Calcaire primitif ?

III. Micaschiste primitif.
Granite postérieur au Micaschiste, antérieur au Thonschiefer.
Gneis postérieur au Micaschiste.
Grünstein-schiefer ?

---

(1) *Outlines of the geology of England and Wales, with an introductory compendium of the general principles of that science, etc. By the Rev. w. d. Conybeare and William Phillips;* in-8. London, 1822.

(2) *Essai géognostique sur le gisement des roches dans les deux hémisphères* par Alex. de Humboldt; in-8. Paris, 1823.

IV. Thonschiefer primitif.
Roche de Quarz primitive (avec masses de fer oligiste métalloïde).
Granite et Gneis postérieur au Thonschiefer.
Porphyre primitif?

V. Euphotide primitive, postérieure au Thonschiefer.
(*Les quatre dernières formations sont des formations parallèles entre elles, quelquefois même au Thonschiefer primitif*).

TERRAINS DE TRANSITION.

I. Calcaire grenu talqueux, Micaschiste de transition, et Grauwacke avec anthracite.

II. Porphyres et Syénites de transition, recouvrant immédiatement les roches primitives, Calcaire noir et Grünstein.

III. Thonschiefer de transition, renfermant des Grauwackes, des Grunstein, des calcaires noirs, des Syénites et des porphyres.

IV et V. Porphyres, Syénites et Grünstein, postérieurs au Thonschiefer de transition, quelquefois même au Calcaire à Orthocératites.

VI. Euphotide de transition.

TERRAINS SECONDAIRES.	TERRAINS (EXCLUSIVEMENT) VOLCANIQUES.
. Grand dépôt de houille, grès rouge et porphyre secondaire (avec amygdaloïde, grunstein et calcaire intercalés). Roche de quartz secondaire. (*Cette dernière formation est parallèle au grès houiller*).	1. Formation trachytiques. Trachytes granitoïdes et syénitiques. Trachytes porphyriques (feldspathiques et pyroxéniques). Phonolithes des trachytes. Trachytes semi-vitreux. Perlites avec obsidienne. Trachytes meulières, celluleuses avec nids siliceux. (Conglomérats trachytiques et ponceux, avec alunites, soufre, opale et bois opalisé).
II. Zechstein ou calcaire alpin (magnesian limestone); gypse hydraté; sel gemme.	II. Formations basaltiques. Basaltes avec olivine, pyroxène et un peu d'amphibole. Phonolytes des basaltes. Dolérites. Mandelstein celluleux. Argile avec grenats-pyropes. (Cette petite formation semble liée à l'argile avec lignites du terrain tertiaire, sur lequel se sont souvent répandues des coulées de basalte). Conglomérats et scories basaltiques.

III. Dépôts arénacés et calcaires (marneux et oolitiques), placés entre le zechstein et la craie, et liés à ces deux terrains.

(*Les cinq formations suivantes, très inégalement développées, peuvent être comprises sous le nom général de*)

Argile et grès bigarré (grès à oolites; grès de Nebra; new red Sandstone et red marl), avec gypse et sel gemme.

Muschelkalk (calcaire coquillier; calcaire de Gœttingue).

Quader Sandstein (grès de Kœnigstein).

Calcaire du Jura (lias, marnes et grands dépôts oolitiques).

Grès et sables ferrugineux, et grès et sables verts, grès secondaires à lignites (Irunsand et Greensand).

III. Laves sorties d'un cratère volcanique (laves anciennes, larges nappes, généralement abondantes en feldspath. Laves modernes à courants distincts et de peu de largeur. Obsidiennes des laves et ponces des obsidiennes).

IV. Craie.

IV. Tufs des volcans avec coquilles. (Dépôts de calcaire compacte, de marne, d'argiles avec lignites, de gypse et d'oolithes, superposés aux tufs volcaniques les plus modernes. Ces petites formations locales appartiennent peut-être aux terrains tertiaires. Plateau de Riobamba; îles de Fortaventura et Lancerote).

TERRAINS TERTIAIRES.

I. Argiles et grès tertiaire à lignites. (Argile plastique, molasse, et nagelfluhe d'Argovie)

II. Calcaire de Paris (calcaire grossier ou calcaire à cérites, formation parallèle à l'argile de Londres et au calcaire arénacé de Bognor).

III. Calcaire siliceux, gypse à ossements, alternant avec des marnes (gypse de Montmartre).

IV. Grès et sables supérieurs au gypse à ossements (grès de Fontainebleau).

V. Terrain lacustre, avec meulières poreuses, supérieur au grès de Fontainebleau (calcaire à lymnées).

CLASSIFICATION DES TERRAINS

PUBLIÉE PAR M. ALEX. BRONGNIART, EN 1829 (1).

NOMS DES CLASSES ET DES ORDRES.	SYNONYMIE.	DÉFINITION et CARACTÈRES ESSENTIELS.
PÉRIODE JOVIENNE, c'est-à-dire de l'époque actuelle, ou terrains postdiluviens.		
Ire Cl. TERRAINS ALLUVIENS.	*alluvium*.	par transport et sédiment.
IIe Cl. TERRAINS LYSIENS.	. . . .	qui ont été dissous et formés par voie chimique.
IIIe Cl. TERRAINS PYROGÈNES.	volcaniques et ignés actuels.	
P. VOLCANIQUES.	. . . .	formés par l'action du feu des volcans actuels.
P. PHLOGOSIQUES.	terrains pseudo-volcaniques.	c'est-à-dire par inflammation sans tumeur.
P. ATMOSPHÉRIQUES.	pierres météoriques.	
PÉRIODE SATURNIENNE, c'est-à-dire ancienne, antérieure à la dernière révolution du globe.		
1re *Considération*. **TERRAINS STRATIFIÉS** ou **NEPTUNIENS**.		
IVe Cl. TERRAINS CLYSMIENS.	*diluvium*.	par transport ou alluvion.
Ve Cl. TERRAINS IZEMIENS.	de sédiment.	principalement par sédiment.
Iz. THALASSIQUES.	supérieurs; ter. tertiaires.	c'est-à-dire de la mer.
Iz. PÉLAGIQUES.	moyens; ter. secondaires.	de la haute mer.
Iz. ABYSSIQUES.	inférieurs.	de l'ancienne mer.
VIe Cl. TERRAINS HEMILYSIENS.	terr. de transition compactes.	formés en partie par voie de sédiment, en partie par voie chimique.
VIIe Cl. TERRAINS AGALYSIENS.	terrains primordiaux.	entièrement dissous et cristallisés.
A. ÉPIZOÏQUES.	ter. de transition cristallisés.	supérieurs à des terrains qui renferment des débris de corps organisés.
A. HYPOZOÏQUES.	terrains primitifs	inférieurs à tous les terrains connus qui renferment des corps organisés.
2e *Considération*. **TERRAINS MASSIFS** ou **TYPHONIENS**.		
VIIIe Cl. TERR. PLUTONIQUES.	terrains d'épanchement.	sortis hors de la terre avec indices de liquéfaction.
P. GRANTOÏDES.		
P. OPHIOLITHIQUES.		
P. ENTRITIQUES.	porphyritiques, etc.	une pâte enveloppant des cristaux.
P. TRACHYTIQUES.		
IXe Cl. TERR. VULCANIQUES.	terrains volcaniques anciens.	portant des signes évidents de liquéfaction ignée.
V. TRAPPÉENS.	. . . .	liquéfaction pâteuse.
V. LAVIQUES.	. . . .	liquéfaction fluide.

(1) *Tableau des terrains qui composent l'écorce du globe, ou Essai sur la structure de la partie connue de la terre*, par Alex. BRONGNIART; in-8°. Paris, 1829.

CLASSIFICATION DES TERRAINS

PUBLIÉE PAR M. DE LA BÈCHE, EN 1832 (1).

TERRAINS STRATIFIÉS.	TERRAINS STRAT. SUPÉRIEURS OU FOSSILIFÈRES.	1. Groupe moderne.	Détritus de différentes sortes, produit par les causes qui agissent encore aujourd'hui. Iles madréporiques ; Travertino, etc.
		2. Groupe des blocs erratiques.	Blocs de transport, graviers, couvrant des collines et des plaines, où ils paraissent avoir été amenés par des forces plus puissantes que celles qui agissent maintenant. (Groupe provisoire).
		3. Groupe supercrétacé.	Dépôts de divers genres supérieurs à la craie ; tels qu'en Angleterre, le crag, les couches de l'île de Wight, l'argile de Londres, l'argile plastique ; en France les couches marines et d'eau douce des environs de Paris, etc.
		4. Groupe crétacé.	1. Craie. — 2. Grès vert supérieur. — 3. Gault. — 4. Grès vert inférieur. Auxquels il est convenable de réunir : 1. L'argile dite weald. — 2. Le sable de Hasting.—3. Les couches de Purbeck.
		5. Groupe oolitique.	Terrains désignés ordinairement sous le nom d'oolite, en y comprenant le lias.
		6. Groupe du grès rouge.	1. Marnes rouges ou marnes irisées. — 2. Muschelkalk. — 3. Grès rouge. — 4. Zechstein. — 5. Conglomérat rouge.
		7. Groupe carbonifère.	1. Terrain houiller.—2. Calcaire carbonifère. — 3. Vieux grès rouge.
		8. Groupe de la grauwacke.	1. Grauwacke en couches épaisses et schisteuses.—2. Calcaire de la Grauwacke. — 3. Schiste argileux de la Grauwacke, etc.
		9. Groupe fossilifère inférieur.	Différents schistes, souvent entremêlés de réunions de roches stratifiées, semblables à celles qui se rencontrent dans les terrains non stratifiés.
	T. STRAT. INFÉRIEURS OU NON FOSSILIFÈRES.	Aucun ordre de superposition déterminé.	Différentes roches schisteuses, et beaucoup de masses cristallines stratifiées, comme gneiss, protogyne, etc.
TERRAINS NON STRATIFIÉS.		Roches volcaniq., trapéennes, serpentineuses, et granitiques.	Laves anciennes et modernes ; trachyte, basalte, grunstein, cornéennes, porphyres pyroxéniques et amphiboliques, serpentine, roches de diallage, siénite, porphyre quarzifère, granite, etc.

(1) *Manuel géologique*, par Henry T. de la Bèche, 2e édition, publiée à Londres en 1832 ; traduction française, revue et corrigée par A.-J.-M. Brochant de Villiers ; in-8°. Paris, 1833.

CLASSIFICATION DES TERRAINS,

PUBLIÉE PAR M. A. BOUÉ, EN 1835(1).

TYPES GÉOLOGIQUES

De la zone polaire arctique et de la partie septentrionale de la zone tempérée boréale,

DANS L'ANCIEN ET LE NOUVEAU MONDE.

DÉPOTS STRATIFIÉS ou NEPTUNIENS.		DÉPOTS MASSIFS OU IGNÉS.	DÉPOTS MODIFIÉS PLUS OU MOINS PAR L'ACTION PLUTONIQUE.
I. SOL PRIMAIRE. (Syn. Sol intermédiaire des auteurs.) 1. *Formation primaire ancienne.* 2. *Formation des Grauwackes.* Angleterre. 3. *Formation des roches de Ludlow et de Dudley.*	Flags de Llandeilo. Grès de Caradoc.	Granite. Siénite. Diorite. Porphyre. Serpentine. Euphotide. Selagite. } En filons, filons-couches, culots et gran, amas Trapp. Basalte. } En culots et filons.	Leptinite. Gneiss quelquefois à cailloux roulés. Micaschiste. Talcschiste. Quarzite. Itabirite. Hornfels. Roche de Schorl. Schiste maclifère. Macline. *Grès quarzo-talqueux.* Calcaire grenu. Dolomie. Gypse. Nids et filons métallifères. Anthracite changé en graphite.
N. O. de l'Europe et Amérique septentrionale 4. *Formation de grès pourpré et du calcaire carbonifère.* Dépôts accidentels de delta dans certains lieux.	Reste de l'Europe septent. ou centrale. Grès et Grauwackes. (F. mal étudiée).	*Serpentine en filons* Porphyre. Trapp. } En filon, filons-couches et culots.	Gneiss. Talcschiste. Schiste d'actinote. Quarzite. Marne devenue jaspoïde. Houille changée en graphite bacillaire.

TYPES GÉOLOGIQUES

De la partie méridionale de la zone tempérée boréale et d'une portion de la zone torride,

DANS L'ANCIEN MONDE.

DÉPOTS STRATIFIÉS ou NEPTUNIENS.	DÉPOTS MASSIFS OU IGNÉS.	DÉPOTS MODIFIÉS PLUS OU MOINS PAR L'ACTION PLUTONIQUE.
Formation primaire ancienne. *Formation des Grauwackes.* *Formation de grès et de calcaire à Productus, etc.*	Granite. Siénite. Diorite. Porphyre. Serpentine. Euphotide. Sélagite. } En filons, filons-couches, culots et grands amas. Basalte en culots et filons. Siénite. Trapp. } En filons et amas.	Leptinite. Gneiss. Micaschiste. Talcschiste. Quarzite. Hornfels. Roche de Schorl. Schiste marlifère. Grès quarzo-talqueux. Calcaire grenu. Dolomie. Gypse. Nids et filons métallifères. Talcschiste quarzeux. Quarzite.

(1) *Guide du géologue-voyageur*, publié par A. Boué, 2 vol. in-12. Paris; 1835.

II. SOL SECONDAIRE.		Gneiss graphiteux.
1. *Formation arénacée inférieure.* Terrain houiller. Terrain de grès rouge. { Dans les contrées où il y a eu des irruptions porphyriq. Accident local, T. de Zechstein (Angleterre et Allemagne septentrionale).	Granite en amas. Porphyre. } En filons, filons-couches et amas. Trapp. Basalte.	Micaschiste. Quarzite. Nids et filons métallifères. Grès devenus jaspoïdes. Houille changée en anthracite, etc.
2. *Formation du Trias.* Europe occidentale. Grès bigarré ou red Marl. | Europe centrale. Ter. du grès bigarré. T. du Muschelkalk. T. du Keuper.	Trapp. } En filons et amas. Basalte.	Grès et marnes frittés ou devenus jaspoïdes, etc. Gypse. Sel. Divers minéraux et minerais.
3. *Formation jurassique.* Terrain du Lias. Grès du Lias. Terrain jurassique inférieur. Oolites. { inférieures. moyennes. Terrain jurassique supérieur. Marnes oxfordiennes. Chailles. Calcaire corallien (Coral rag). Argiles de Kimmeridge. Calcaire portlandien.	Siénite en amas. Sélagite. } En filons et en amas. Diorite. Trapp. } En filons et amas. Basalte. Basalte. } En filons et culots.	Gneiss. Talcschiste. Gypse. Arkoses métallifères. Lias devenu jaspoïde et cependant coquillier (Portrush). Lias devenu un marbre saccharoïde (Ile de Sky). Roches modifiées (Wurtemberg).
4. *Formation crétacée.* Terrain de grès vert. Dépôts de delta çà et là (Weald). Terrain de craie. { Verte. Tufau. Blanche. Craie supérieure ou de Maëstricht (rare).	Granites. Trachytes en amas. Basaltes en nappes et en filons.	Craie changée en marbre nuagé ou calcaire grenu (Islande).
III. SOL TERTIAIRE. 1. *Formation tertiaire inférieure ou parisienne.* Dépôts accidentels fluviatiles et lacustres. Lignite, gypse, etc. 2. *Formation tertiaire supérieure ou subapennine.* Terrain tertiaire moyen (moins d'accidents d'eau douce). Gypse çà et là. Terrain tertiaire supérieur (peu développé ou détruit).	Dépôts trachytiques et basaltiques; çà et là, alternats de ces produits ignés, remaniés avec les couches neptuniennes.	Argiles endurcies. Jayet devenu de l'anthracite bacillaire, etc. Gypse.
IV. SOL ALLUVIAL. Alluvions anciennes. Alluvions modernes.	Volcans éteints. Volcans brûlants ou éteints. Eaux minérales.	Roches altérées près des volcans.

Formation d'agglomérat ou de grès rouge, de marne et de calcaire compacte. Le grès rouge véritable n'existe que dans le nombre de lieux où il y a eu des éruptions porphyriques, et alors on y trouve aussi quelquefois le zechstein et surtout le trias (le Tessin, Tyrol méridional, Vicentin).	Granite en amas. Porphyre (rare) en amas. Trapp. } En filons, filons-couches et amas. Porphyre pyroxénique. Basalte.	Gneiss talqueux. Micaschiste. Talcschiste. Quarzite. Grès quarzo-talqueux. Calcaire grenu ou compacte, modifié, quelquefois à fossiles. Gypse quelquefois salifère. Minerais.
Formation jurassique. Calcaire noir à Bélemnites? (Dauphiné). Grès anthracitifère (Dauphiné, Tarentaise, Styrie). Système de calcaire et de dolomie, roches foncées inférieurement et à teintes claires supérieurement. Calcaire compacte ou fendillé. Système arénacé ammonitifère (Salzbourg). | Suisse. Calcaire de Gatlosen, etc.? Calcaire à polypiers. | Calcaire du Stockhorn, etc. Système arénacé. Calcaire et dolomie à teintes blanches. | Couches charbonneuses de Boltigen. Grès et Fucoïdes et Scaglia. | Flisch.	Protogine } En amas et filons. Granite. Sélagite en amas. Serpentine. } En culots, et filons. Porphyre pyroxénique. } En filons, filons-couches et amas. Basalte. Trapp en culots.	Gneiss talqueux. Micaschiste quelquefois à Belemnites. Talcschiste quelquefois à Belemnites. Quarzite. Cipolin. Calcaire grenu quelquefois à minéraux: Calcaire entrelacé. Dolomie grenue. Calcaire fendillé et cargnieule Gypse. Sel. Nids de minerais (galène, calamine, etc.).
Formation crétacée. Grès carpathique et d'une grande partie des Apennins avec des calcaires à Nummulites et des Scaglia. | Grès de Niesen. Grès de Gurnigel, des Voirons, etc., avec Scaglia. Grès vert coquillier et calcaire à Diceras. | Grès vert coquillier et calcaire à Dicéras. Système arénacéo-calcaire à Nummulites et Rudistes. | Système à Nummulites. Dépôts de Gosau, etc. | Grès de Balligen?	Granite en amas. Diorite. } En filons ou culots. Pyroxène en roche. Porphyre siénitique (dito). Serpentine en filons, en champignons, ou culots. Trapp en culots Porphyre pyroxénique en culots et filons. Basalte en filons et amas.	Gneiss talqueux. Talcschiste. Itabirite. Quarzite. Grès de Taviglianoz. Calcaire entrelacé. Cipolin talqueux. Calcaire grenu. Dolomie. Calcaire fendillé Cargnieule. Gypse. Sel. Nids de minerais or, plomb, cuivre, etc).
Formation tertiaire inférieure (rare). *Formation tertiaire supérieure ou subapennine.* Terrain tertiaire moyen. Terrain tertiaire supérieur (très développé). Dépôts accidentels, fluviatiles et lacustres. Lignite, gypse.	Granite (Predazzo). Diorite (Pyrénées). Porphyre pyroxénique. Dépôts trachytiques, et basaltiques; çà et là alternats de ces produits ignés remaniés avec des couches neptuniennes. Gypse. Sel. Soufre.	Roches argileuses altérées Grès endurcis, etc. Nids de minerais (or, plomb, etc.).
Alluvions anciennes. Alluvions modernes.	Volcans éteints. Volcans brûlants ou éteints. Lagoni. Salses. Eaux minérales.	Roches altérées près des volcans.

CLASSIFICATION DES TERRAINS, PUBLIÉE PAR M. L. AGASSIZ, EN 1836 (1).

NOMS ET SYNONYMES DES FORMATIONS GÉOLOGIQUES.

I. *Epoque actuelle.*

Alluvions modernes, qui continuent à se former; terrains quarternaires; période jovienne. Le récit de la Genèse est relatif à cette époque seulement.

II. *Epoque d'atterrissement.*

Alluvions anciennes; diluvium; terrains antédiluviens; crag; terrain tertiaire supérieur; période saturnienne; terrains clysmiens; époque pléiocène.

III. *Epoque de la molasse.*

Grès de Fontainebleau; lignites suisses; terrain tertiaire moyen; terrain lacustre supérieur; terrains ysémiens thalassiques; époque miocène.

IV. *Epoque du calcaire grossier.*

Gypse de Montmartre; argile plastique; argile de Londres; lignites; terrain paléothérien; terrain tertiaire inférieur; terrain lacustre inférieur; nagelflue; meulières; terrain thalassique paléothérien; époque éocène.

V. *Epoque de la Craie.*

Dépôt de Maëstricht; craie blanche; craie tufau; glauconie crayeuse; macigno; plæner; marnes crétacées; grès-vert; gault; craie chloritée; quadersandstein; terrain néocomien; terrain secondaire supérieur; terrains yzémiens pélagiques crétacés; schistes de Glaris.

VI. *Epoque jurassique ou oolithique.*

Terrains veldiens; argile veldienne; grès de Hastings; calcaire de Purbeck; — calcaire Portlandien et argile de Kimmeridge ou de Honfleur, — Coralrag; calcaire corallien, à Astartes, à Nérinées; terrain à chailles, argile d'Oxford ou de Dives; roc de Kelloway. — Grande oolithe, cornbrash, dalle nacrée, forest marble, argile de Bradford, oolithe de Bath, calcaire de Caen, terre à foulon, oolithe inférieure ou ferrugineuse. — Lias bleu et blanc; argile et schistes supérieurs et inférieurs du lias; grès liasique supérieur et inférieur; terrains ysémiens pélagiques jurassiques, — terrain abyssique; terrain secondaire moyen.

VII. *Epoque triasique.*

Keuper; marnes irisées; Muschelkalk; calcaire conchilien; grès bigarré; grès rouge; zechstein; calcaire magnésien; calcaire alpin; schiste cuivreux; grès des Vosges; new red; terrain pœcilien et pénéen; todtliegendes; terrain secondaire inférieur

VIII. *Epoque houillère.*

Grès houiller; millstone grit; calcaire carbonifère; calcaire de montagne; old-red; grès rouge de transition; terrain abyssique houiller; terrain de transition supérieur.

IX. *Epoque de la Grauwacke.*

Calcaire de transition; terrain hémilysien; terrain de transition inférieur; système silurien.

---

(1) *Cadre d'un Cours de Géologie*, par L. Agassiz; 1 feuille in-4°. Neufchâtel, 1836.

X. *Epoque des schistes primitifs.*

Gneiss; schiste argileux; schiste micacé; terrains agalysiens; terrains phylladiques; système cambrien.

Roches non stratifiées ou massives, plutoniques typhoniennes et pyrogènes.

Granite, Siénite, Porphyres, Trapps, Serpentine, Basalte, Trachyte, laves, filons. Leur état primitif; leur émersion à différentes époques; leur influence sur les autres roches avec lesquelles elles ont été en contact. Altérations des roches stratifiées par les roches non stratifiées.

CASSIFICATION DES TERRAINS

PUBLIÉE PAR M. C. LYELL, EN 1838 (1).

Terrains	Groupes
1. Nouveau pliocène.	Groupe tertiaire ou supercrétacé.
2. Ancien pliocène.	
3. Miocène.	
4. Eocène.	
5. Craie.	Groupe secondaire.
6. Grès vert.	
7. Terrain de Weald.	
8. Oolithe supérieure.	
9. Oolithe moyenne.	
10. Oolithe inférieure.	
11. Lias.	
12. Nouveau grès rouge supérieur et muschelkak.	
13. Nouveau grès rouge inférieur et calcaire magnésien.	
14. Terrain houiller.	
15. Vieux grès rouge.	
16. Système sylurien supérieur.	Groupe primaire fossilifère, dit de transition par quelques auteurs.
17. Système sylurien inférieur.	
18. Système cambrien et couches fossilifères anciennes.	

(2)

(1) *Éléments de Géologie*, par C. Lyell; traduction française par Mme Tulia Meulien; in-12, Paris, 1839.

(2) Les roches volcaniques et plutoniques sont en dehors de ce tableau.

CLASSIFICATION DES TERRAINS

PUBLIÉE PAR

MM. DUFRÉNOY ET ÉLIE DE BEAUMONT, EN 1842 (1).

ORDRE.	SOUS-GROUPE de FORMATIONS.	NOMS DES FORMATIONS.
ALLUVIONS.	L'homme existe sur la surface du globe.	Terrains d'alluvion, volcans modernes éteints et brûlants : les grands volcans des Andes ont été soulevés pendant cette période.
TERRAINS TERTIAIRES.	Les mammifères commencent à paraître à la partie inférieure de ce groupe et deviennent très abondants vers son milieu.	**Système de la chaîne principale des Alpes, direction E. 16° N.** TERRAIN TERTIAIRE SUPÉRIEUR : terrains subapennins, sables des Landes, alluvions anciennes de la Bresse, tuf à ossements de l'Auvergne. Les éruptions de trachytes et de basaltes correspondent en grande partie à cette époque. **Système des Alpes occidentales, direction N. 26° E. à S. 26° O.** TERRAINS TERTIAIRES MOYENS. { Faluns de la Touraine. Calcaire d'eau douce avec meulières : contient beaucoup de lignites dans le midi de la France et en Allemagne. Grès de Fontainebleau. **Système des îles de Corse et de Sardaigne, direction N. S.** TERRAINS TERTIAIRES INFÉRIEURS. { Marne avec gypse, ossements de mammifères. Calcaire grossier, pierre de taille de Paris. Argile plastique, lignites du Soissonnais.
SECONDAIRES.	Terrains ou formations crétacés.	**Système de la chaîne des Pyrénées et de celle des Apennins, direct. E. 18° S. à O. 18° N.** CRAIE SUPÉRIEURE. { Couches avec silex. Couches sans silex. **Système du mont Viso, direction N. N. O. à S. S. E.** CRAIE INFÉRIEURE. { Craie tuffeau. Grès verts. Grès et sables ferrugineux, terrain néocomien, formation vealdienne.

(1) *Explication de la carte géologique de la France,* T. I., p. 58. Paris, 1841.

TERRAINS

Terrain de calcaire du Jura.

Abondance considérable de sauriens.

Calcaire oolithique.

Système de la Côte-d'Or, direction E. 40° N. à O. 40° S.

ÉTAGE SUPÉRIEUR.
- Calcaire de Portland.
- Argile de Kimmerigde, argile de Honfleur.

ÉTAGE MOYEN.
- Oolithe d'Oxford, calcaire de Lisieux, coralrag.
- Argile d'Oxford, argile de Dive.

ÉTAGE INFÉRIEUR.
- Corn-brash et forest-marble (calcaires à polypiers), grande oolithe (calc. de Caen), fullers earth (banc bleu de Caen); oolithe inférieure.
- Marnes et calcaires à bélemnites, marnes supérieures du lias, lignites dans les départements du Tarn et de la Lozère.

LIAS OU CALCAIRE A GRYPHITES.
- Calcaire à gryphées arquées.
- Grès du lias ou infraliasique, dolomies.

Tryas.

Système de Thuringerwald (les serpentines du centre de la France appartiennent à ce système), **direction O. 40°. N. à E. 40° S.**

MARNES IRRISÉES avec amas de gypse et de sel. Exploitation de lignites en Lorraine, en Alsace et dans la Haute-Saône.

MUSCHELKALK.

GRÈS BIGARRÉ.

Système du Rhin, direction N. 21° E. à S. 21° O.

GRÈS DES VOSGES.

Système des Pays-Bas et du sud du pays de Galles, direction E. 5° S. à O. 5° N.

ZECHSTEIN (calcaire magnésien des Anglais), schistes à poissons du Mansfeld, riches en cuivre.

GRÈS ROUGE: contient des masses de porphyres et des rognons d'agate.

Système du nord de l'Angleterre, direction S. 5° E. à N. 5° O.

TERRAIN HOUILLER.
- Grès, schistes avec couches de houille et de fer carbonaté.
- Calcaire carbonifère, ou calcaire bleu, avec couches de houille.

TERRAINS DE TRANSITION.

Ce groupe est caractérisé par la grande abondance de cryptogames vasculaires et par l'absence presque complète des plantes dicotylédones; les animaux vertèbrés n'y sont représentés que par quelques empreintes de poissons.

Système des Ballons (Vosges) et des collines du Bocage de la Normandie, direction E. 15° S. à 15° N.

TERRAIN DE TRANSITION SUPÉRIEUR
- Vieux grès rouge des Anglais,
- (Système devonien).
- Anthracite de la Sarthe et des environs d'Angers.

TERRAIN DE TRANSITION MOYEN.
- Calcaire des environs de Brest, calcaire de Dudley.
- Schistes (ardoises d'Angers).
- Grès quartzite, caradoc sandstone des Anglais (système silurien).

Système du Westmoreland et du Hundsruck, direction E. 25° N. à O. 25° S.

TERRAIN DE TRANSITION INFÉRIEUR.
- Calcaire compacte esquilleux.
- Schiste argileux.
- (Système cambrien).

TERRAINS GRANITIQUES.

GRANITE formant la base principale de la croûte du globe.

CLASSIFICATION DES TERRAINS

PUBLIÉE

PAR M. J.-J. D'OMALLIUS D'HALLOY, EN 1843 (1).

CLASSES.	ORDRES.	GROUPES SPÉCIAUX.		ÉTAGES, SYSTÈMES, MEMBRES ou Modifications principales.
NEPTUNIENS.	TERRAINS MODERNES.	TERRAIN MADRÉPORIQUE.		Bancs de madrépores.
		TERRAIN TOURBEUX.		Tourbe.
		TERRAIN DÉTRITIQUE.		Terre végétale. Terres arides. Éboulis. Moraines. ? Sables salifères.
		TERR. ALLUVIEN.	FLUVIATILE.	Dépôts limoneux. Dépôts arénacés. Graviers. Dépôts caillouteux. Gros débris. Dépôts conglomérés.
			MARIN.	Dépôts du fond de la mer. Dépôts des plages. Dépôts des dunes. Alluvions émergées.
		TERR. TUFFACÉ.	TERRESTRE.	Tuf. Travertin.
			MARIN.	Pierre à meule de Messine.
	TERRAINS TERTIAIRES.	TERR. DILUVIEN.	SUPÉRIEUR.	? Limon de Picardie. Diluvium proprement dit. ? Blocs erratiques. ? Ossements des cavernes. ? Brèches osseuses. ? Fer d'alluvion. ?? Dépôts plusiaques.
			MOYEN.	? Nagelfluh de la Suisse.
			INFÉRIEUR.	Poudingues de Nemours.
		TERR. NYMPHÉEN.	SUPÉRIEUR.	Dépôt d'Œningen.
			MOYEN.	Calcaire de Beauce. Meulières de Meudon.
			INFÉRIEUR.	Meulières de La Ferté. Calcaire de la Brie. Gypse de Montmartre. Calcaire de Saint-Ouen. Argile plastique de Paris.
		TERR. TRITONIEN.	SUPÉRIEUR.	Dépôts subapennins. Crag de Norwich.
			MOYEN.	Falun de Touraine. Grès de Fontainebleau.
			INFÉRIEUR.	Grès de Beauchamp. Calcaire grossier de Paris. Sables du Laonnais. Pisolite de Meudon.

(1) *Précis élémentaire de géologie*, par M. d'Omalius d'Halloy. In-8°. Paris, 1843.

- **TERRAINS**
  - TERRAINS SECONDAIRES.
    - TERR. CRÉTACÉ.
      - SUPÉRIEUR.
        - Tuffeau de Maëstricht.
        - Craie blanche.
        - Tuffeau de Touraine.
        - Sable du Perche.
      - MOYEN.
        - Gault du Perthois.
      - INFÉRIEUR.
        - néocomien.
          - Ocre, etc. de la Puysaie.
          - Calcaire, etc. de la Puysaie.
        - Veldien.
          - *Weald clay.*
          - *Hastings sand.*
          - *Purbeck limestone.*
    - TERR. JURASSIQUE
      - PORTLANDIEN.
        - *Portlandstone.*
        - *Portland sand.*
        - *Kimmeridge clay.*
        - *Weymouth beds.*
      - OXFORDIEN.
        - *Oxford oolite.*
        - *Coral rag.*
        - *Calcareous grit.*
        - *Oxford clay.*
        - *Kellowvay rock.*
      - BATHONIEN.
        - *Cornbrash.*
        - *Forest marble.*
        - *Bradford clay.*
        - *Bath oolite.*
        - *Fullers earth.*
        - *Inferior oolite.*
      - LIASIQUE.
        - *Upper lias shale.*
        - *Marlstone.*
        - *Lowver lias shale.*
    - TERR. TRIASIQUE.
      - KEUPRIQUE.
        - Grès de Stuttgard.
        - Marnes irisées.
        - Lignite de Gaildorf.
      - CONCHYLIEN.
        - Calcaire de Friedrichshall.
        - Dépôt salifère de Souabe.
        - *Wellen kalk.*
      - POECILIEN.
        - Grès de Nébra.
        - Grès des Vosges.
  - TERRAINS PRIMAIRES.
    - TERR. PÉNÉEN.
      - SUPÉRIEUR. — *Zechstein.*
      - MOYEN. — *Kupferschiefer.*
      - INFÉRIEUR. — *Todte liegende.*
    - TERR. HOUILLER.
      - SUPÉRIEUR. — Houille de Liége.
      - MOYEN. — Ampélite de Chokier.
      - INFÉRIEUR. — Calcaire de Visé.
    - TERR. DEVONIEN.
      - SUPÉRIEUR. — Psammites du Condros.
      - MOYEN. — Calcaire de Givet.
      - INFÉRIEUR. — Poudingues de Burnot.
    - TERR. SILURIEN.
      - SUPÉRIEUR.
        - Psammite de Ludlow.
        - Calcaire d'Aymestry.
        - Schiste de Ludlow.
        - Calcaire de Wenlock.
      - INFÉRIEUR.
        - Psammite de Caradoc.
        - Schiste de Llandeilo.
    - TERRAIN CRISTALLOPHYLLIEN.
      - Stéaschiste.
      - Hornblende schistoïde.
      - Quarzite.
      - Calcaire.
      - Micaschiste.
      - Gneiss.
- **TERRAINS PLUTONIENS.**
  - TERRAINS AGALYSIENS.
    - TERRAIN GRANITIQUE.
      - Granite.
    - TERRAIN PORPHYRIQUE.
      - Rouge ou quarzifere.
      - Vert ou ophiolitique.
      - Noir ou pyroxénique.
  - TERRAINS PYROÏDES.
    - TERRAIN TRACHYTIQUE.
      - Massif et cristallin.
      - Congloméré et meuble.
    - TERRAIN BASALTIQUE.
      - Massif et cristallin.
      - Congloméré et meuble.
    - TERRAIN VOLCANIQUE.
      - Laves.
      - Congloméré et meuble.

CLASSIFICATION DES TERRAINS

PUBLIÉE PAR M. RODERICK IMPEY MURCHISON, EN 1845 (1).

F. TERTIAIRES. . . .	Dépôts tertiaires.	Pliocène et pleistocène. Miocène. Éocène.
F. SECONDAIRES. . .	Système crétacé. Système jurassique. Système du trias.	
F. PALÆOZOÏQUES. .	Système permien. Système carbonifère. Système devonien. Système silurien.	
F. AZOÏQUES. . . .	Gneiss pénétré par le granite, etc.	

Roches éruptives et métamorphiques.

CLASSIFICATION DES TERRAINS

EXPOSÉE PAR M. C. PRÉVOST

Dans le cours de Géologie qu'il fait à la Faculté des Sciences de Paris.

Sol de remblai.	TERRAINS TERTIAIRES.	Supérieur ou *Pliocène*..........9. Moyen ou *Miocène*...............8. Inférieur ou *Eocène*............7.
	TERRAINS SECONDAIRES.	Supérieur ou *Bélemnitifère*...6. Moyen ou *Muriatifère*..........5. Inférieur ou *Carbonifère*.. ...4.
	TERRAINS PRIMAIRES.	Supérieur ou *Calcareo-schisteux*...........................3. Moyen ou *Talco-schisteux* ...2. Inférieur ou *Micaceo-schisteux*............................1.
Sol primitif.		
Sol sous-primitif.	PRIMAIRE. SECONDAIRE. TERTIAIRE.	

(1) *The geology of Russia in Europe and the Ural mountains* by Roderick Impey Murchison, etc. In-4°; London, 1845.

CLASSIFICATION DES TERRAINS

EXPOSÉE PAR M. CORDIER

Dans le cours de Géologie qu'il fait au Muséum d'histoire naturelle de Paris(1).

ÉCORCE CONSOLIDÉE.	SOL SECONDAIRE.	TERRAINS DE LA PÉRIODE ALLUVIALE.	Etage moderne. —— diluvien.	
		TERRAINS DE LA PÉRIODE PALÉOTHÉRIENNE.	Etage du crag. —— des faluns. —— des molasses. —— paléothérique.	
		TERRAINS DE LA PÉRIODE CRÉTACÉE.	*Système gallo-germanique.* Etage crayeux. —— glauconien. —— des sables ferrugineux.	*Système méditerranéen.* Etage nummulitique. —— hippuritique. —— des macignos.
		TERRAINS DE LA PÉRIODE SALINO-MAGNÉSIENNE.	*Système anglo-germanique.* Etage oolitique. —— du lias. —— des argiles irisées. —— du calcaire à cératites. —— des grès bigarrés. —— du zechstein. —— des pséphites.	*Système alpino-pyrénéen.* Etage des calcaires mêlés de schiste argileux ordinaire. Etage des calcaires mêlés de phyllades subluisants. Étage des anagénites.
		TERRAINS DE LA PÉRIODE ANTHRAXIFÈRE.	Grand étage houiller. — — des calcaires anthraxifères. — — des grès pourprés.	
		TERRAINS DE LA PÉRIODE PHYLLADIENNE.	Grand étage ampélitique. — — phylladique.	
	SOL PRIMORDIAL.	TERRAINS DE LA PÉRIODE PRIMITIVE.	Grand étage des talcites phylladiformes. — — des talcites cristallifères. — — des micacites. Immense étage des gneiss.	
		Terrains inaccessibles et inconnus, que le refroidissement planétaire a formés intérieurement, et de haut en bas, pendant la durée des périodes secondaires.		
MASSE CENTRALE.	Zône ou région souterraine des agents volcaniques actuels.			
	Masse incandescente et liquide contenant le principe des phénomènes magnétiques.			

(1) Quoique les roches volcaniques et une grande partie des roches plutoniques ne soient pas indiquées dans ce tableau général, elles n'en sont pas moins comprises, par le savant professeur, dans leurs périodes respectives.

Les plus anciennes classifications basées sur l'observation régulière ont été établies d'après les caractères physiques et minéralogiques des roches, prises plus ou moins en masses : elles sont donc surtout pétrologiques. Cette méthode pétrologique paraît avoir été commune aux naturalistes du continent et des îles britanniques ; parmi les savants qui les premiers l'ont appliquée avec un certain succès, j'indiquerai G. Owen, Guettard, etc.

En seconde ligne viennent les classifications qui reposent principalement sur les caractères offerts par les fossiles. Cette méthode est dès lors paléontologique et semble avoir pris naissance de l'autre côté de la Manche. A la tête de l'école paléontologique, je placerai Llwyd, Lister, Fuchsel, Blumenback, Schlottheim, W. Smith, G. Cuvier et M. Alex. Brongniart.

Au troisième rang on trouve les classifications dont le principe spécial est fondé sur les caractères de la stratification. La méthode usitée dans cet ordre de classifications peut être désignée sous le nom de méthode par la différence de stratification, ou mieux sous celui de méthode linéaire, comme je le ferai voir plus loin. Au nombre des naturalistes qui ont employé, dans leurs classifications, cette méthode à l'exclusion ou non de toute autre, je rappellerai Sténon, Bourguet, Henckel, Strachey, Varenius, Odoardi, Lehmann, Werner, etc. Quoique divers savants, parmi lesquels je citerai, outre les anciens naturalistes que je viens de mentionner, Jameson, Hausmann, Schmidt, de Humboldt, de Buch, etc., eussent fourni des éléments et même jeté quelques bases de la classification linéaire, la gloire de la fondation de l'école qui emploie la méthode dont il est question, n'en appartient pas moins à M. Élie de Beaumont ; car c'est réellement ce savant géologue qui le premier a su formuler le principe fondamental, le développer et appliquer à la division de l'écorce du globe les lois de la stratification considérée dans son ensemble, ou pour parler plus exactement, le système des directions. Le seul reproche qu'on pourrait lui adresser serait de n'avoir pas appliqué exclusivement la méthode linéaire et de ne l'avoir pas poursuivie dans toutes ses conséquences; au reste, son œuvre est empreinte de ce caractère de réserve qu'il convient ordinairement de montrer, surtout lorsqu'on présente des idées neuves, sinon en principe, du moins par la forme sous laquelle on les traduit et par les résultats qui en découlent nécessairement.

Enfin, un grand nombre de géologues emploient simultanément divers principes; leurs méthodes reposent donc sur plusieurs bases à la fois, et les classifications qui en résultent, sont mixtes et trop souvent arbitraires.

On a dit tantôt que les géologues anglais se servaient uniquement de la méthode paléontologique, tantôt qu'ils n'avaient en réalité aucune méthode pour la classification des terrains; que les Allemands, par suite du grand nombre de leurs mines, de leurs connaissances profondes en minéralogie et de l'école de Freyberg employaient la méthode pétrologique; que les Français, qui avaient emprunté leurs connaissances géologiques à d'autres peuples, se servaient d'une méthode combinée ou mixte. Mais les considérations précédentes suffisent, je pense, pour montrer qu'une méthode ou école ne caractérise pas les géologues d'un pays, que d'ailleurs il n'y a encore aucune méthode exactement dessinée, et que les progrès de la géologie résultent du concours des savants de différentes nations.

Néanmoins, si l'on voulait s'arrêter sur le fond de la question, on serait en droit de regarder la France comme le berceau de la géologie rationnelle ; car c'est sans contredit aux naturalites de ce pays qu'appartient la gloire d'avoir esquissé le grand canevas des parties fondamentales de cette science. En effet : n'est-on pas redevable à

Buffon, Fourier, à MM. Cordier, Arago, etc., de la théorie de la chaleur centrale? à M. Élie de Beaumont, de celle des soulèvements, prise dans une acception philosophique? à G. Cuvier et à M. Alex. Brongniart, de celles des oscillations, des retours périodiques de la mer sur les continents, et de l'application rationnelle de la paléontologie à la classification des formations? à MM. Dufrénoy et Élie de Beaumont, de la détermination raisonnée des terrains? Et, si l'on accorde tout cela aux savants français, que reste-t-il des principes fondamentaux en partage aux géologues étrangers? Il leur restera des détails ou des idées premières, qui appartiennent à tout le monde lorsqu'on cherche à établir une priorité !

Quoi qu'il en soit de la discussion précédente, toutes les classifications sérieuses et déduites de l'observation reposent sur le caractère de la superposition, qui a été faussement attribué à Werner, et peuvent être partagées en classifications pétrologiques, classifications paléontologiques, classifications linéaires et classifications combinées ou mixtes. On peut dire, enfin, qu'elles sont générales ou naturelles, particulières, géographiqués ou locales.

La classification pétrologique, ou celle qui est fondée sur la composition minérale, ne serait tout au plus applicable qu'aux roches d'origine ignée. Je ne m'y arrêterai pas actuellement, me réservant de parler dans une autre partie de ces considérations géologiques, de l'âge relatif des minéraux et des roches d'origine ignée, ainsi que des éléments qu'ils fournissent pour la détermination des terrains. Je passerai également sous silence, du moins pour le moment, les méthodes mixtes, particulières ou locales; car elles sont plus ou moins arbitraires, irrationnelles en principe, variables dans leur ensemble comme dans leurs détails : ou bien elles pèchent tantôt par l'une des bases sur lesquelles elles s'appuient, tantôt par la discordance de leurs éléments, tantôt enfin par l'hétérogénéité de leurs principes. D'après ce système d'élimination il ne reste que deux méthodes qui puissent soutenir la discussion : ce sont la méthode paléontologique et la méthode linéaire ou des axes. En conséquence, je vais examiner ces deux méthodes principales et je commencerai par la classification paléontologique, celle-ci devant être exclue d'une théorie rationnelle, comme on le verra, pour faire place à la classification linéaire, seule naturelle, générale et constante.

CHAPITRE II.

CLASSIFICATION PALÉONTOLOGIQUE DES TERRAINS.

Peu d'importance des terrains fossilifères eu égard aux terrains non fossilifères et au globe entier.

Je reprends la question générale, telle que je l'ai posée avant de présenter l'histoire sommaire des classifications. La géologie doit-elle être guidée plutôt par la zoologie et la phytologie, que par la minéralogie, la chimie et la physique? ou en d'autres termes, les sciences organiques jouent-elles dans la géologie un rôle plus important que les sciences inorganiques? En partant, comme je l'ai déjà dit, de la définition de la géologie, prise dans sa véritable acception, la logique seule suffirait pour trancher immédiatement la question, et pour accorder aux dernières sciences une part incomparablement plus grande qu'aux premières. Mais un calcul très simple démontrera sans réplique cette vérité essentielle.

En effet, le rayon moyen du globe est de 6366397 mètres. L'épaisseur moyenne de la croûte du globe est de 20000 mètres au minimum, tandis que l'épaisseur moyenne de l'ensemble des terrains de nature évidemment sédimentaire est de 5000 mètres au maximum. Or, comme toute la série des terrains sédimentaires n'existe jamais dans un même lieu, et que souvent il n'y a qu'un ou deux terrains de cette série qui reposent sur les terrains non sédimentaires, il s'ensuit que, combinant la distribution des terrains sédimentaires sur les autres, l'épaisseur moyenne des terrains sédimentaires qui résulte est tout au plus de 2000 mètres, c'est-à-dire d'un peu moins que la moitié du maximum admis plus haut.

2000 mètres représentent donc au maximum l'épaisseur moyenne des terrains susceptibles de contenir des fossiles; mais, quoique ces terrains soient susceptibles de renfermer des fossiles, ce n'est pas un motif pour qu'ils en renferment réellement tous. On trouve, en effet, dans la série des terrains sédimentaires un grand nombre de dépôts composés d'argiles, de marnes, de sables, de grès, de poudingues, de galets, etc., qui ne contiennent aucun fossile évident; car je fais abstraction des fossiles microscopiques, qui ne peuvent entrer en ligne de compte pour des observations rigoureuses et faciles. Or, l'on doit estimer la valeur des terrains fossilifères, dans l'acception que je leur attribue, à trois quarts au plus de celle des terrains évidemment sédimentaires. Donc l'épaisseur moyenne de ces terrains fossilifères est de 1500 mètres au maximum.

Maintenant, si l'on admet que, eu égard à la surface du globe, les terrains évidemment fossilifères, en exceptant toutefois les terrains modernes, soient distribués sur la moitié de cette surface, on aura pour le volume des terrains fossilifères un nombre représenté par 25494280000 mètres carrés × 1500 = 38241420000000 mètres cubes.

D'un autre côté, l'épaisseur moyenne des terrains non fossilifères, en négligeant même la valeur des terrains sédimentaires, éliminés ci-dessus, est de 15000 mètres au minimum ; de plus ces terrains non fossilifères sont répandus sur toute la surface du globe, puisqu'ils existent également au-dessous des terrains évidemment sédimentaires. Ainsi, 50988570000 mètres carrés × 15000 =

764828550000000 mètres cubes représentent au minimum le volume des terrains non fossilifères.

En divisant 764828550000000 mètres cubes par 38241420000000 mètres cubes, on aura le rapport qui existe entre ces deux nombres, c'est-à-dire entre le volume des terrains non fossilifères et le volume des terrains évidemment fossilifères. Or, l'on obtient 20 plus une fraction pour quotient; donc l'ensemble ou le volume des terrains évidemment fossilifères n'est pas le 1\20 de celui des terrains non fossilifères, quoique j'aie exagéré tous les nombres en faveur des premiers terrains!

Mais les investigations du géologue ne s'arrêtent pas à la croûte terrestre : dans l'intérieur de notre globe il y a des matières, il s'y passe à chaque instant des phénomènes physiques et dynamiques; le géologue peut donc y trouver des sujets d'étude tout aussi importants, tout aussi intéressants que ceux offerts par la pellicule terrestre. Hé bien! d'après cette vérité, que deviendra le volume des terrains fossilifères comparativement à celui du globe entier qui est de 1082634000 myriamètres cubes, tandis que celui des terrains fossilifères n'est pas de 382 myriamètres cubes?

En divisant le premier nombre par le dernier, on obtient 2834146 plus une fraction pour quotient, c'est-à-dire que la totalité des terrains fossilifères ne représente pas la 2834146e partie du globe!

Si je poussais plus loin cette comparaison en ajoutant le volume de l'atmosphère à celui de la terre, car l'étude de l'atmosphère fait sans contredit partie de la géologie, que deviendrait alors la valeur des terrains évidemment fossilifères? elle serait presque nulle!

Cependant je dois prévoir de suite une objection qui est spécieuse en apparence : les éléments de ces calculs, dira-t-on peut-être, ne sont pas comparables et ne sont pas d'égales valeurs aux yeux du géologue. Or, je répondrai que dans la rigueur ils sont très comparables, et que nos connaissances sur les fossiles ne sont pas plus certaines que celles relatives aux roches, aux matières de l'intérieur du globe, etc. Quelques mots suffiront, je pense, pour démontrer l'exactitude de ces assertions ; je sortirais, au reste, du cadre tracé à ce travail, si j'entrais dans la discussion des détails de la question.

Incertitude de nos connaissances sur les fossiles : divergence d'opinions sur les caractères et sur la définition de l'espèce, difficulté dans les déterminations, etc.

D'abord, je demanderai aux naturalistes qu'ils se mettent d'accord sur les caractères et sur la définition de l'espèce, car on sait combien ils diffèrent d'opinion à cet égard! Qué l'on ouvre les écrits des Linné, des Buffon, des Jussieu, des Cuvier, des Lamarck, des Blainville, des Geoffroy Saint-Hilaire, des Flourens, etc. (1) ; que l'on consulte, en un mot, dans les annales des sciences les doctrines de tous les naturalistes qui ont fait école depuis les temps les plus reculés jusqu'à nos jours, on verra que celui-ci admet des espèces tranchées dans la série des êtres organisés, tandis que celui-là regarde les espèces comme une création de l'esprit humain, comme une preuve de la faiblesse de son intelligence, et que pour cette école, toute division, toute classification n'est qu'une méthode, qu'un moyen d'observer plus facilement ; on verra que

(1) Il serait bon de lire aussi différents mémoires de Turpin sur les observations microscopiques, les *éléments de zoologie* de M. Hollard, la thèse de M. Charvais, les *principes de géologie* de M. Lyell, la *géologie et la minéralogie dans ses rapports avec la théologie naturelle* par M. Buckland, etc.

les uns assignent tels caractères à l'espèce, tandis que les autres lui en trouvent de différents, que par suite les uns limitent les espèces à un certain nombre, tandis que d'autres augmentent ou diminuent plus ou moins ce nombre, etc., etc.

Toutes ces divergences d'opinions, parmi des hommes aussi célèbres, résultent évidemment de la différence des caractères ou de l'importance qu'ils attribuent à l'espèce; et si une des écoles, qui admettent l'espèce comme existant réellement, n'a pu réussir à rallier tous les naturalistes, cela tient à la difficulté, peut-être même à l'impossibilité de trouver pour l'espèce des caractères véritables, absolus, invariables. Or, si de tels savants ont échoué, est-il permis d'adopter aveuglément les définitions, les classifications et les croyances de certains paléontologistes, qui par intérêt ou de bonne foi prétendent avoir résolu un problème aussi délicat, aussi compliqué? D'après cela, tant que l'espèce ne sera pas plus certaine, tant qu'elle ne sera pas mieux définie, le géologue prudent devra être excessivement circonspect sur la valeur fournie par les espèces fossiles, qu'admettent les paléontologistes (1).

---

(1) Je rapporte ici deux passages du *Guide du géologue voyageur*, par M. A. Boué, qui est sans contredit un des géologistes les plus érudits : ils appuieront, je l'espère, mes assertions.

« La paléontologie, dit-il (2e volume, p. 221), est trop neuve et pré» sente surtout zoologiquement trop de difficultés pour que le géologue » puisse toujours s'y fier. Mais il y a encore, continue-t-il (2e vol., pag. » 249), une considération majeure qu'il ne faut pas oublier, savoir les » principes sur lesquels repose l'établissement des espèces fossiles » d'annélides, de mollusques et de zoophytes en histoire naturelle. Ces » principes sont-ils tout-à-fait fixes, ou plutôt sans la présence des ani» maux, et avec de simples têts, ne court-on pas le risque de multiplier » les espèces inutilement en confondant avec elles les variétés résultant » des différences dans l'habitation, le climat, la vie, ou d'autres circon» stances extérieures, accidentelles, etc.? En un mot, les zoologistes » peuvent-ils nous assurer que leurs espèces fossiles sont tout aussi bien

On a comparé les fossiles à des médailles ; et j'ai dit ailleurs : les fossiles sont des médailles qui servent à dévoiler l'histoire de notre planète, dont les divers terrains que nous observons nous retracent comme des monuments les phases par lesquelles elle est passée (1). Cette comparaison, prise dans une acception générale, a quelque chose de vrai, mais dans les détails elle n'est pas rigoureuse; en effet, toutes les médailles d'une époque déterminée et frappées pour la même circonstance sont identiques ; de sorte que, connaissant l'une d'entre elles, on détermine les autres avec certitude : toute la difficulté consiste dans le degré plus ou moins grand de conservation que présentent ces médailles. Or, toutes les variétés, tous les individus, d'une même espèce fossile offrent-ils avec évidence le même degré de similitude? Puisque nous ne trouvons pas chez les fossiles la même identité que parmi les médailles, nous ne pouvons donc pas nous en servir avec cette assurance que nous offre la numismatique.

On attribue une valeur trop grande et trop positive aux fossiles dans la classification des terrains et dans l'étude générale de la terre.

En admettant que les espèces fossiles soient dans beau-

» caractérisées que les espèces vivantes? car de la réponse péremptoire
» à cette question, dépendront bien des différences zoologiques établies
» sur des coquillages entre les sols secondaire et tertiaire, ainsi qu'entre des divisions de ces deux sols. Du reste je ne veux pas insister sur
» ce point; il me suffit, je crois, pour la démonstration de mon thème,
» que des conchyliologistes, tels que M. Deshayes, reconnaissant une
» *crassatella tumida* dans la craie, que M. Goldfuss cite le *spatangus*
» *arcuarius* vivant, car toute loi ne peut souffrir d'exceptions, sous peine de rentrer dans le rang des classements artificiels.»

Voyez aussi le *résumé des progrès des sciences géologiques pendant l'année* 1833, par M. A. Boué, p. 113.

(1) Voyez mes *éléments de géologie*, p. 152.

coup de cas assez bien définies, assez bien établies pour les appliquer à la connaissance des terrains (1), il se présente deux questions à l'égard de cette application. Y a-t-il certaines espèces caractéristiques qui ne passent jamais d'un terrain dans un autre? et dans le cas de l'affirmative convient-il de distinguer les terrains uniquement par ces fossiles? ou bien des espèces isolées ne sont-elles pas suffisantes? et peut-on dans ce cas déterminer les terrains uniquement par la majorité relative des fossiles?

Des espèces fossiles isolées, dites caractéristiques, sont insuffisantes pour la détermination rigoureuse des terrains.

J'aborde la première question. On a vu qu'avant Werner les géologues admettaient déjà qu'il existe des différences paléontologiques entre les principaux dépôts de la croûte terrestre. G. Cuvier et M. Alex. Brongniart développèrent ensuite cette thèse avec toute la supériorité qui caractérise leurs œuvres. Mais bientôt des naturalistes moins habiles ou plus hardis exagérèrent ce principe fécond, et établirent comme une loi que certaines espèces ne passent jamais d'un terrain dans un autre, c'est-à-dire

(1) En attendant que je définisse les terrains, je dois prévenir que par l'expression de terrains je n'entends pas parler de ces nombreuses divisions qui sont généralement adoptées : le mot terrain a une valeur plus importante. Par exemple, dans les terrains tertiaires j'admets au moins trois terrains : le terrain pliocène, le terrain miocène et le terrain éocène; tandis que je réunis tous les terrains jurassiques en un seul, qui comprend même le lias. Ainsi, pour le cas présent, un terrain est l'ensemble soit des dépôts d'origine aqueuse, soit des masses d'origine ignée, qui ont été formés durant une époque de tranquillité, comprise entre deux grandes révolutions du globe.

qu'elles n'ont pas existé pendant deux périodes de tranquillité consécutives; ils soutinrent même qu'aucune espèce ne se trouvait normalement à la fois dans deux terrains, et qu'il fallait établir les distinctions géognostiques non pas sur les fossiles les plus communs, mais bien sur ceux qui se présentent le plus ordinairement, dussent-ils être rares! Naguère encore plusieurs géologues en renom proclamaient, dans des travaux sérieux, ces hypothèses comme des vérités définitivement acquises à la science. Mais de pareilles opinions soulevèrent bientôt des protestations nombreuses; elles étaient appuyées sur les recherches de M. Grateloup faites aux environs de Dax, sur celles de MM. Sedgwick et Murchison relatives au grès de Gosau, sur celles de M. Dumont touchant le sable vert d'Aix-la-Chapelle, sur celles de M. Dubois faites en Crimée, de M. Rœmer en Hanovre, de M. Fitton dans le S. E. de l'Angleterre, de M. Phillips dans le Yorkshire, de MM. Élie de Beaumont et Dufrénoy aux environs de Digne, de MM. de Munster et Wismann à Saint-Cassian (1), de M. Goldfuss (2), de M. G. Bronn (3), etc., etc.

Plus tard, MM. Sedgwick, Murchison, de Verneuil et d'Archiac, en étendant le champ de leurs observations, ont reconnu qu'ils devaient modifier leurs idées premières sur les espèces caractéristiques; les deux derniers géologues ont écrit récemment (4) qu'un certain nombre d'espèces persistent dans deux, même dans trois terrains

(1) *Lethœa; neues Jahrbuch*, etc., n° 1 de 1842; et *annales des sciences géologiques*, année 1842, p. 965.

(2) *Petrafacta musei Bonnensis*, p. 155.

(3) *Neues Jahrbuch*, etc., n° 1 de 1842; et *annales des sciences géologiques*, année 1842, p. 857.

(4) *Memoir on the fossils of the older deposits in the Rhenish provinces*, etc., 1842.

consécutifs; qu'il n'y a point eu de changements brusques ni complets dans l'organisation des animaux qui peuplaient les anciennes mers, et que les espèces réellement caractéristiques d'un système de couches sont d'autant moins nombreuses qu'on étudie ce système sur une plus vaste échelle.

Or, si le nombre des espèces dites caractéristiques diminue en raison de l'étendue du champ des observations et de l'éloignement des pays entre eux, il n'y aurait donc pas d'espèces réellement caractéristiques pour l'étude générale des terrains. D'autre part, si le passage d'un terrain dans un autre a lieu pour certaines espèces fossiles, je ne vois pas pourquoi ce passage n'existerait pas également à l'égard d'autres espèces, ni dans des régions qui n'ont pas encore été explorées avec détail! Comment alors peut-on être certain du nombre des espèces qui seraient propres à tel ou tel terrain? Enfin, si l'on admettait que des espèces rares sont quelquefois les espèces caractéristiques, le géologue praticien pourrait-il se soumettre à leur recherche, sans dérober un temps précieux à ses investigations spéciales et dont il doit être toujours très avare? La thèse qui admet des espèces caractéristiques parmi les fossiles rares, serait donc tout au plus soutenable pour un savant de cabinet, mais elle est évidemment inapplicable pour un véritable géologue.

Les paléontologistes prétendent que les fossiles observés dans les terrains de la France, de l'Angleterre, de l'Allemagne, etc., se trouvent rigoureusement au même niveau géognostique sur tout le globe. Cependant, lorsqu'un géologue parcourt une contrée peu connue, il est presque certain de voir beaucoup de fossiles inédits, circonstance qui le force de mettre toujours en première ligne l'étude de la position et de la continuité des couches, de regarder, en un mot, la paléontologie plutôt comme un complément de la géogénie que comme un guide auquel il doit se confier entièrement. D'un autre côté, quelle est la grandeur réelle de la surface, je ne dirai pas de la terre, mais bien de l'Europe, de la France, qui a été étudiée géognostiquement et paléontologiquement avec assez de détails pour poser d'une manière aussi assurée un principe de cette gravité à l'égard d'un pays étendu, et pour oser l'appliquer à l'Amérique, à l'Afrique, à la Nouvelle-Hollande, etc. (1)? Puisque nous ne connaissons parfaitement que quelques coins de la surface du globe, comment les paléontologistes peuvent-ils comparer entre eux les terrains de contrées très éloignées? Ils font nécessairement un cercle vicieux : car tantôt ils cherchent la relation qui existe entre les terrains et les fossiles dans un pays géologiquement bien connu mais très limité, et ils appliquent ensuite la règle des fossiles à des terrains géologiquement inconnus; tantôt ils déterminent le niveau géognostique des terrains au moyen des fossiles, et en déduisent la loi des fossiles qu'ils appliquent ensuite à des terrains inconnus; tantôt, enfin, ils déterminent par certains rapports géologiques les terrains de contrées très éloignées les unes des autres, et en déduisent après la loi des fossiles. De telles manières de procéder ne sont dans l'espèce que des pétitions de principes! Si l'on avait d'abord déterminé exactement les terrains dans un nombre suffisant de contrées très éloignées les unes des autres, par la superposition, par la différence de stratification et par divers autres caractères géognostiques, car le géologue est souvent obligé de les mettre tous

(1) La surface des terres émergées sur lesquelles nous possédons des documents géologiques assez satisfaisants n'est certainement pas la 10e partie de la surface totale des terres émergées; par conséquent elle ne représente pas le 1/40e de la surface du globe. Voyez, du reste, mes *éléments de géologie*, p. 15.

en œuvre, quelquefois même il ne peut après tout se prononcer avec certitude, et si l'on avait trouvé une relation, une loi entre les terrains et les fossiles qu'ils renferment respectivement, alors il serait permis aux paléontologistes d'appliquer cette loi des fossiles aux pays intermédiaires. Mais autrement peut-on être certain que l'ensemble de couches nommé en Amérique terrains crétacés, par exemple, soit réellement l'équivalent des terrains crétacés de l'Europe? Je sais que beaucoup d'analogies conduisent à regarder des terrains comme contemporains entre eux, malgré leur éloignement les uns des autres ; cependant tous ces résultats ne sont que des conjectures fondées sur des analogies, et pour passer à l'état de faits, il faudrait qu'on eût suivi sans interruption la superposition des couches et que l'on eût reconnu leur continuité (1).

(1) A l'appui des considérations précédentes je rapporterai les passages suivants de l'article *fossiles* du *dictionnaire universel d'histoire naturelle*. Cet article a été écrit par M. C. Prévost, l'un des géologues qui ont le plus étudié les terrains fossilifères et qui les ont étudiés avec le plus de succès.

« On a abusé cependant et l'on abuse chaque jour étrangement de » suppositions contraires, en croyant trouver, soit dans la géologie, des » documents certains pour l'histoire de la création des êtres, soit dans » la paléontologie, des moyens irrécusables pour caractériser les ter- » rains et déterminer leur âge relatif.

» D'un autre côté, des géologues habiles, mais qui ne prennent pas » assez en considération les connaissances d'histoire naturelle acquises » sur l'organisation et les mœurs des êtres, croient trouver dans les fos- » siles des caractères positifs qui leur servent à assimiler, rapprocher » ou éloigner les terrains; ils vont jusqu'à formuler des rapports arith- » métiques, contre lesquels tous les raisonnements semblent devoir » tomber.

» Mais est-on certain d'abord que des corps organisés de même es- » pèce ont vécu simultanément partout où se faisaient des sédiments? » que des êtres très différents n'ont pas pu vivre à la même époque sur » des points éloignés, ou bien qu'un même type n'a pas apparu dans » une région de la terre, après qu'il avait disparu successivement de » plusieurs régions?

Impossibilité de déterminer rigoureusement les terrains par la majorité relative des fossiles qu'ils renferment.

Je vais maintenant examiner quelques faits relatifs à la seconde question. Des espèces isolées n'étant pas suffisantes pour déterminer les terrains, peut-on obtenir une

» Que pouvons-nous savoir réellement des flores et des faunes comparées des divers âges, d'après le petit nombre d'éléments de comparaison que le hasard ou des circonstances exceptionnelles ont fourni!

» S'il était vrai que chaque âge de la terre, séparé des autres âges » par des révolutions générales, a eu sa création particulière; s'il était » démontré que les couches du sol ont dû conserver des échantillons » de tous les êtres de chacune de ces prétendues créations, on pourrait » espérer pouvoir comparer un jour celles-ci entre elles, si l'on parvenait à recueillir le plus grand nombre des objets conservés; mais si » les fossiles, comme tout l'annonce, ne sont les vestiges que de ceux » des corps organisés qui ont été préservés de la décomposition par hasard et dans des circonstances particulières, ils ne pourront alors re- » présenter que très incomplètement la période où ces êtres ont vécu.»

Je rapporterai également l'extrait suivant de l'*Aperçu géognostique des terrains*, par M. de Bonnard. Quoique cet important ouvrage ait été publié à l'époque où les travaux de Cuvier et de M. Brongniart produisaient la plus grande impression parmi les géologues, on verra combien l'admirateur des découvertes des deux derniers naturalistes et le partisan de leur méthode mettait de la réserve dans l'application de la paléontologie à la géologie.

« D'ailleurs, quelle que soit l'importance du caractère que peuvent » fournir les fossiles, il faut se garder de lui en donner une plus grande » encore. Dans les contrées rapprochées l'une de l'autre, l'identité ou la » différence bien reconnue des pétrifications d'une couche peut faire présumer, avec quelque certitude, que cette couche appartient dans deux » endroits au même terrain; mais déterminer une analogie semblable » entre deux contrées extrêmement éloignées par la seule analogie de » quelques fossiles, ou plutôt encore déterminer, dans le même cas une » différence entre deux terrains, par la différence des fossiles qu'ils renfermeraient, paraîtrait une conclusion trop précipitée. On sait que les » animaux et végétaux qui existent aujourd'hui sur la surface du globe » et dans les mers ne sont pas les mêmes dans les différentes parties du » monde, et il serait au moins imprudent de décider, *a priori*, que la » différence, qu'on reconnaît actuellement, n'existait pas dans les temps antérieurs aux catastrophes qui ont enfoui les animaux anciens.

détermination rigoureuse au moyen de la majorité relative des espèces?

Si les fossiles étaient mieux connus sous le point de vue des espèces, par rapport à leur distribution relative dans les différents terrains, etc., alors il serait permis, pour arriver à la détermination d'un terrain fossilifère, de classer toutes les espèces, qu'on y trouverait, en diverses séries correspondant chacune au terrain dans lequel on l'aurait remarquée le plus ordinairement, et la série la plus nombreuse ou la plus grande somme des espèces emporterait avec elle la détermination du terrain dont il s'agirait. Mais j'ai déjà discuté plus haut différentes parties de la question; et l'on a dû voir combien nous étions loin de posséder tous les éléments nécessaires à sa solution. En outre, pour déterminer ainsi un terrain par l'ensemble des espèces fossiles, quel temps ne faudrait-il pas employer à la recherche et à la connaissance de toutes les espèces qui seraient contenues dans ce terrain? et quel est le géologue qui, au préjudice de la véritable géologie, se condamnerait à un travail aussi fastidieux? d'ailleurs, parce que des parties d'un dépôt ou bien des dépôts divers présenteraient chacun un ensemble différent d'espèces fossiles, serait-ce une raison suffisante pour en faire des terrains différents? Je ne le pense pas : en effet, il n'y a pas, dit-on, d'espèces fossiles qui passent, par exemple, des terrains jurassiques dans les terrains crétacés, ou bien de ceux-ci dans les terrains tertiaires; mais il y en a un grand nombre, d'après

» Dans l'état actuel de nos connaissances, il paraît donc convenable de
» déterminer les terrains, surtout par les circonstances de gisement, et
» de s'appliquer ensuite à bien déterminer les fossiles que ces terrains
» renferment, afin de se procurer, pour la distinction des terrains, des
» caractères de plus, et pour pouvoir donner aux échantillons de roches
» un des caractères géognostiques du terrain dont ils proviennent. »

l'aveu des paléontologistes, qui se montrent à la fois soit dans le système silurien et dans le système devonien, soit dans le système devonien et dans le système carbonifère, soit dans le terrain du grès vert et dans le terrain de la craie blanche, soit dans le terrain éocène et dans le terrain miocène, soit dans ce dernier et dans le terrain pliocène, etc. Or, de grandes révolutions du globe ont séparé entre eux les terrains pliocène et miocène, les terrains miocène et éocène, les terrains de la craie blanche et du grès vert, tout aussi bien qu'elles ont séparé des terrains jurassiques les terrains crétacés; tandis qu'une division du même ordre n'a probablement pas eu lieu entre le système carbonifère et le système devonien, ni entre ce dernier système et le système silurien. Ainsi, l'on voit que les grandes coupes faites par les zoologistes dans l'écorce du globe ne reposent pas toutes sur des caractères d'égale valeur, et qu'ils ne sauraient en établir aujourd'hui sur un principe constant et en accord avec les révolutions du globe, c'est-à-dire avec les allures des terrains qui nous retracent ces révolutions. Enfin, les résultats obtenus jusqu'ici par MM. Ad. Brongniart, E. Unger, etc., confirment les assertions précédentes, car ces phytologistes ne parviennent pas à l'aide des végétaux fossiles aux mêmes coupes que trouvent les zoologistes au moyen des animaux fossiles.

Si l'on veut, malgré les résultats contradictoires obtenus par les paléontologistes et rapportés ci-dessus, qu'il existe réellement une relation intime entre les fossiles et les terrains au milieu desquels on les trouve, en supposant toutefois, ce qui est peu probable, que durant les époques antérieures à la nôtre les populations étaient semblables dans tous les lieux, puisqu'autrement le caractère géognostique des fossiles tomberait de lui-même, il faut admettre que la majorité des espèces fossiles doit être différente dans chaque terrain, car les révolutions qui ont naturellement divisé l'écorce du globe en terrains, se sont exercées, pour chaque époque, suivant des arcs de grands cercles aboutissant à un même diamètre ; elles ont été par conséquent à peu près générales, et par suite la majorité des espèces a été détruite à la fin de chaque époque de tranquillité. Au reste, les fossiles non remaniés sont moins abondants à la base de chaque terrain, puisque les espèces qui ont survécu à la catastrophe correspondante étaient peu nombreuses ; mais elles ont pourtant suffi pour repeupler les mers et les terres, peut-être même ont-elles contribué à la production de nouvelles espèces (1). J'ajouterai que vraisemblablement les révolutions n'ont pas été partout assez violentes pour changer partout d'une manière très notable les circonstances vitales ; que généralement les montagnes sont des accidents ou des infiniment petits sur la surface de la terre ; que les couches fortement contrastantes, sous le rapport de l'inclinaison, entre deux terrains consécutifs sont rares ; que le phénomène général et normal de soulèvement a été, non pas de relever brusquement et fortement les couches, mais bien de changer la position relative des lignes ordonatrices des surfaces des grands dépôts ; que dans beaucoup de lieux les couches de deux terrains consécutifs, quoique leurs axes principaux soient entièrement contrastants, se recouvrent comme les tuiles d'un toit ; que par conséquent la différence des positions par rapport à la verticale a été peu changée ; tandis que la position relative des nouvelles directions a dû être plus ou moins différente, et qu'en d'autres termes, le changement des axes ordonnateurs des surfaces, ramenées à des plans, a pu être plus ou moins considérable ; que d'après cela les surfaces qui doivent être toujours considérées sur

(1) Voyez p. 408 à 433 et 574 à 578 du *Cosmos* par M. Alex. de Humbold ; Ier vol. de la traduction française. Paris. 1846.

une grande échelle, changeant légèrement de position eu égard à la verticale, malgré le changement des positions relatives des axes principaux, les phénomènes ordinaires et antérieurs au soulèvement ont pu et dû souvent se continuer. Il résulte donc des réflexions précédentes que dans un grand nombre de lieux la vie a pu ne pas être interrompue, et qu'ainsi les êtres se propageant plus ou moins, leurs restes ne sauraient partout marquer les limites exactes des époques géologiques : je dirai plus, ils doivent nécessairement donner des indications fausses; car, les espèces auxquelles ils appartiennent ont pu se propager dans tel endroit, tandis qu'elles ont cessé d'exister ailleurs. Il résulte, en un mot, que beaucoup d'espèces, sinon toutes, n'ont pas été détruites partout en même temps, et que leur destruction n'a été ni régulière, ni uniforme pour chaque terrain (1).

(1) L'extrait suivant de l'article de M. C. Prévost fortifiera en partie l'opinion que je viens d'émettre.

« Il ne faut cependant pas conclure de ces faits qu'évidemment, com- » me on l'a dit et répété souvent, des révolutions générales ont, à plu- » sieurs reprises, depuis la création des êtres, détruit tous ceux existants » pour les remplacer par d'autres d'espèces différentes; il ne faut pas » non plus affirmer que des changements dans les circonstances extérieures » ont rendu impossible l'existence aux êtres anciennement créés, tan- » dis que ceux actuels n'auraient pu s'accommoder des anciennes condi- » tions de vie. Ce que l'on peut donner aujourd'hui comme le résultat » d'observations nombreuses, c'est que, si spécifiquement les êtres an- » ciens de toutes les classes sont différents des êtres actuels; si des gen- » res, des familles nombreuses ont existé aux époques reculées et n'exis- » tent plus; si des genres, des familles qui peuplent aujourd'hui la terre » ne paraissent pas avoir fait partie de la création dans ses premiers mo- » ments, l'organisation des êtres anciens n'a pas été essentiellement dif- » férente de celle des êtres actuels : les uns et les autres appartiennent à » un plan unique d'organisation dont toutes les parties sont liées. Le » temps qui s'est écoulé depuis l'existence des premiers êtres jusqu'au » jour actuel n'a pas produit plus d'influence entre les faunes et les flo- » res des époques les plus reculées que la diversité de localités n'en pro- » duit dans le moment actuel, entre la faune et la flore de la Nouvelle-

D'un autre côté, jusqu'à présent, rien ne prouve rigoureusement, quoiqu'il y ait une grande probabilité, que, durant les premières époques de la vie sur le globe la cha-

» Hollande, par exemple, comparées à celle de l'Afrique ou de l'Amérique du sud. »

Je rapporterai enfin les passages suivants qui sont extraits de mes *éléments de géologie.*

« Supposons qu'une grande irruption de la mer couvre d'un amas de » sable ou d'autres débris le continent de la Nouvelle-Hollande : elle y « enfouira les cadavres des kanguroos, des phascolomes, des dasyures, » des péramèles, des phalangers volants, des échidnés, des ornithorhyn- » ques, et elle détruira entièrement les espèces de tous ces genres, puis- » qu'aucun d'eux n'existe aujourd'hui dans d'autres pays; que la même » révolution mette à sec les petits détroits multipliés qui séparent la » Nouvelle-Hollande du continent de l'Asie, elle ouvrira un chemin aux » éléphants, aux rhinocéros, aux buffles, aux chamaux, aux tigres et à » tous les autres quadrupèdes asiatiques, qui viendront peupler une » terre où ils auront été inconnus; qu'ensuite un naturaliste, après » avoir bien étudié cette nature vivante, s'avise de fouiller le sol sur le- » quel elle vit, il y trouvera des restes d'êtres tout différents. Il est évi- » dent que le naturaliste se tromperait si, d'après une première obser- » vation, il décidait que les éléphants n'ont paru sur la terre qu'après » la disparition des kanguroos, et que ces races différentes appartien- » nent à des époques distinctes et successives de la création.

» L'absence de vestiges des uns et la présence de ceux des autres dans » divers terrains, ne seraient donc qu'un résultat de circonstances qui au- » raient favorisé ou empêché d'abord leur émigration, et ensuite leur en- » traînement sur les eaux. En effet, dans le moment présent, l'Amérique, » l'Afrique, l'Europe, l'Asie et la Nouvelle-Hollande ne sont-elles pas » habitées par des animaux dont beaucoup sont particuliers à chacune » de ces contrées, sans qu'on puisse établir un ordre d'antériorité en fa- » veur d'aucun et sans qu'on puisse assurer que la répartition actuelle » sera toujours la même? Mille causes peuvent évidemment produire ce » que l'homme a fait depuis nombre d'années, en transportant des che- » vaux, des bœufs, par exemple, en Amérique, où ils étaient inconnus, » et où ils ont tellement multiplié, que maintenant ils peuplent d'im- » menses savanes, qui auparavant étaient habitées par des tapirs et des » cerfs, dont les races timides et craintives pourront finir par disparaître » comme ont disparu les mastodontes, les mégathériums, les mégalo- » nix, etc.

. . . .

. . . .

leur centrale exerçait encore une influence considérable sur la température de la surface de la terre ; que les climats étaient plus égaux, plus uniformes qu'aujourd'hui ; par suite de la plus grande influence de la chaleur centrale, de la moins grande inégalité de la surface du globe, de la moins grande irrégularité dans la distribution des eaux, des terres, etc.; que par conséquent les espèces et même les genres ne différaient pas très notablement d'un endroit à un autre, surtout en comparant des contrées éloignées ; qu'enfin des formations synchroniques ne pourraient pas renfermer des faunes et des flores différentes. Or, si des différences dans la distribution des êtres organisés, analogues à celles de notre époque existaient déjà pendant les premières époques, tout l'échafaudage paléontologique ne tomberait-il pas?

» Ainsi la présence de certains êtres contribue à multiplier divers animaux, tandis que le contraire a lieu pour d'autres. De plus, il n'est pas démontré d'une manière irrévocable que certains individus n'existent point encore sur quelques points de la terre ou dans les eaux. Il faudrait pour nier cela, que nous connussions toutes les espèces qui peuvent vivre à la surface du globe. Or, puisqu'il est certain que les naturalistes n'ont pas encore traversé tous les continents et ne connaissent pas même tous les mammifères qui habitent les pays qu'ils ont traversés, pourquoi y aurait-il donc, comme on le dit, peu d'espérance de découvrir de nouvelles espèces de grands quadrupèdes?

» On voit donc que les fossiles semblables ne caractérisent peut-être pas absolument des terrains de même âge dans des contrées éloignées les unes des autres. Mais on peut objecter à de telles considérations que l'état des milieux ambiants et la chaleur étaient plus uniformes pour toute la surface du globe, dans les temps anciens, et que dès-lors il devait y avoir moins de différence chez les êtres tant végétaux qu'animaux. D'ailleurs, les espèces animales qui sont choisies comme caractéristiques des terrains, appartiennent à des classes inférieures et se trouvent généralement où elles ont vécu. »

Je ne m'arrêterai pas à la discussion de ces détails : les réflexions générales que j'ai faites en dehors de ces notes, ainsi que celles qui suivront, en diront assez, je pense, pour montrer les erreurs dans lesquelles les paléontologistes-géologues peuvent se laisser entraîner à chaque instant.

Mais il n'est pas démontré que pendant les époques antérieures, de violentes perturbations atmosphériques n'ont pas pu avoir lieu ; et certes il ne faut pas des phénomènes bien extraordinaires d'électricité, de chaleur, etc., pour amener des dérangements considérables dans l'atmosphère, et par suite pour produire des différences très grandes dans les circonstances vitales des animaux et des plantes.

Il nous paraît extraordinaire d'admettre que des espèces aient été créées à chaque époque géologique, parce que nous comparons ce qui se passe actuellement sous nos yeux et parce que nous jetons nos regards sur les espèces complètes. Depuis que l'homme existe, les circonstances qui peuvent avoir de l'influence sur les êtres organisés, sont semblables pour un lieu donné ; c'est à cause de cette similitude durant notre époque que nous observons constamment la reproduction d'espèces identiques ; néanmoins ces circonstances varient assez pour nous offrir des variétés, et des variétés qui parfois diffèrent tellement entre elles qu'on pourrait avec de la bonne volonté les élever au rang d'espèces.

Erreurs, fausses interprétations de certains paléontologistes, lorsqu'ils se servent, uniquement ou non, des fossiles pour classer les terrains et pour résoudre différentes autres questions de géologie.

Maintenant un certain nombre de géologues divisant l'écorce du globe principalement au moyen des fossiles, relèguent dans un *caput mortuum* ou dans une région métamorphique cette immense quantité de roches cristallines qui les embarrassent ! Cette méthode est surtout usitée de l'autre côté de la Manche, et semble déjà vouloir s'ériger en souveraine sur notre continent. Or, si l'un des géologues célèbres de l'Angleterre, dans le court espace de quelques années seulement, a plusieurs fois remanié ses divisions et changé de place ses terrains, il ne faut pas en accuser son mérite, que je reconnais du reste autant que tout autre, mais bien le défaut de la méthode de classification qu'il a employée et qui repose principalement sur les caractères offerts par les fossiles. Ainsi, nous avons vu admettre, en Angleterre, d'abord les systèmes carbonifère, silurien et cambrien, peu de temps après ces trois systèmes avec un quatrième, le système devonien, fait aux dépens des trois autres; puis nous avons vu effacer de la liste le système cambrien; puis, enfin, nous avons vu écrire je ne sais quoi à l'aide du métamorphisme, qui est venu complaisamment se prêter à toutes les difficultés et se plier à toutes les combinaisons nouvelles. Dès lors, si les savants, qui sont à la tête de cette école procèdent de la sorte, quel degré de confiance est-il permis d'avoir en leurs doctrines et en celles de leurs sectateurs?

Loin de moi toute idée de personnalité; mais puisque j'ai pris, dès mon début dans la carrière géologique, fait et cause pour la géologie contre la paléontologie exagérée et généralement employée par des paléontologistes qui, il faut le dire en passant, ne sont pas reconnus pour être assez compétents en zoologie et en phytologie par les zoologistes et phytologistes de profession, je dois la défendre, autant que j'en suis capable, avec des arguments qui sont soutenus par des faits scientifiques, ainsi que par des documents historiques, car l'histoire et les vérités scientifiques sont du domaine public. Je poursuivrai donc, comme auparavant, la tâche difficile que je me suis imposée avec toute la fermeté qui m'a été dévolue, dussé-je succomber dans la lutte; je ne me dissimule point, en effet, et la faiblesse de mes lumières et la supériorité de mes adversaires. Mais lorsqu'on croit être du côté de la vérité, cette conviction donne de la force.

Un savant zoologiste suisse disait, dans le but de prouver l'importance de la valeur géologique des fossiles, qu'il était arrivé aux mêmes résultats qu'un paléontologiste français en renom, et qu'il attribuait cette concordance à ce que tous deux étaient partis des mêmes principes et à ce qu'ils avaient suivi la même marche (1). C'est évident! mais il reste à savoir si les deux savants auxquels je fais allusion, sont partis de bons principes, et si une troisième personne, qui se serait appuyée sur des faits d'un autre ordre, serait parvenue aux mêmes conclusions que les deux zoologistes.

N'avons-nous pas vu également un paléontologiste, dont j'apprécie le savoir, faire pour ainsi dire la géologie des îles de l'Océanie seulement avec quelques restes organiques qu'il avait trouvés dans un musée (2)? Certes, si l'on pouvait procéder de la sorte, la personne qui possèderait la plus riche collection de fossiles, serait le plus habile géologue de son époque !

Ne serais-je pas en droit de rappeler ici tout ce qui a été dit et publié, soit en Europe, soit en Amérique, sur les fameuses empreintes de pas d'animaux? Il est très probable que certaines roches portent réellement des empreintes de pas d'animaux ; mais on a exagéré souvent cette idée ingénieuse dans le but d'expliquer des faits qu'on ne savait interpréter autrement. Il en a été de la question des empreintes comme de celles des glaciers : depuis que la première annonce concernant la découverte d'empreintes de pas d'animaux a été faite, toutes les fois qu'on a rencontré une

(1) *Annales des sciences géologiques,* année 1843, p. 219.

(2) *Comptes-rendus hebdomadaires des séances de l'Académie des sciences,* tome X, p. 529.

anomalie sur une roche, aussitôt on a appelé à son secours l'explication à la mode. Combien de ces prétendues empreintes ne sont autre chose que des accidents offerts par la forme de la roche elle-même! c'est du moins ce qu'un examen attentif m'a démontré à l'égard de plusieurs échantillons et modèles envoyés d'Amérique. D'ailleurs on doit se souvenir que dès le principe des zoologistes très habiles ne voyaient dans les roches à empreintes tout au plus que des traces de végétaux, tandis que les phytologistes les récusaient et les renvoyaient aux zoologistes. Alors, dans le but d'aplanir la difficulté, on a imaginé des empreintes de pas d'animaux qui étaient doués d'une marche anomale ou plutôt des empreintes de pas d'animaux inconnus. Enfin pour convaincre du doute qui règne trop fréquemment sur ces empreintes admises cependant avec assurance par différents paléontologistes, il me suffira de renvoyer le lecteur aux notices sur ce sujet que j'ai enregistrées dans les annales des sciences géologiques (1).

Tout en restant dans le rôle de l'historien, je puis citer d'autres exemples encore plus surprenants de la hardiesse des paléontologistes. En effet, un savant célèbre d'Angleterre ne s'est pas contenté d'admettre des empreintes de pas d'animaux, des empreintes de frottement de nageoires, etc. sur les roches; car il a annoncé sérieusement qu'il avait reconnu sur certaines roches des empreintes de gouttes d'eau de pluie, et pour dire le mot, une véritable pluie fossile, comme on l'a nommée (2). Différents

(1) *Annales des sciences géologiques*, année 1842, p. 87, 228, 299, 710 781, 1047, etc.; année 1843, p. 47, 60, 61, 156, 157, etc. Voyez en outre le *Bulletin de la Société géologique de France*, t. VII, p. 220, 259, 260, 265, et t. IX, p. 75.

(2) M. le docteur W. Buckland avait parlé de sa pluie fossile à plusieurs personnes qui assistaient à la réunion extraordinaire de la société géologique tenue à Boulogne. Depuis cette époque il en a été question au sein de l'association britannique pour l'avancement des sciences.

autres naturalistes l'ont suivi dans cette voie de recherches (1); et même il y en a qui croient avoir vu des traces de vents (2).

D'après ces faits, peut-on prévoir où s'arrêtera l'imagination de certains paléontologistes! Je ne dis pas que ce qu'ils avancent ne saurait exister; mais comment le reconnaître au milieu de mille autres circonstances, et comment en démontrer l'exactitude? Est-ce que les géologues sages, dont la science est déjà si compliquée par la nature de son sujet, peuvent permettre de pareils écarts!

Non-seulement les paléontologistes ont dit que les espèces fossiles caractérisent les terrains, mais encore certains d'entre eux ont prétendu qu'elles caractérisent des membres de terrains et des couches. Ils ont donc fait d'après cette croyance une foule de divisions et de subdivisions. Or, je leur demanderai comment ils peuvent déterminer les limites exactes d'une couche; car tout géologue, qui a étudié minutieusement un pays, et les mineurs surtout savent combien il est difficile de reconnaître les lignes de démarcation de deux couches, même dans une localité très restreinte. Les couches étant souvent des lentilles ou des amandes plus ou moins étendues, n'affectent pas toujours la forme que les paléontologistes leur supposent; en outre elles se fondent communément les unes avec les autres, se croisent et s'enchevêtrent quelquefois. De sorte qu'il est souvent impossible de les suivre sur une grande étendue, et d'autres fois de savoir où elles commencent, où elles finissent, par conséquent de les limiter

---

(1) MM. Hitcock, Redfield, etc. (association des géologues américains, 3e session, tenue à Boston en avril 1842); *Annales des sciences géologiques*, année 1843, p. 60, 61; *american journal*, etc.

(2) *Annales des sciences géologiques*, année 1843, p. 63, etc.

exactement. Mais les paléontologistes suivant de distance en distance des zônes de fossiles, aperçoivent des limites au moyen de celles des zônes de fossiles. Or, ces limites ne sont tout au plus que celles des fossiles, et non celles des couches que les zônes de fossiles peuvent dépasser plus ou moins, soit dans le bas, soit dans le haut. D'ailleurs la différence des fossiles qu'on observe dans les diverses parties d'un même terrain provient en général de la différence de composition, de profondeur, etc. des fonds où les animaux ont vécu, en un mot, d'une foule d'accidents locaux. De sorte qu'une même couche qui est composée différemment, ou bien qui est différemment puissante, etc. dans différentes parties de son étendue, peut renfermer des fossiles très dissemblables en divers points, quoiqu'ils soient tous au même niveau géologique (1).

---

(1) Je crois devoir citer ici quelques passages d'un extrait du Mémoire publié par M. W. Rhind, dans le n° d'avril 1844 du nouveau journal philosophique d'Edimbourg (*a*).

« Les recherches récentes de M. E. Forbes (*b*) dans la mer Égée, ont » démontré que les divers mollusques se rencontrent en séries con- » stantes de genres et d'espèces, selon les diverses profondeurs, qui » équivalent sous ce rapport à des différences en latitudes.

» On peut comparer l'Océan, quant à la distribution des animaux et » des plantes, à ce que présente une montagne des tropiques, où l'on » trouve chaque zône caractérisée par des groupes distincts d'êtres or- » ganisés.

» Ceci étant admis, et les faits connus, quoique peu nombreux, con- » courant à prouver qu'il en est ainsi pour les mollusques, d'après » M. Forbes, pour les coraux, d'après M. Dana (c), M. W. Rhind en tire » des conséquence curieuses pour expliquer les différences que présen- » tent les couches qui constituent les formations géologiques.

(*a*) *Bibliothèque universelle de Genève*, septembre 1844, p. 184.

(*b*) *Bibliothèque universelle de Genève*, vol. XLVIII, p. 405.

(*c*) *Bibliothèque universelle de Genève*, vol. XLVII, p 388.

Les paléontologistes répondront sans doute qu'ils n'ont pas la prétention d'établir des divisions tranchées, et que, si l'on voulait n'admettre que des divisions rigoureuses, cela deviendrait réellement impossible. Comme tout autre, je sais que rien n'est absolu dans la nature ; mais, puisqu'il faut admettre des divisions dans l'écorce du globe, il convient au moins de choisir les plus rationnelles, les plus générales, et non pas de se jeter dans un véritable dédale : autrement toute division serait illusoire.

Je mets en fait, et je ne crains pas d'être démenti par les naturalistes qui maintenant illustrent le plus la paléontologie, tels que MM. de Blainville, Owen, Agassiz, Ad. Brongniart, etc., que la vie d'un homme est insuffisante pour connaître tous les fossiles. Or, quel temps peut-il rester au véritable paléontologiste pour s'occuper de géologie? Puisqu'il lui est impossible d'embrasser à la fois la géologie et la paléontologie, il devra donc opter pour l'une ou pour l'autre de ces deux sciences. S'il choisit la paléontologie, comme c'est naturel, et s'il se croit

---

» Il suppose que l'absence de corps organisés fossiles, loin d'indiquer, » comme cela est généralement admis par les géologues, une plus gran- » de antiquité dans la formation des couches terrestres, prouve seule- » ment qu'elle a eu lieu à une profondeur où la vie organique avait ces- » sé d'exister. De même, il admet que des couches successives présen- » tant des animaux fossiles différents ont pu être formées à la même » époque, mais à des profondeurs variables qui expliquent les différences » des êtres organisés qui les habitaient.

» Ainsi, dit-il, si un des bassins des mers actuelles venait à être sou- » levé par une éruption plutonique, on trouverait près du rivage les » couches les plus élevées formées de lits calcaires renfermant des mol- » lusques et des poissons d'eau douce; plus loin des lits remplis de tes- » tacés marins; puis des grès ou conglomérats renfermant des raies ou » autres condroptérygiens; dans une mer plus profonde encore, des » morues se présenteraient; et, enfin on ne trouverait plus aucune trace » de corps organisés dans les couches schisteuses formées au fond du » lit le plus bas de l'Océan.

également géologue par cela même qu'il est paléontologiste, que deviendra-t-il alors en face du Vésuve, des terrains volcaniques de l'Auvergne ou de ceux de l'île Bourbon, sur les terrains anciens de la Vendée, de la Suède, de l'Abyssinie ou du Brésil, et au milieu de certains terrains tertiaires des provinces du Tigré, du Chiré, etc. (Afrique), où l'on ne rencontre aucun fossile ; enfin, que deviendra-t-il la plupart du temps ? De deux choses l'une : ou il sera forcé d'avouer son erreur et son incompétence ; ou bien il dira que l'étude de ces terrains appartient à une autre science que la géologie. Du reste, on a vu naguère

---

» Il explique ainsi pourquoi des couches épaisses formées des mêmes » matériaux et à la même époque présentent des fossiles différents dans » leurs parties supérieure et inférieure : la différence de quelques cen- » taines de pieds dans le niveau de l'eau était bien suffisante pour faire » varier la température et les autres conditions d'existence pour les di- » verses espèces d'animaux.

» Une conséquence de ces vues est que la nature des fossiles ne doit » plus servir de preuve à l'âge relatif des couches terrestres, à moins » qu'elles ne soient évidemment superposées les unes aux autres. Dans » les autres cas, il est clair que les roches schisteuses sans fossiles, ap- » pelées primitives, ont pu se déposer dans le fond des mers en même » temps que se formaient près des côtes ou dans les bas-fonds du lias » ou des oolithes.

» Ainsi, dans l'opinion de M. W. Rhind tous les animaux fossiles pour- » raient avoir co-existé dans le même Océan primitif sans que leurs es- » pèces fissent irruption sur leurs domaines respectifs.

» Il résulterait de la manière de voir de M. Rhind, que le vrai carac- » tère des roches devrait être tiré de leur nature minéralogique, contrai- » rement aux opinions généralement répandues par les géologues mo- » dernes. En effet, la même substance calcaire qui, au fond de la mer, » se remplit de productus et de poissons ganoïdes, à une profondeur » moindre, sera habitée par des ammonites et des bélemnites ; dans le » premier cas on le nommera calcaire carbonifère, dans le second, lias. » Les fossiles n'indiqueraient plus que la profondeur à laquelle les cou- » ches qui les renferment auraient été déposées, et il est facile de com- » prendre que des couches d'un niveau très bas et d'autres formées à de » faibles profondeurs, puissent se trouver juxta-posées sans intermé- » diaires. »

des paléontologistes, après avoir parcouru de vastes contrées, se contenter de dire pour des étendues considérables de terrains aussi compliqués qu'intéressants, ce sont des terrains métamorphiques; tandis qu'ils écrivaient des volumes sur de petits dépôts fossilifères, qui dans la réalité ne sont que des points perdus au milieu des autres terrains. On les a vus également esquisser la géologie d'immenses pays, soit en examinant les fossiles réunis dans les collections des diverses localités qu'ils visitaient, soit en ramassant eux-mêmes des fossiles çà et là dans leurs courses rapides, soit en se faisant envoyer des fossiles pris sur différents points des régions qu'ils voulaient décrire. Si l'on pouvait de la sorte faire la géologie d'un pays, par des voyages accélérés, par l'inspection de quelques collections et par correspondance, la science du géologue serait très commode, et l'on aurait bientôt connu à ce compte toute la surface de la terre!

Parmi les géologues paléontologistes qui prétendent classer les terrains d'après les fossiles, il y en a beaucoup qui se servent simultanément des caractères offerts par la superposition, par la stratification, etc.; mais ce mode de procéder est extrêmement vicieux, car, loin d'employer une méthode naturelle, lorsqu'on se sert de caractères de différents ordres, on associe et l'on mêle des caractères naturels avec des caractères artificiels ou variables; tandis que la méthode réellement naturelle, celle qui est fondée sur des principes généraux de la nature, ne veut que des caractères naturels et constants. Au reste, cette erreur est commune à un grand nombre d'autres naturalistes; ils confondent les caractères offerts par la nature des choses avec les principes naturels, qui sont eux-mêmes fournis par certains caractères naturels : en d'autres termes, au moyen de caractères naturels, ils établissent une méthode artificielle, quoique toujours basée sur des propriétés naturelles, au lieu d'une méthode naturelle, c'est-a-dire fondée sur des principes constants, que la nature permet au philosophe de découvrir.

Réflexions générales.

Quoique je me sois renfermé dans des généralités à l'égard des considérations précédentes, je crois néanmoins avoir mis le doigt sur les défauts de la méthode que, suivent certains paléontologistes, et avoir suffisamment montré combien il serait dangereux d'aller aussi loin qu'eux. En effet, le peu d'importance des terrains fossilifères comparativement aux autres, l'incertitude de nos connaissances actuelles sur les fossiles et même sur les terrains d'un grand nombre de pays, les différentes manières de voir des paléontologistes, le changement d'opinions chez certains d'entre eux, l'impossibilité d'avoir des caractères absolus et invariables au moyen des restes organisés, et divers autres motifs nous permettent-ils d'accepter avec confiance les doctrines de plusieurs paléontologistes - géologues d'aujourd'hui, qui à toute force veulent se poser en maîtres? D'ailleurs, qui sait ce que penseront plus tard ces paléontologistes, lorsque le champ des recherches de différents ordres aura été de beaucoup agrandi et lorsque nous possèderons les résultats de plus amples observations! Enfin pour appuyer les considérations que je viens d'exposer, si toutefois on n'était pas encore persuadé de l'exactitude de la thèse que j'ai soutenue, je renverrai le lecteur : 1° à mes *Éléments de géologie* (page 574 et suivantes), où j'ai développé des arguments de différents ordres qui sont en faveur de mon opinion; 2° au *Guide du géologue-voyageur* par M. A. Boué (2e volume, p. 221 et 223); 3° au *Précis élémentaire de géologie* par M. J.-J. d'Omalius d'Halloy (p. 385 et 726), qui du reste est un chaud partisan des paléontologistes, comme on peut s'en assurer par l'étendue qu'il a consacrée dans son livre aux fossiles; 4° à la discussion qui s'est élevée à l'association britannique pour l'avancement des sciences, entre MM. Agassiz, Murchison, Sedgwick, de la Bèche, Phillips, etc. (*Annales des sciences géologiques*, année 1843, p. 222); 5° au Mémoire de M. W. Rhind (*Edimb. n. ph. j.*, avril 1844, et *Bibl. univ. de Genève*, sept. 1844, p. 184); 6° à l'excellente lettre de M. A. Boué, qui est insérée dans le *Bulletin de la société géologique de France* (tome XIII, p. 81); 7° aux discussions qui ont eu lieu entre MM. Constant Prévost, Agassiz, Deshayes, d'Archiac, de Verneuil, etc. (même publication, tome IX, pages 259 à 267 (1), et tome X, p. 346); 8° à celles qui ont été soutenues par MM Élie de Beaumont et Dufrénoy contre MM. Deshayes, Beck, etc. (même publication, tome VII, p. 174 et 275); 9° à la notice de M. Fitton et à la discussion qui la suit (même publication, tome I, 2e série, p. 438); 10° à la note de M. C. Prévost, et à la discussion qui a suivi la lecture de cette note (même publication, tome II, 2e série, p. 27 et suiv.); 11° à la discussion qui s'est élevée entre M. J. Desnoyers et M. Deshayes (encore même publication, tome VIII, p. 203); 12° à l'*Art d'observer en géologie* par M. de la Bèche, p. 17 et 161; 13° aux *Recherches sur la partie théorique de la géologie* par le même auteur, chapitres XI et XII; 14° au Mémoire de M. C. Prévost (*Bull. de la soc. géologiq. de France*, 2e série, tome XI, p. 27); etc. Je renverrai également aux discussions sans nombre, qui se sont élevées entre les pa-

(1) On y lit : « M. Agassiz pense que les résultats zoologiques ne sont » pas encore assez bien compris et n'ont pas été obtenus par des déter- » minations faites avec assez de soin pour pouvoir servir de bases soli- » des à des déductions géologiques. »

léontologistes eux-mêmes ; par exemple : entre MM. Deshayes, Sowerby, Al. d'Orbigny, Goldfuss, etc. Je citerai encore les travaux de MM. de Blainville, Voltz, de Buch, Dujardin, Beck, Owen, Valenciennes, etc., où l'on remarque des opinions très différentes tant sur la spécification des fossiles, que sur leur application à la géologie. Alors on verra que mon opinion est fondée, et que, loin d'être le seul de mon avis, l'opinion que je professe a de l'écho parmi des géologues de premier rang. Enfin, je rapporterai ici l'opinion d'un savant que les paléontologistes n'oseront pas sans doute regarder comme incompétent en pareille matière.

« Les seuls fossiles considérés isolément peuvent encore
» fournir la matière de trente années d'étude à plusieurs
» savants laborieux, et leurs rapports avec les couches exi-
» geront bien d'autres années encore de voyages, de
» fouilles et d'autres recherches pénibles. . . . .
» Ce sont véritablement les fossiles et les pétrifications,
» qui, en excitant la curiosité, et en réveillant l'imagina-
» tion, ont fait prendre à la géologie une marche trop ra-
» pide, et l'ont fait s'élever trop légèrement au dessus des
» premières bases qu'elle aurait dû fonder sur les faits,
» pour l'emporter à la recherche des causes, laquelle n'au-
» rait dû être que son résultat définitif ; en un mot, qui,
» d'une science de faits et d'observations, l'ont changée
» en un tissu d'hypothèses et de conjectures, tellement
» vaines et qui se sont tellement combattues les unes et
» les autres, qu'il est devenu presque impossible de pro-
» noncer son nom sans exciter le rire (1). »

On a dit, il est vrai, que Cuvier avait écrit ces lignes

---

(1) *Rapport fait à l'académie royale des sciences*, par G. Cuvier, en son nom et en celui de Haüy et Lelièvre (*Théorie de la terre*, par André).

dès le commencement de sa carrière et qu'il avait ensuite changé de manière de voir : deux mots suffiront pour démontrer l'inexactitude de cette assertion. En effet, les travaux de Cuvier qui ont été publiés après le mémorable rapport académique, confirment en tous points la première opinion du célèbre naturaliste sur la méthode paléontologique. Comme il apercevait le danger que des savants moins habiles n'entrevoient point, surtout lorsqu'on essaie de déduire des conséquences touchant les détails géologiques, il a revêtu chaque page de ses écrits de ce caractère de réserve qui le distingue à un si haut degré. D'ailleurs, fidèle à sa première impression, fort de son intelligence et de ses connaissances profondes, Cuvier n'a examiné en géologie que des questions générales : il n'est jamais descendu dans les détails de cette science, et il n'a jamais appliqué la connaissance des fossiles à la classification rationnelle et naturelle des terrains, quoiqu'il en ait fait une heureuse application au classement des formations tertiaires des environs de Paris. Il est inutile de rapporter ici des extraits des ouvrages de cet illustre naturaliste ; il suffit d'affirmer qu'on ne trouvera nulle part dans ses travaux une contradiction réelle avec ses premières opinions. Enfin, il est évident que lorsqu'un savant de cette taille change d'opinion scientifique sur une partie fondamentale des sciences, il n'oublie pas certainement de rendre publique sa rétractation ; car un pareil acte, loin de l'abaisser, le grandit toujours dans le jugement des naturalistes philosophes, les seuls dont il recherche la considération.

En discutant les questions que j'ai abordées, je n'ai pas prétendu faire le procès de la paléontologie et l'exclure par conséquent du domaine de la géologie. Loin de méconnaître le mutuel secours que se prêtent ces deux sciences, je regarde les fossiles comme susceptibles de rendre, dans certains cas, de grands services au géologue, soit pour l'histoire générale des anciennes populations de la terre, soit pour l'étude des différentes questions relatives à la physique du globe des temps passés, soit enfin pour la solution de divers problèmes de géologie spéculative. Mais je veux qu'on n'exagère pas l'importance de la paléontologie au préjudice de la géologie, qu'on n'attribue aux fossiles que leur valeur réelle, et que l'on n'use des données qu'ils fournissent qu'avec modération et la plus grande prudence. En procédant ainsi, les fossiles mettront sur la voie dans certaines questions, seront des présomptions pour la classification des terrains fossilifères de contrées étendues, et deviendront peut-être une certitude dans un pays très limité (1).

Que le paléontologiste reste donc paléontologiste, et qu'il n'ait pas la prétention de vouloir dominer la géologie qu'il ignore en grande partie. De son côté que le géologue reste dans la géologie minérale, physique et historique, puis, lorsqu'il sera embarrassé sur des questions générales ou spéciales, ayant trait aux fossiles, qu'il re-

---

(1) Je rapporterai ici un passage de l'article *fossiles*, écrit par M. C. Prévost et déjà cité. On verra que l'opinion de cet habile géologue est encore semblable, en ce point, à celle que je viens d'émettre.

« Il ne faudrait pas conclure des réflexions qui précèdent, que l'usage » des fossiles doit être abandonné, mais seulement que le moyen de dé- » termination qu'ils fournissent au géologue doit être employé avec dis- » cernement, et surtout que ce moyen ne doit pas faire abandonner » l'observation positive des relations de gisement et de superposition des » matériaux dont la réunion constitue le sol.

» Si les fossiles ne peuvent fournir que des caractères incertains de » l'âge des terrains, il n'en est pas de même pour les formations dont » ils serviront à faire distinguer les divers modes.

» Ne vaut-il pas mieux, dans l'étude d'une science qui commence à » devenir sérieuse, n'avancer qu'avec précaution, s'armant de doute et » de prévoyance, que de s'aventurer avec témérité dans un dédale obs- » cur, parce que l'on croit avoir entre les mains une lumière brillante, » mais qu'un souffle peut éteindre. »

cueille les faits et les fossiles, qu'il s'éclaire ensuite des lumières de la paléontologie. Car il est évidemment plus facile au géologue d'apporter des fossiles au paléontologiste, qu'il ne l'est à celui-ci d'apporter au géologue un filon, un typhon, un volcan ou une chaîne de montagnes.

En résumé, il reste constant d'après les considérations qui précèdent, que les géologues en faisant de la paléontologie l'objet fondamental de la géologie, perdent de vue le véritable but de cette science, et qu'évidemment le principal sujet des études du géologue doit être la composition minérale, ainsi que les phénomènes dynamiques et physiques du globe. Or, c'est dans l'intention de ne pas déroger à cette dernière vérité que j'ai choisi, pour sujet de ce travail, l'étude de la classification rationnelle des terrains, et que je le ferai suivre de considérations relatives à la théorie du métamorphisme, ainsi qu'à celle de l'âge relatif des minéraux et des roches.

Je reviens donc au fond de la question spéciale que j'examine actuellement. La discussion qui précède ayant, selon moi, démontré que la méthode paléontologique devait être à son tour exclue, lorsqu'il s'agit de trouver une classification rationnelle et naturelle des terrains, il reste à indiquer celle qu'il convient d'adopter désormais. Or, la seule classification qui puisse remplir les conditions indispensables à une méthode générale et constante est la classification linéaire, c'est-à-dire celle qui est fondée sur les directions ou les axes principaux des couches et des massifs des terrains. Je vais en exposer sommairement les principes et les conséquences.

CHAPITRE III.

CLASSIFICATION LINÉAIRE.

NOTIONS GÉNÉRALES SUR LA CHALEUR DU GLOBE.

Hypothèse de la chaleur centrale et de l'incandescence primitive du globe.

Je commence par déclarer que j'admets l'hypothèse de la chaleur centrale dans son acception la plus large, car sans cette hypothèse, la théorie que je vais tenter de formuler ne pourrait exister; je pense, au reste, qu'aucun géologue ne verra de l'inconvénient à ce que je m'appuie sur une pareille base, quoique l'existence de la chaleur centrale n'ait pas encore été démontrée par des expériences directes, irrécusables et définitives. Si l'on ne pouvait me faire cette concession, si l'hypothèse de la chaleur centrale n'était qu'une rêverie, certes toute la géologie moderne, comme la paléontologie appliquée, ne serait à son tour qu'un roman plus ou moins intéressant, et serait entièrement à refaire sur de nouvelles bases; mais je doute que l'on en trouvât qui pussent, mieux que l'hypothèse de la chaleur centrale, expliquer les faits géologiques, et qui pussent, aussi bien qu'elle, satisfaire aux exigences des théories réellement scientifiques (1).

Le but de ce travail n'étant pas d'écrire un traité de géologie, mais bien d'examiner des questions spéciales, je me bornerai à dire un mot sur la température qui se fait sentir à la surface du globe, et à rappeler les principes sur lesquels repose l'hypothèse de la chaleur centrale, sans entrer dans leur discussion (2).

Températures diverses à la surface de la terre dans l'atmosphère et dans les mers.

Si la surface de la terre était partout homogène, c'est-à-dire formée de couches homogènes, jouissant des mêmes propriétés, la distribution de la chaleur y serait déterminée par les latitudes, par les mouvements de la terre autour

---

(1) Quoique l'hypothèse de l'incandescence primitive du globe explique, mieux que toute autre, les faits géologiques, quoiqu'elle soit déduite de phénomènes physiques, astronomiques et géologiques, quoiqu'elle soit d'accord avec les lois de la mécanique céleste, de la gravitation, etc., quoiqu'elle soit fortifiée par l'opinion et les travaux de géomètres, de physiciens, d'astronomes et de naturalistes célèbres, on ne saurait l'admettre sans une certaine réserve, comme vérité incontestable; car elle présente des difficultés touchant la physique, et conduit à des conséquences relatives aux immenses températures combinées avec l'état des corps, la force expansive, la pression, etc, dont nous ne saurions nous faire aucune idée eu égard à nos observations et à nos expériences journalières : elle a été, d'ailleurs, mise en doute par des savants aussi célèbres, tels que Poisson, Ampère, etc., qui, voyant les difficultés de la question, ont essayé de substituer d'autres hypothèses à celle de l'incandescence primitive du globe.

(2) Afin de rester dans le cadre que je me suis tracé, je ne parlerai point des hypothèses de Fontenelle, de Buffon, de Laplace, d'Herschel, de Poisson, d'Ampère, etc., sur l'origine primitive de la terre.

du soleil et par les divers phénomènes qui en sont la suite. Les lignes qui joindraient les points d'égales températures seraient toutes parallèles entre elles et se confondraient avec les parallèles terrestres; mais il n'en peut être ainsi pour une surface composée de parties hétérogènes, de terres et de mers, qui agissent différemment à cause de leurs pouvoirs émissifs et absorbants.

Les configurations de ces parties, leurs positions, leurs étendues relatives, leurs différences de niveau, la nature, la couleur et l'inclinaison du sol, l'abondance, la différence ou l'absence de végétation, le voisinage des mers et celui des montagnes, la direction des vents dominants, en un mot, une multitude de circonstances font varier la température à la surface de la terre et dans l'atmosphère (1). Dès lors, on a en chaque point d'observation un minimum et un maximum, c'est-à-dire deux limites entre les diverses températures qu'on obtient pendant un certain laps de temps; dès lors aussi l'on doit déterminer les températures moyennes d'un jour, d'un mois, d'une année, et, par suite celle d'un lieu.

La température d'un lieu, pendant une année, n'est pas nécessairement semblable à celle d'une autre année; mais ces variations se font par oscillations, c'est-à-dire qu'en général, une ou plusieurs années plus chaudes sont suivies par une ou plusieurs années plus froides; et depuis qu'on fait des observations comparables, la température ne paraît pas avoir marché sensiblement soit vers le refroidissement, soit vers l'échauffement. On admet aussi, d'après les documents historiques, que la température de l'atmosphère n'a pas éprouvé de changements généraux depuis 2000 ans.

---

(1) M. Alex. de Humboldt a indiqué dans son *Cosmos* les différentes causes qui produisent ces variations; je renverrai donc au vol. I, page 380, de la traduction de cet ouvrage.

On a nommé lignes isothermes, des lignes qui passent par les points jouissant des mêmes températures moyennes. D'après ce que j'ai dit plus haut ces lignes doivent nécessairement décrire sur le globe des courbes irrégulières, qui s'écartent plus ou moins des parallèles à l'équateur.

Les dispositions des lignes thermales sont l'expression de divers faits très remarquables dans la physique actuelle du globe : elles nous montrent que l'hémisphère boréal, à parité de latitude, est doué d'une température moyenne supérieure à l'hémisphère austral ; que l'intérieur des grands continents est généralement plus froid que les côtes, les îles, les archipels, ou les contrées découpées par les mers et avancées en pointes au milieu d'elles ; que les parties orientales des deux grands continents sont aujourd'hui plus froides que les parties occidentales ; et que ces deux continents offrent de même, entre leurs côtes, des différences considérables.

Toutes les autres circonstances étant égales d'ailleurs, les climats sont tempérés aux latitudes moyennes, très chauds dans les régions équatoriales, et très froids dans les contrées polaires. En comparant ces trois zônes, relativement à leurs températures, on envisage des pays situés à peu près au niveau de la mer ; car le Mont-Blanc qui se trouve à la latitude moyenne, et le Cimboraço à une latitude équatoriale, sont couronnés de neiges perpétuelles. On peut porter à 28° la température moyenne des contrées équatoriales au niveau de la mer, et à — 16° celle des régions polaires (1).

(1) M. Pouillet, dans son traité de physique, admet des nombres un peu différents. En outre la température maximum de la zône torride s'élèverait, suivant ce savant, à 50° et même jusqu'à 54° ; tandis que la température minimum des régions polaires serait comprise entre -40° et -50° (a).

(a) *Mémoire sur la chaleur solaire, sur les pouvoirs rayonnants et absorbants de l'air atmosphérique, et sur la température de l'espace*, par M. Pouillet (*Comptes-rendus hebdomadaires des séances de l'Académie des sciences*, etc., tome VII, p. 24).

La température décroît soit avec l'élévation dans l'atmosphère, soit avec la profondeur dans les mers ; et ce décroissement de la chaleur paraît être plus lent dans l'atmosphère que dans les mers. La facilité de la mobilité des molécules liquides, et leurs différentes densités, résultant de leurs températures propres, tendent à mettre partout en équilibre la température de la mer, à la surface, avec celles des couches d'air voisines ; d'un autre côté les courants, produits par les différences des températures et des densités, tendent aussi constamment à rétablir l'équilibre dans la température des diverses régions des mers. On ne connaît pas encore parfaitement la température du fond des mers ; néanmoins on peut dire qu'elle est probablement comprise entre 2° et 3° (1).

Comme je l'ai déjà fait entrevoir, on aurait une idée incomplète de la température d'un lieu, si l'on ne considérait que la température moyenne de l'année, car une même quantité de chaleur annuelle peut être très inégalement répartie entre les diverses saisons. De là, l'idée des lignes isothères, ou d'égal été, et des lignes isochimènes, ou d'égal hiver. Ainsi, outre la diversité dans les températures moyennes, il importe encore de distinguer les climats où les variations de chaleur sont faibles, des climats où les variations sont très grandes. Ces derniers sont nommés climats excessifs, et appartiennent en général à l'intérieur des continents ; tandis que les climats plus réguliers régnent dans le voisinage des mers, et surtout dans les îles placées au milieu de l'Océan. Dans les climats excessifs ou extrêmes on a donc ordinairement des hivers rigoureux, qui succèdent à des étés brûlants. Je ne m'arrêterai pas aux climats tempérés, tropicaux, etc.

---

(1) Voyez le Ier vol., p. 355 et suivantes de la traduction française du *Cosmos*, par Alex. de Humboldt.

Toutes ces circonstances thermales sont le résultat de l'arrangement actuel des terres et des mers ; il devient évident que des changements dans leur étendue, leur forme, leurs hauteurs, leurs profondeurs, leurs dispositions relatives, leur nature, et dans les courants marins en amèneraient aussi dans les températures et dans toutes les lignes thermales. Par exemple, la suppression de l'Afrique, l'abaissement du centre de l'Asie, l'allongement de ce continent vers la Nouvelle-Hollande, le remplissage de la mer des Antilles et du golfe du Mexique, etc. changeraient nécessairement les climats de la Sibérie et du Labrador ; tout se ferait peut-être en sens inverse, et à la douceur du climat dans l'Europe occidentale se substitueraient peut-être les rigueurs des contrées orientales.

Température de l'espace.

Des physiciens estiment à — 60° environ la température des espaces dans lesquels se meuvent la terre, les autres planètes et leurs satellites (1); en sorte que notre globe jouirait de cette température s'il n'avait deux autres sources de chaleur. La première est celle du soleil qui réchauffe constamment la surface de la terre ; la seconde est celle de l'intérieur du globe qui, du reste, n'influe pas actuellement de 1/30 de degré sur celle de la surface, comme je l'indiquerai plus loin.

---

(1) M. Pouillet, au moyen d'expériences et de considérations différentes de celles de Fourier et d'autres savants, a trouvé que la température de l'espace est au maximum de — 142°. Poisson a été conduit à un résultat différent : il pense que la température de l'espace, dans lequel la terre est actuellement plongée, est approximativement de — 13°; mais je dois admettre ici le nombre approximatif qui est le plus généralement adopté.

Température au-dessous de la surface de la terre à de petites profondeurs, et température de la couche invariable.

Au-dessous de la surface de la terre, il se produit des variations de température; mais ces variations ne se font sentir qu'à une faible distance dans l'intérieur du globe; et à une petite profondeur, variable suivant les lieux, la température est stationnaire et sensiblement égale à la température moyenne de la surface. Cette couche de température invariable n'a donc pas une forme régulière; mais on peut la regarder comme offrant une figure sphéroïdale régulière, eu égard à la grandeur du rayon terrestre.

Température au-dessous de la couche invariable.

Au-dessous de ce dernier point fixe, de la couche invariable, la température s'accroît successivement à mesure qu'on descend plus bas, et le résultat des observations faites jusqu'ici donne un accroissement de 1° par 30 mètres de profondeur environ. Si cette loi est régulière et constante, vers 3000 mètres environ, au-dessous du point de température stationnaire, on doit trouver déjà 100°, température de l'eau bouillante à la pression ordinaire; et à 100000 mètres, 3000° environ, c'est-à-dire une chaleur suffisante pour fondre toutes les roches et tous les minéraux connus. Or, qu'est une pareille profondeur relativement au rayon de la terre qui est de 6366745 mètres? Enfin, si la loi n'avait pas de limite jusqu'au centre du globe, à 6000 kilomètres environ, on aurait, par conséquent, une température de 200000° (1), dont nous ne

(1) Poisson, en se servant d'un calcul plus exact, d'une méthode analytique régulière et aussi complète que possible dans une pareille ques-

saurions nous faire une idée exacte, c'est-à-dire, que la chaleur vers le centre du globe dépasserait tout ce que nous pouvons imaginer! Mais il n'est pas certain que la température s'accroisse toujours uniformément : il est possible qu'à une certaine distance il se fasse un équilibre général, et que, par exemple, à une profondeur de 100000 à 200000 mètres il s'établisse une température uniforme de 3000° à 4000°, la plus élevée que nous puissions produire, et à laquelle rien ne résiste sous la pression ordinaire; d'un autre côté, il reste à savoir comment se comportent, à des températures très élevées, la chaleur spécifique, la conductibilité et le rayonnement intérieur; il reste également à savoir si la pression, si les lois de la gravité ne modifient pas les lois et les effets de la chaleur centrale.

L'hypothèse de Halley, si toutefois elle était admise, fournirait la limite de la température intérieure de la terre; cette limite serait celle de la résistance que le fer forgé, chargé d'une pression énorme, peut opposer à la fusion. On serait même porté à la réduire en supposant, d'après les expériences de Newton, confirmées par celles de Barlow, etc., que le fer, chauffé à la chaleur blanche, perd sa vertu magnétique; cependant il ne faut pas oublier qu'une excessive compression du métal doit vraisemblablement reculer de beaucoup le terme où la vertu magnétique est ainsi anéantie.

Dans tous les cas, si l'on considère d'une manière générale la distribution actuelle de la chaleur dans l'enveloppe terrestre, on trouve que cette distribution est précisément celle qui aurait lieu, si le globe avait été formé dans un

---

tion, a trouvé pour formule

$$6e^{-\frac{a^{2}\pi^{2}t}{l^{2}}},$$

et, en substituant des nombres, plus de 2000000 de degrés (a).

(a) *Théorie mathématique de la chaleur*, p. 375 et 428.

milieu doué d'une très haute température, et qu'ensuite il se fût continuellement refroidi.

Faits et inductions sur lesquels repose l'hypothèse de la chaleur centrale.

Les faits et les inductions sur lesquels repose l'hypothèse de la chaleur centrale, dont je viens d'indiquer la loi d'accroissement, de la surface au centre, sont en grand nombre; je me contenterai de rappeler ici les principaux.

La figure, la densité et la consistance actuelles du globe sont intimement liées aux forces qui agissent dans son sein, indépendamment de toute influence extérieure.

Différents faits ont démontré depuis longtemps que la terre a, prise dans son ensemble, une forme sphéroïdale, et qu'elle est aplatie vers les pôles, ou, si l'on veut, renflée à l'équateur. Ce résultat conduit nécessairement à l'idée qu'à une certaine époque les particules matérielles qui constituent le globe, ont eu assez de liberté, assez de mobilité pour glisser les unes sur les autres, se concentrer sous la condition la plus stable d'équilibre en affectant la forme sphéroïdale, et céder à l'action de la force centrifuge, produite par le mouvement de rotation dont le sphéroïde terrestre est animé, et par suite duquel la masse fluide s'est gonflée à l'équateur et aplatie aux deux pôles. Or, le nombre qui représente l'aplatissement aux pôles (1), est précisément celui que fournissent les lois de la mécanique pour l'aplatissement, dans la supposition d'une masse fluide, c'est-à-dire, que la terre a exactement la même figure qu'elle devrait avoir, si elle avait été originairement fluide et soumise aux différentes forces qui l'animent.

Une figure semblable appartient aux autres planètes, et,

---

(1) L'aplatissement aux pôles est de $\frac{1}{305}$ environ.

sauf quelques irrégularités, dues à des causes particulières, leur aplatissement respectif est d'autant plus considérable que leur mouvement de rotation est plus rapide, ainsi qu'il résulte des lois propres aux fluides. Il reste donc certain que toutes les planètes et leurs satellites ont été, comme la terre, originairement fluides, au moins à leur surface.

Ainsi, toutes les observations astronomiques et géodésiques conduisent à conclure que la terre est un sphéroïde de révolution semblable à celui que produirait, sous les mêmes conditions, une masse fluide douée d'un mouvement de rotation dans l'espace. Il faut donc de toute nécessité admettre que la terre a été autrefois à un état pâteux ; et la cause de cet état pâteux ne saurait être rapportée, d'après d'autres considérations, qu'à une chaleur immense. Actuellement la figure générale de la terre n'est pas exactement un sphéroïde renflé à l'équateur et aplati aux pôles; c'est un sphéroïde plus irrégulier, car il est déformé et bosselé sur une multitude de points, comme je l'indiquerai plus tard ; mais on verra que cette irrégularité est une conséquence nécessaire de la fluidité primitive du globe, et, en un mot, de la chaleur centrale.

Les phénomènes de la pesanteur, observés à la surface du globe, ont porté Laplace à conclure que la terre est formée, à partir d'une certaine distance de sa superficie, de couches à peu près régulières, ellipsoïdales, et disposées symétriquement autour du centre de gravité : une pareille disposition ne peut, suivant cet illustre astronome, exister que dans le cas où le globe entier aurait été primitivement fluide. En effet, à la surface du globe la pesanteur diminue graduellement des pôles à l'équateur; parce que les corps pèsent moins à mesure qu'ils sont plus éloignés du centre, et parce que la force centrifuge est nulle aux pôles, tandis qu'elle atteint son maximum à l'équateur. Or, si l'on calcule les effets de l'accroissement de distance au centre et de la force centrifuge, en supposant le globe homogène, on trouve à l'équateur une diminution de pesanteur moindre que celle qui résulte de l'observation directe ; et ce n'est qu'en admettant que la densité du globe va successivement en augmentant de la surface au centre, qu'on peut arriver à faire cadrer le calcul avec les résultats de l'expérience. En outre, plusieurs autres phénomènes conduisant à la même hypothèse, on a lieu de penser que le globe est composé de couches concentriques de différentes matières, dont les densités sont progressivement croissantes (1). De sorte que l'on est encore obligé d'admettre un état de fluidité assez parfaite pour avoir permis aux molécules matérielles de se placer dans l'ordre de leurs densités respectives.

D'un autre côté, les roches plutoniques et volcaniques sont d'autant plus denses qu'elles sont plus modernes ; ce qui indique qu'elles appartiennent à des régions de l'intérieur du globe plus denses, moins éloignées du centre, et par conséquent que l'intérieur de notre planète est doué d'une très haute température.

D'autres faits et considérations viennent encore appuyer l'hypothèse de la chaleur centrale ; je rappellerai les suivants.

1° Des expériences nombreuses, faites dans les mines, les puits forés, etc., prouvent qu'il y a une augmentation de température en allant de la surface vers l'intérieur, à partir de la profondeur à laquelle l'action des rayons solaires cesse de produire des variations de température. 2° On rencontre des sources thermales dans tous les pays et dans tous les terrains. 3° Dans certaines régions, la température

---

(1) Voyez plus loin, la partie de ce travail qui est relative à la densité du globe.

de la croûte terrestre, à de petites profondeurs, ne coïncide point avec la température moyenne de l'atmosphère. 4° Des matières ignées paraissent avoir été rejetées de l'intérieur de la terre à toutes les époques. 5° Les volcans en activité sont répandus aujourd'hui sur toute la surface du globe ; ils présentent tant d'analogie dans leurs phénomènes généraux, qu'on peut les regarder comme provenant d'une même cause, d'une même source, située à de grandes profondeurs. 6° Les phénomènes géologiques permettent de supposer un grand abaissement de température à la surface du globe. 7° Quoique l'eau des mers et des lacs se distribue d'après sa densité, on reconnaît, dans plusieurs localités de haute latitude, une augmentation de température avec la profondeur, qui ne s'accorde point avec la distribution de l'eau d'après la loi de la densité. 8° Les tremblements de terre, les dislocations du sol, etc. dénotent également un centre d'action très énergique, ayant son siége dans l'intérieur du globe, et qui peut être regardé comme la conséquence de la chaleur centrale.

Quoique soumis à une température élevée, les gaz peuvent devenir liquides et même solides soit par des pressions, soit par des combinaisons ; l'hypothèse de la chaleur centrale n'est donc pas incompatible avec les différents états sous lesquels les corps peuvent se présenter : ces différents états dépendent de la combinaison des conditions auxquelles les corps sont soumis.

Fluidité et incandescence primitives du globe, fluidité actuelle de l'intérieur du globe, et faible épaisseur de la croûte terrestre.

Des faits et des considérations qui précèdent il résulte, non-seulement que la terre aurait été fluide et incandescente à une certaine époque, mais aussi qu'elle le serait encore intérieurement, et que la surface seule serait entièrement consolidée sur une épaisseur de 100 à 150 kilomètres au plus. Cette épaisseur de la croûte du globe est très petite relativement au rayon terrestre, qui surpasse 6000 kilomètres; elle pourrait même ne pas être la centième partie de ce rayon.

Cette faible épaisseur de la croûte du globe a fait dire par différents géologues : « La faiblesse relative de l'é-» corce, d'ailleurs fort crevacée, peut-elle supporter tou-» jours les changements de forme et de volume dont une » telle masse incandescente doit être susceptible, surtout » quand la température centrale est capable de tout ré-» duire en vapeur au moindre jour qui établit une com-» munication avec une atmosphère de si faible pression re-» lative? Si l'on peut être étonné de quelque chose, c'est » que cette disproportion entre l'épaisseur de la croûte et » le diamètre de la matière fondue ne donne pas lieu à plus » de catastrophes qu'on n'en éprouve aujourd'hui à la » surface de notre planète. » Ces géologues pensent donc que, vu les dimensions du globe et de sa partie fluide, eu égard à la faible épaisseur de la croûte, cette enveloppe doit être nécessairement très flexible et peu résistante. Mais c'est une erreur : car d'un côté la gravité retient liées les unes aux autres les particules et les couches fluides; d'un autre côté, la croûte est probablement plus épaisse qu'ils ne l'admettent, et dès que son épaisseur a pu atteindre quelques kilomètres, cette enveloppe a certainement présenté assez de consistance et de tenacité pour n'être plus élastique, et pour opposer une résistance considérable et suffisante aux efforts de la masse fluide. Du reste, les arts et l'industrie n'offrent-ils pas des exemples qui montrent jusqu'à l'évidence qu'une sphère métallique, remplie d'une matière fondue ou d'un gaz très expansif, quoiqu'ayant une enveloppe très mince, oppose une très grande résistance? Enfin la théorie de la chaleur centrale, du refroidissement du globe et des bosselures, qui en sont la conséquence, est en opposition directe avec les opinions des géologues auxquels je fais allusion.

THÉORIE DE LA CHALEUR DE LA TERRE A SA SURFACE ET DANS SON INTÉRIEUR.

Dans l'ignorance où nous sommes sur la nature des matériaux dont l'intérieur du globe est formé, sur les divers degrés de capacité pour la chaleur et sur la conductibilité de couches superposées, enfin sur les combinaisons chimiques ou les changements physiques que les matières solides, liquides ou gazeuses peuvent subir sous l'influence d'une pression inconnue, nous ne pouvons appliquer sans réserve, à notre planète, les lois de la propagation de la chaleur qui ont été découvertes avec le secours de l'analyse pour un sphéroïde homogène en métal. D'un autre côté, il serait superflu de rapporter ici toutes les lois et toutes les déductions relatives à la chaleur centrale (1) ; elles ont été développées et discutées par divers physiciens et géologues, notamment par Lagrange, Fourier, Poisson, MM. Arago, Pouillet, Duhamel, Cordier, Élie de Beaumont, etc. Je ne rappellerai donc que les principales lois et déductions, d'autant plus que je me propose d'y revenir lorsque je discuterai la question du métamorphisme des roches.

Sources de chaleur.

Dans l'état actuel des choses, trois causes générales déterminent les températures de notre globe.

(1) Quoique l'hypothèse de la chaleur centrale soit très ancienne, elle n'a commencé à prendre de la consistance que depuis la découverte des lois du système du monde. Descartes, Halley, Leibnitz, Mairan, Buffon surtout, et plusieurs autres philosophes des temps modernes l'avaient adoptée, en se fondant principalement sur des considérations déduites soit de la figure de la terre, soit de certains phénomènes astronomiques, soit de la mobilité du principe souterrain qui produit les actions magnétiques, soit de la comparaison des températures superficielles avec celles observées à de petites profondeurs, soit enfin de diverses expériences sur le refroidissement des corps incandescents.

1° La terre participe à la température commune des espaces planétaires, étant exposée à l'irradiation des astres innombrables qui environnent de toutes parts le système solaire.

2° La terre est échauffée par les rayons solaires.

3° La terre a conservé, dans l'intérieur de sa masse, une grande partie de sa chaleur primitive.

Après un laps de temps assez court toute la chaleur du globe, tant la chaleur centrale et primitive que la chaleur superficielle qui est maintenue par le soleil, se trouverait dissipée dans l'espace, ou du moins jusqu'à un certain état d'équilibre de température, si l'espace avec ses astres innombrables ne fournissait à chaque instant de la chaleur à la terre.

Ainsi, abstraction faite de la chaleur solaire, le globe terrestre serait maintenu par l'espace à un certain degré de chaleur qui a, sans nul doute, une grande influence sur la température des divers climats, et particulièrement sur la température des pôles. D'un autre côté, en admettant le nombre — 142°, trouvé par M. Pouillet pour la température de l'espace, la quantité de chaleur fournie par ce milieu serait déjà considérable, puisqu'elle serait au moins égale à celle que verse le soleil sur notre globe; mais la quantité de chaleur fournie par l'espace serait bien supérieure, si l'on admettait, comme Fourier, le minimum — 60° pour la température de l'espace, et surtout si l'on admettait le nombre — 13° qui a été donné par Poisson.

On sera étonné, sans doute, que l'espace avec une température minimum de — 142° puisse donner à la terre une quantité de chaleur aussi considérable, car elle se trouve à peu près égale à la chaleur moyenne que nous recevons du Soleil. Mais, il ne faut pas oublier qu'à l'égard de la terre, le soleil n'occupant que les cinq millionnièmes de la voûte céleste, doit envoyer 200000 fois plus de chaleur pour produire le même effet.

M. Pouillet a essayé de déterminer la quantité constante de chaleur, qui est versée par le soleil sur la terre dans le cours d'une année, qui est accumulée en chaque lieu pendant certaines saisons, puis distribuée entre les divers climats, puis enfin perdue par le rayonnement, avec une si admirable régularité qu'il n'en reste pas de trace au commencement de l'année suivante. Or, il résulte des expériences et des calculs de ce savant physicien que chaque centimètre carré de la surface solaire émet, en une minute, 84888 unités de chaleur ; que chaque centimètre carré de la terre reçoit par minute, de cette source calorifique, une quantité de chaleur égale à 1,7633; et que, par conséquent, la quantité de chaleur reçue en une minute par la surface du globe est égale à

$$1,7633 \times 4 \pi D^2.$$

Il résulte enfin que, par un ciel serein, l'atmosphère absorbe environ les $\frac{4}{10}$ de cette chaleur et de celle de l'espace, et qu'elle absorbe les $\frac{9}{10}$ de la chaleur émise par la terre.

Si le soleil ne faisait pas sentir son action sur notre globe, la température de la surface du sol serait partout uniforme et, suivant M. Pouillet, de

$$-89°.$$

Or, puisque la température moyenne de l'équateur est de 27°,5, il faut en conclure que la présence du soleil augmente la température de la zône équatoriale de

$$116°,5.$$

Pareillement la température moyenne de la colonne atmosphérique serait à l'équateur de

$$-149°.$$

La présence intermittente du soleil augmente donc de

139°

la température moyenne de la totalité de l'atmosphère dans la zone torride.

Les phénomènes qui se produisent, en faisant abstraction de l'action du soleil et des effets de la chaleur intérieure du globe, sont les suivants. 1° La température de la surface de la terre est considérablement plus élevée que la température de l'espace. 2° La température moyenne de l'atmosphère est nécessairement inférieure à la température de l'espace, et, à plus forte raison, à la température de la terre elle-même. 3° Le décroissement de la température dans l'atmosphère n'est point dû à l'action périodique du soleil, ni aux courants ascendants et descendants que cette action peut déterminer près de la surface de la terre : il aurait même lieu si le soleil n'échauffait ni la terre, ni l'atmosphère, parce qu'il est une des conditions d'équilibre des enveloppes diathermanes ; sa véritable cause réside dans les actions absorbantes inégales, que l'atmosphère exerce sur les rayons de chaleur venant de l'espace, et sur ceux qui sont émis tout autour du globe par la surface du sol ou par celle des mers.

Mouvement de la chaleur dans le globe et lois de sa propagation.

Pour une interprétation générale la chaleur se propage dans le globe terrestre de trois manières différentes. Le premier mouvement, qui ne pénètre pas profondément, est périodique et fait varier la température des couches terrestres suivant que la chaleur, d'après les saisons, s'introduit de haut en bas ou s'écoule de bas en haut, en reprenant la même voie, mais en sens inverse. Le deuxième mouvement, qui a lieu aussi vers la surface, est d'une excessive lenteur : une partie de la chaleur qui a pénétré les couches équatoriales, se meut dans l'intérieur de l'écorce terrestre jusque vers les pôles ; là, elle se déverse dans l'atmosphère et va se perdre dans les régions éloignées de l'espace. Le troisième mouvement qui est le plus lent de tous, consiste dans le refroidissement séculaire du globe, c'est-à-dire dans la perte d'une faible partie de la chaleur primitive qui est actuellement transmise à la surface (1).

Ainsi, la terre rend aux espaces célestes toute la chaleur qu'elle reçoit du soleil et de l'espace ; en outre, elle y ajoute une petite partie de celle qui lui est propre. Chaque point étant supposé conserver une température fixe, la chaleur à de petites profondeurs se propage d'un mouvement uniforme, et passe avec une extrême lenteur des parties plus échauffées dans celles qui le sont moins. En réalité, la température d'un point placé à une certaine profondeur est alternativement plus grande ou moindre que la température moyenne ; la différence, qui est très petite, varie comme le sinus du temps écoulé depuis l'instant où elle était nulle ; et le maximum de la dif-

(1) Si l'on suppose que tous les points de la surface d'un globe solide immense soient assujettis, par une cause extérieure quelconque et pendant un temps infini, à des changements périodiques de température pareils à ceux que nous observons, ces variations ne pourront affecter qu'une enveloppe sphérique dont l'épaisseur est infiniment petite par rapport au rayon ; c'est-à-dire qu'à une profondeur verticale peu considérable la température d'un point aura une valeur constante qui dépend, suivant une certaine loi, de toutes les températures variables du point de la même verticale situé à la surface.

Un élément quelconque du solide transmet au suivant, dans le sens perpendiculaire à l'équateur, plus de chaleur qu'il n'en reçoit dans le même sens de celui qui le précède, et ce même élément donne à celui qui est placé au-dessous de lui, dans le sens du rayon perpendiculaire à l'axe de la sphère une quantité de chaleur moindre que celle qu'il reçoit en même temps et dans le même sens de l'anneau supérieur. Ces deux effets opposés se compensent exactement, et il arrive que chaque élément perd dans le sens parallèle à l'axe toute la chaleur qu'il acquiert dans le sens perpendiculaire à l'axe, en sorte que sa température ne varie point. On reconnaît distinctement, d'après cela, la route que suit la cha-

férence décroît en progression géométrique, lorsque la profondeur augmente en progression arithmétique.

L'équilibre de température est maintenant établi à la surface : la terre perd à peu près chaque année toute la quantité de chaleur qu'elle reçoit ; car si elle en perdait sensiblement moins, tous les climats deviendraient chaque année plus chauds, et si elle en perdait sensiblement plus, ils deviendraient plus froids, ce qui est tout à fait contraire à l'expérience des siècles.

Refroidissement du globe.

Fourier, considérant la distribution de la chaleur souterraine dans les profondeurs qui nous sont accessibles, la température des pôles, et l'existence du rayonnement vers les espaces célestes, a démontré que la terre conti-

---

leur dans l'intérieur de la sphère. Chacun des éléments infiniment petits placés dans l'intérieur du solide échauffe celui qui est placé au-dessous de lui et plus près de l'axe, et il échauffe aussi celui qui est placé à côté de lui plus loin de l'équateur. Ainsi la chaleur émanée du foyer extérieur se propage dans ces deux sens à la fois ; une partie se détourne du côté des pôles, et une autre partie s'avance plus près du centre de la sphère. C'est de cette manière qu'elle se transmet dans toute la masse, et que chacun des points, recevant autant qu'il perd, conserve sa température.

' L'un des mouvements résulte de la différence des températures de parallèles voisins, l'autre, de la différence des températures entre deux points voisins de la surface et placés dans une même verticale. Or cette différence prise entre deux points dont la distance est donnée, est incomparablement plus grande dans le sens horizontal.

Indépendamment des changements de température que la présence du soleil reproduit chaque jour et dans le cours de chaque année, toutes les autres inégalités qui affectent le mouvement apparent de cet astre, occasionnent aussi des variations semblables.'

nue de se refroidir (1); ce refroidissement est insensible à la surface, parce que les pertes de chaleur y sont incessamment compensées par l'effet d'une propagation qui procède uniformément du dedans au dehors, compensation presque complète, qui approche continuellement de l'état d'équilibre, et que l'expérience et la théorie expliquent parfaitement. Les pertes de chaleur n'ont donc d'influence qu'à de grandes profondeurs : d'où il résulte que l'écorce du globe continue journellement de s'accroître à l'intérieur par de nouvelle couches solides.

État initial du refroidissement. — Une sphère homogène ayant été soumise à un foyer et ayant acquis son maximum de température, il faut que chaque couche soit à son maximum de température, pour que cette sphère conserve ses propriétés physiques et d'homogénéité. Si la sphère est soustraite à son foyer et si elle est placée dans un milieu moins chaud que sa température maximum, elle se refroidit par deux causes : 1° le rayonnement, 2° le contact.

Quoique la terre ne soit pas et n'ait probablement jamais été homogène, on peut jusqu'à un certain point, lui appliquer les lois générales qui ont été déterminées pour une sphère dont les conditions sont les plus simples. Néanmoins, il est indispensable de mettre toujours de la réserve dans des questions aussi délicates.

La sphère supposée à sa température initiale et commençant à se refroidir, sa chaleur d'origine se dissipe du centre à la surface et par cette dernière dans le milieu ambiant.

---

(1) *Remarques générales sur les températures du globe et des espaces planétaires,* par Fourier (annales de chimie et de physique, t. 27, p. 136); et *Resumé théorique des propriétés de la chaleur rayonnante,* par le même (t. 27, p. 275).

Il est manifeste que, durant le refroidissement d'une sphère d'une aussi grande dimension que la terre, la diminution de la température pendant un instant n'est pas la même pour tous les points : la chaleur primitive se dissipe par l'irradiation dans l'espace environnant, dont la température est très inférieure, et diminue beaucoup plus rapidement à la superficie, que dans les parties situées à une grande profondeur, ce qui signifie que les parties les plus voisines de la surface ont été refroidies les premières.

Cet état variable des températures s'est altéré par degrés, et s'est approché de plus en plus d'un état final qui n'est sujet à aucun changement. Alors chaque point de la sphère a acquis et conserve une température déterminée, qui ne dépend que de la situation de ce point.

Ainsi, de quelque manière que la chaleur initiale ait été répartie entre les points de la sphère, elle ne tarde pas à se distribuer, d'elle-même, suivant un ordre constant.

Le refroidissement a dû être beaucoup plus considérable autrefois qu'aujourd'hui, et il a été successivement d'autant moins rapide que l'époque était plus éloignée de l'état initial. Ces principes résultent non seulement des lois de la chaleur appliquées à un corps immense en ignition, mais encore de différentes causes, parmi lesquelles je citerai les divers écrans auxquels a donné lieu progressivement le refroidissement général du globe. Dans tous les cas, cette question est très compliquée, surtout si l'on y fait rentrer les anciennes températures de l'espace et de ses astres.

État des températures du système durable ; lois de la distribution et de la dissipation de la chaleur. — Les températures se rapprochent continuellement du système durable ; alors ces températures varient depuis le centre jusqu'à la surface, de même que le rapport du sinus à l'arc varie depuis une extrémité de la demi-circonférence jusqu'à l'extrémité d'un certain arc moindre que cette demi-circonférence.

Pour représenter la disposition régulière que la chaleur affecte toujours dans l'intérieur d'une sphère, on peut concevoir que tous les points de cette sphère ont d'abord reçu des températures différentes, qui diminuent toutes en même temps, lorsque le corps est placé dans un milieu plus froid. Or le système de ces températures initiales peut être tel, que les rapports établis primitivement entre elles se conservent sans aucune altération pendant toute la durée du refroidissement. Il y a donc pour une sphère une infinité de modes simples suivant lesquels la chaleur peut se propager et se dissiper, sans que la loi de la distribution initiale éprouve aucun changement. Si l'on formait dans la sphère un seul de ces états simples, toutes les températures s'abaisseraient en même temps, en conservant leurs premiers rapports, et chacune d'elles en particulier, par conséquent la température moyenne diminuerait comme l'ordonnée d'une même logarithmique, dont le temps est l'obscisse (1).

La température de la partie centrale est excessivement élevée, et peut être regardée comme constante eu égard aux laps de temps qui entrent dans les calculs habituels de l'homme. A une certaine distance du centre cette température diminue suivant des lois régulières, jusqu'à la couche de la température invariable. L'équilibre intérieur que nous observons aujourd'hui change avec le temps, et il

(1) *Théorie analytique de la chaleur*, par Fourier; in-4. Paris. 1822. *Théorie du mouvement de la chaleur dans les corps solides* (tomes IV et V des Mémoires de l'Académie royale des sciences de l'Institut de France, etc.).

changera sans cesse, jusqu'au moment où toute la chaleur primitive se sera complètement dissipée par la surface ; mais ces changements s'accomplissent avec une telle lenteur, qu'il faut de longues séries de siècles pour qu'ils deviennent sensibles à nos observations.

Température moyenne de la terre. — Je vais essayer d'indiquer la méthode pour trouver la température moyenne de la terre dans une succession d'intervalles ou bien à des époques fixes.

En désignant par V la température moyenne de toute la masse du globe, ou pour mieux dire la température que prendrait cette masse, si toute la chaleur qu'elle contient y était répartie de manière que la température fût uniforme, on pourrait trouver V au moyen de l'équation

$$\frac{dV}{dt} = \frac{3g}{R} \cdot \frac{c}{C}$$

qui a été donnée par Poisson, en supposant que les autres quantités fussent connues. Il en serait de même pour d'autres valeurs

$$V_1,\ V_2,\ V_3 \ldots\ldots V_n,$$

correspondant à des temps

$$t_1,\ t_2,\ t_3 \ldots\ldots t_n.$$

Par suite on trouverait également en nombres finis les relations des températures moyennes V_1, V_2, $V_3 \ldots\ldots V_n$; mais, dans l'état de nos connaissances, on ne peut établir que la relation générale

$$V_1 > V_2 > V_3 \ldots\ldots > V_n.$$

Du reste, les différences entre les valeurs $V_1, V_2, V_3 \ldots\ldots V_n$ sont certainement très petites, si l'on ne considère pas des intervalles immenses entre t_1, t_2, $t_3 \ldots\ldots t_n$.

Lois d'accroissement des températures des points situés au dessous de la couche invariable. — En représentant par u la température d'un point situé au-dessous de la couche invariable, par f la température moyenne du lieu correspondant sur la surface au premier point, si l'on néglige toutefois de petites valeurs, par g l'accroissement de température pour un mètre, par x la distance, comptée sur le rayon, de la couche invariable au point dont il s'agit, et supposant en général $x > 20^m$ on peut établir

$$u = f + g\,x \text{ (1)}.$$

Traduisant approximativement cette formule, on voit que après un certain laps de temps la température d'un point, situé au-dessous de 20^m en général de la surface du sol, est sensiblement égale à la température moyenne du lieu correspondant sur la surface, augmentée du produit du coefficient d'accroissement de température pour un mètre par la distance du point dont il s'agit à la couche invariable. Il résulte aussi, qu'à partir de la couche invariable, qui est elle-même à des niveaux différents pour les différents lieux, l'accroissement de la température est proportionnel à la profondeur.

Or, j'ai dit qu'en général, dans l'état actuel, l'accroissement de la température, à partir de la couche invariable, était d'un degré par 30 mètres environ, jusqu'à une limite indéterminée, si toutefois il y en a une, à laquelle l'accroissement pourrait diminuer, ou bien augmenter, ou enfin cesser. Mais il semblerait, d'après les résultats fournis par la physique et par le calcul, que, depuis l'état initial du refroidissement jusqu'au moment de l'équilibre définitif des températures de la couche invariable et des

---

(1) f et g sont des quantités indépendantes de x que l'on déterminera par l'expérience pour chaque verticale. D'après cette expression de u, on formera autant d'équations de condition que l'on aura mesuré de températures le long de cette verticale, correspondantes à des valeurs connues de x : et, si le nombre de ces équations est assez considérable, on en déduira les valeurs de f et g par la méthode des moindres carrés des erreurs (a).

(a) Pages 416 et 417 de la *Théorie mathématique de la chaleur*, par S. D. Poisson ; in-4 ; Paris, 1835.

couches inférieures, les accroissements aux diverses époques auraient dû et devraient être différents. Il serait donc très important de pouvoir déterminer les lois des accroissements aux diverses époques de la vie du globe, ou pour mieux dire de trouver une formule générale qui pût représenter : 1° La loi des températures d'un point ou d'une couche durant une succession d'intervalles ou bien à des époques fixes; 2° celle des rapports des températures des couches dans une série continue ou dans une série discontinue d'intervalles. Jusqu'ici les données de l'expérience et de l'observation nous manquent, et nous feront probablement toujours défaut; la solution de la question reste dès lors soumise à des hypothèses qui pourraient être renversées. Néanmoins, si l'on ne peut pas déterminer les séries des accroissements d'une manière complète et précise, différents physiciens et géomètres ont donné des élements de la question; en sorte que, combinant les résultats fournis par ces savants, notamment par Fourier et Poisson, on peut arriver à une induction rationnelle, qui sera d'un grand secours pour discuter les hypothèses qu'on a établies sur certaines parties de la théorie de la chaleur centrale.

Il résulte que l'accroissement a dû être plus rapide autrefois, lorsque la température de l'intérieur du globe était plus élevée, ou du moins lorsqu'on était plus rapproché qu'on ne l'est aujourd'hui de l'état initial du refroidissement, et qu'il devra diminuer lorsqu'on s'en éloignera encore davantage, c'est-à-dire aux époques ultérieures. Mais les accroissements des époques antérieures étaient beaucoup moins grands qu'on ne le supposerait de prime abord; car les différences entre les accroissements des temps passés et ceux d'aujourd'hui sont excessivement faibles, à moins d'admettre des intervalles immenses. D'un autre côté les accroissements des époques ultérieures seront aussi peu différents de ceux qu'on observe actuellement.

En effet, supposant le temps écoulé assez grand pour que la température de chaque point de la terre, provenant de la chaleur initiale, soit réduite au 1er terme de son expression en série d'exponentielles, on a, d'après Poisson,

$$v = f + gx \text{ (1).}$$

Or, le temps croissant par des différences égales, les deux quantités f et g décroîtront suivant une progression par quotient, et extrêmement lente de siècle en siècle, à cause de la grandeur du rayon de la terre.

Dans un même lieu, si la valeur de g devient g_1, lorsque le temps t augmente de t_1, on aura, encore d'après Poisson,

$$lg = 6e^{-\frac{\pi^2 a^2 t}{l^2}}, \quad lg_1 = 6e^{-\frac{\pi^2 a^2 (t+t_1)}{l^2}},$$

et par conséquent $$g_1 = ge^{-\frac{\pi^2 a^2 t_1}{l^2}} \quad (2).$$

Il en résulte que le rapport de g_1 à g, ou le décroissement est exprimé par une exponentielle, et qu'il est extrêmement lent. A Paris il faudrait plus de mille millions

---

(1) v représente la partie de la température d'un point, situé à une certaine profondeur au dessous de la surface, provenant de la chaleur initiale; f désigne la quantité dont la chaleur initiale de la terre augmente encore, à l'époque actuelle, la température de la surface; et g représente la même valeur que dans la formule de la page 120, c'est-à-dire l'accroissement de la température moyenne, observé le long de la verticale, et rapporté à l'unité de longueur.

(2) P. 425 de la *Théorie mathématique de la chaleur* par S. D. Poisson; in-4°. Paris, 1835.

de siècles pour que la valeur de g fût réduite de moitié : on peut, du reste, sans commettre une erreur sensible, admettre le même nombre pour toute la surface du globe.

De son côté, Fourier a trouvé que l'excès f de la température de la surface sur celle du dehors, et l'accroissement g de la température intérieure, qui ont lieu après un très long intervalle de temps écoulé depuis l'époque de l'état initial, sont en raison inverse de la racine carrée de ce temps t. Il s'ensuit que la diminution de g pendant un autre temps t_1, très petit par rapport à t, sera égale à la valeur de g multipliée par le rapport $\frac{t_1}{2t}$ (1). On ne peut donc pas alors calculer la diminution de g, pendant un temps donné, t_1, sans faire une hypothèse purement gratuite sur la longueur du temps t primitivement écoulé, et sur l'époque d'où ce temps est compté. Dans tous les cas, il faudrait, même selon Fourier, plus de 30000 ans pour que la valeur de g fût réduite de moitié.

Maintenant, je vais poser sous une autre forme la question principale : quelles doivent être les épaisseurs des couches successives aux différentes époques pour 1° d'augmentation, regardé comme la différence constante entre deux couches successives ?

Au premier moment t_1 les couches c_1, c_2, c_3......c_n auront une température initiale sensiblement égale, c'est-à-dire que les différences d_1, d_2, d_3.... d_n entre les températures des couches seront égales à zéro ; car à l'instant originaire, la température étant sensiblement égale dans tout le sphéroïde, pour avoir une différence plus grande que zéro il faudrait admettre des couches presque égales à l'infini. Or, si l'on suppose que le refroidissement commence à un intervalle très petit, au deuxième mo-

(1) *Annales de chimie et de Physique*, t. XIII, p. 425.

ment t_2 les couches $c'_1, c'_2, c'_3 \ldots\ldots c'_n$ devront encore être excessivement épaisses pour donner 1° de différence.

Mais il est évident que la distribution de la chaleur n'a pas été primitivement telle que je viens de le dire, car il n'y a pas eu en réalité d'état initial d'uniformité, si l'on suppose une formation cosmique pour l'origine du globe; que, même en admettant cet état initial d'uniformité, il s'est établi bientôt, par suite du refroidissement rapide de la surface du globe incandescent, un système différent de distribution de la chaleur; que dans tous les cas, il y a eu, à une certaine époque, inversion dans la distribution de la chaleur ; et, qu'en prenant dès lors un des systèmes ou modes simples de la nouvelle distribution de la chaleur, au moment t_n les couches $c_1, c^n_2, c^n_3 \ldots\ldots c^n_n$ auront été plus épaisses que les couches $c^{n-1}_1, c^{n-1}_2, c^{n-1}_3 \ldots\ldots c^{n-1}_n$ du moment t_{n-1} pour donner 1° de différence ; ainsi de suite.

En admettant pour simplifier la question, ce qu'on ne saurait du reste vérifier par l'expérience directe, les relations

$$c_1 = c_2 = c_3 \ldots\ldots = c_n,$$
$$c'_1 = c'_2 = c'_3 \ldots\ldots = c'_n,$$
$$\ldots\ldots\ldots\ldots$$
$$\ldots\ldots\ldots\ldots$$
$$c^n_1 = c^n_2 = c^n_3 \ldots\ldots = c^n_n \text{ (1)},$$

(1) Je suppose ces relations sans rien préjuger sur l'exactitude de cette hypothèse, car, en approfondissant la question et en tenant compte des difficultés physiques qu'elle soulève, on ne tarde pas à reconnaître que les relations

$$c_1 > \text{ou} < c_2 > \text{ou} < c_3 \ldots\ldots > \text{ou} < c_n$$
$$c'_1 > \text{ou} < c'_2 > \text{ou} < c'_3 \ldots\ldots > \text{ou} < c'_n$$
$$\ldots\ldots\ldots\ldots$$
$$\ldots\ldots\ldots\ldots$$
$$c^n_1 > \text{ou} < c^n_2 > \text{ou} < c^n_3 \quad > \text{ou} < c^n_n$$

pourraient aussi être admises.

et en nommant x_1 l'épaisseur d'une couche au premier moment du nouveau mode, x_2 celle d'une couche au deuxième moment, x_3 celle d'une couche au troisième moment, x_n celle d'une couche au t_n moment, on doit avoir la relation

$$x_1 < x_2 < x_3 \ldots\ldots < x_n;$$

donc, si l'on ne peut obtenir une relation en nombres finis, on a au moins une relation générale entre les épaisseurs des couches aux différentes époques. Dans tous les cas, il faut considérer des termes extrêmes ou des intervalles immenses pour trouver une différence sensible entre deux épaisseurs correspondant à deux époques.

Perte de chaleur primitive à travers la surface de la terre dans une unité de temps. — La portion de chaleur d'origine que la terre doit perdre, à travers chaque unité de surface et pendant une unité de temps, est généralement égale au produit $k \frac{dv}{dx}$, ou à kg, en vertu des expressions de v et de g (1); mais g étant connu, k, ou la conductibilité calorifique, restera hypothétique faute d'expériences directes.

Le flux de chaleur qui sort annuellement de la terre entière aura donc pour expression

$$4 \pi R^2 g k,$$

R étant le rayon de la terre.

Aux anciennes époques de la terre, cette déperdition de la chaleur centrale a dû être considérable ; mais, à partir des temps historiques, elle s'est tellement ralentie, qu'elle échappe presque à nos instruments de mesure.

Faible influence, à notre époque, de la chaleur intérieure du globe sur la température de la surface ; et faible influence du refroidissement normal du soleil sur celui de la terre. — Malgré l'im-

---

(1) Pages 121 et 426 de la *Théorie mathématique de la chaleur* par S. D. Poisson ; in-4°. Paris. 1835.

mense température de l'intérieur du globe, le flux de chaleur qui vient des couches profondes pour s'écouler par la surface, ne peut, quelque grand qu'il soit, modifier d'une quantité appréciable ni la température moyenne de la surface elle-même, ni l'ordre des températures qui s'établissent suivant les saisons, dans toute l'écorce de la terre supérieure à la couche invariable. En effet, Fourier a démontré que la chaleur centrale n'influe actuellement que pour moins de $\frac{1}{30}$ de degré sur celle de la surface.

D'un autre côté, le refroidissement normal du soleil n'exerce pas d'influence sensible sur la température moyenne de la terre et par suite sur le refroidissement de cette planète ; car en donnant la formule

$$V = \frac{M^{o}}{\delta^{2}},$$

qui exprime la différence des températures moyennes du soleil sensibles sur la terre à deux époques, j'ai montré qu'il faudrait admettre un intervalle immense entre les deux époques, ou bien des variations très brusques dans la température du soleil, etc., pour que l'influence fût sensible sur la terre (1).

Durée du refroidissement du globe. — Fourier, Laplace, M. Arago, etc. ont prouvé, par des considérations astronomiques et physiques, que le refroidissement du globe s'opérait depuis un laps de temps immense. Fourier a démontré que la diminution de la chaleur centrale doit avoir été, tout au plus, de la $\frac{3}{100}$ partie de 1° depuis 2000 ans. D'autre part, M. Arago a constaté, d'après certaines considérations astronomiques, que, dans le même laps de

(1) *Objection faite au Mémoire de M. Lecoq,* intitulé : *Des climats solaires et des causes atmosphériques, recherches sur les forces diluviennes indépendantes de la chaleur centrale, et sur les phénomènes glaciaire et erratique;* par A. Rivière; in-8°;. Paris. 1846.

temps, la température générale de la masse de la terre n'a pas varié de $\frac{1}{10}$ de degré.

Comme je l'ai dit, la température de la surface de la terre, augmentée de l'influence de la chaleur centrale, ne dépasse pas de $\frac{1}{30}$ de degré centésimal la dernière valeur à laquelle elle devrait parvenir, si les autres circonstances restaient les mêmes : elle a d'abord diminué très rapidement; mais, dans son état actuel, ce changement continue avec une extrême lenteur. La suite des temps apportera nécessairement de grandes modifications dans les températures intérieures ; mais à la surface, tous les changements peuvent être regardés comme presque accomplis, du moins pour un laps de temps incommensurable.

Si l'on admet avec Fourier que la diminution de la chaleur centrale doit avoir été tout au plus de la $\frac{3}{100}$ partie de 1° depuis 2000 ans, quel laps de temps, vraiment incalculable, ne faudrait-il pas pour que la température de l'intérieur s'abaissât jusqu'à celle de la surface et jusqu'au degré des températures combinées de l'espace !

Il devient évident d'après les réflexions qui précèdent que le refroidissement normal du soleil ne peut avoir d'influence très sensible sur la durée de celui de la terre.

Enfin, si l'on combine les résultats obtenus par Dulong, Petit et M. Pouillet on trouve que la terre dans le froid absolu mettrait :

13640 ans pour tomber de 100° à 0°,
29830 ans pour tomber de 0° à — 100°.

Ces exemples font voir qu'il y avait peut-être de l'exagération dans les idées que l'on s'était faites, jusqu'à présent, du froid absolu et des phénomènes qui se manifesteraient à la surface de la terre, si la température de l'espace était excessivement abaissée au-dessous du zéro de nos thermomètres ; ils font voir en même temps que les lois essentielles de la chaleur sont établies sur de tels principes de stabilité, que les changements brusques de température ne sont pas moins impossibles dans le système du monde que les changements brusques résultant des actions mécaniques.

Passage de l'état fluide du globe à l'état solide.

Toutes les considérations qui précèdent, conduisent nécessairement à admettre que le globe a été à l'état de fluidité ignée, qu'il s'est refroidi d'abord à sa surface, qu'il se refroidit constamment, mais qu'intérieurement il est encore doué d'une température très élevée. Je vais donc, en partant de ces données, retracer les principaux phénomènes physiques et dynamiques qui ont dû résulter du refroidissement du globe, suivant les lois de la physique et de la mécanique.

On a vu que le globe, par suite de la perte de chaleur qu'il a éprouvée, est passé, du moins à sa surface, de l'état fluide à l'état solide. Or, d'après la figure primitive du globe et d'après celle qu'il affecte actuellement, ce passage de l'état fluide à l'état solide a dû se faire d'abord à l'équateur. Des fragments de la croûte solidifiée ont dû flotter à la surface du fluide incandescent. De plus, la masse fluide étant nécessairement soumise à l'action de marées, tant que la croûte figée était trop mince pour résister à cette action, ainsi qu'à la force expansive des gaz intérieurs, elle a dû se briser en fragments semblables à ceux dont est composée aujourd'hui l'enveloppe solide du globe. Mais, outre ces phénomènes dynamiques, il en est d'autres, d'un autre ordre, qui se sont produits depuis une certaine époque de la consolidation de la pellicule terrestre, c'est-à-dire, aussitôt que cette pellicule a été assez épaisse pour résister, en général, aux forces dont il vient d'être question. De là deux classes de phénomènes qui nous conduiront à deux classes de résultats, que je décrirai séparément.

Effets physiques et dynamiques de la croûte du globe résultant du refroidissement durant la première période de solidification, ou première classe de phénomènes.

Pendant la première période de la formation de la croûte du globe, cette pellicule, éprouvant par le refroidissement un retrait plus ou moins considérable, se ridait, se fendillait et pressait la masse fluide; en outre, la masse fluide étant, comme je l'ai déjà dit, soumise à l'action de marées, tant que la croûte était trop mince pour résister, à cette action, à l'effort de la masse fluide qui était comprimée, ainsi qu'à la force expansive des gaz intérieurs, elle a dû se boursouffler et se briser en fragments plus ou moins volumineux, et semblables à ceux dont est composée en partie l'écorce actuelle.

Quoiqu'il reste évident que la croûte était brisée à chaque instant, par la contraction et la pression de la pellicule, par le mouvement et par l'effort du fluide incandescent, ainsi que par l'expansion des gaz, il est impossible d'apprécier l'importance de ces mouvements et de leurs effets, à cause de l'ignorance dans laquelle on est sur l'atmosphère de cette époque.

Ces fragments, qui devaient flotter à la surface du fluide incandescent, ou plonger dans la matière fluide suivant leur densité relative, se soudaient, ensuite étaient quelquefois rebrisés et finissaient par se ressouder pour toujours. Si les cassures ont été nombreuses, les soudures ne l'ont pas moins été; de sorte que ces soudures doivent simuler des veines et des filons; mais il est facile de les distinguer des véritables filons.

Je l'ai dit aussi, d'après la figure primitive du globe et sa figure actuelle, le passage de l'état fluide à l'état solide par suite du rayonnement et du contact a dû se faire d'abord à l'équateur; conséquemment la première pellicule s'est formée dans la zône équatoriale, puis elle s'est étendue successivement vers les zônes tempérées et enfin jusqu'aux pôles.

A cette époque d'une durée incalculable, il y a eu, je le répète, des contractions extérieures sans nombre, des pressions très grandes, soit de l'atmosphère sur le fluide incandescent et sur la croûte qui se formait, soit de l'enveloppe sur le fluide intérieur; il s'est manifesté également des phénomènes d'élasticité très considérables, tant de la part des gaz intérieurs que de la part de l'enveloppe: de là ces diverses causes ont produit sur la croûte du globe des rides, des cassures, des bosselures et des soulèvements innombrables.

Les gaz qui se développaient par suite du refroidissement, trouvant une issue soulevaient et déchiraient plus ou moins la croûte, ou bien, rencontrant un obstacle, ils s'accumulaient dans des vides, puis soulevaient l'écorce, et en s'échappant la brisaient avec plus ou moins de violence, selon la résistance qu'ils éprouvaient. Les matières fluides et incandescentes de l'intérieur donnaient lieu à des effets analogues, et produisaient de nombreux épanchements, qui recouvraient l'enveloppe quelquefois sur des étendues immenses.

Mais la pellicule prenant plus de consistance et pressant de plus en plus sur la partie fluide, celle-ci a dû sortir par les fentes qui devenaient plus rares, et former au-dessus de la croûte des bourrelets saillants, plus ou moins étendus, et qui ont pris successivement plus d'élévation à mesure que la résistance de l'écorce devenant plus grande, il se faisait des réactions de plus en plus fortes.

En tous cas, l'enveloppe consolidée, même en totalité, ne devait former encore qu'une croûte sphéroïdale élastique, et devait, par conséquent, obéir aux mouvements généraux de l'intérieur ; il fallait toute la force de cohésion et de pesanteur combinées dont le globe était doué, pour opposer un obstacle suffisant et capable de maintenir l'équilibre général du globe.

Cet état de choses relatif aux soulèvements et aux ruptures de l'enveloppe s'est successivement ralenti, c'est-à-dire que les phénomènes ont été moins fréquents; cependant le phénomène des ruptures produit par les gaz intérieurs s'est continué et même s'est agrandi. De sorte que d'abord ce sont des phénomènes de rupture dûs principalement aux mouvements du fluide incandescent, qui se manifestaient; tandis qu'ensuite se sont succédés des phénomènes de rupture dûs aux épanchements des matières fluides, qui étaient plus ou moins comprimées par le retrait de la pellicule, au développement, à l'expansion des gaz; et ceux-ci sont devenus d'autant plus puissants qu'ils éprouvaient plus de résistance, et qu'ils s'accumulaient davantage dans les vides formés par les soulèvements, ainsi que par la solidification de l'enveloppe. Mais ces ruptures et ces soulèvements n'ont pas été réguliers, ni dessinés symétriquement, quoique les phénomènes produits par les gaz aient dû de préférence déterminer des soulèvements coniques et des déchirements radiés.

Les dislocations, les bosselures, les fractures, les soulèvements, etc. de la première période ne sauraient donc, à cause de leur multiplicité, de leur variété, de leur irrégularité et de leur défaut de symétrie, être coordonnés suivant des lois géométriques, ni classés systématiquement; par suite, ils ne peuvent servir à fixer des époques. Dès-lors on est obligé par l'absence d'ordre, de symétrie et de constance, ou de caractères distinctifs entre eux et faciles à reconnaître, de les comprendre tous dans une même époque; mais pris dans leur ensemble, ils forment un caractère distinctif de cette première époque, déterminée ainsi par l'irrégularité et par la multiplicité des soulèvements et des dislocations, par des soudures nombreuses et par une grande similitude dans les roches qui lui correspondent.

On peut observer en partie les phénomènes physiques et dynamiques dont j'ai parlé, en suivant dans une usine, le refroidissement d'une grande masse de métal fondu, qui se refroidit lentement et que l'on a soumise à des conditions convenables pour l'objet qu'on se propose (1).

Le premier terrain, ou celui qui sert de base aux autres, et de point de départ pour la division de l'écorce du globe, comprendra la première pellicule et toutes les roches formées pendant la première époque, définie comme je viens de le faire et comme je le ferai plus tard.

Effets physiques et dynamiques de la croûte du globe résultant du refroidissement durant la seconde période de solidification, ou seconde classe de phénomènes.

Lorsque la pellicule terrestre a été assez épaisse et assez solide pour résister en général au premier mode de mouvements intérieurs, et lorsque la température de la surface extérieure a été assez abaissée pour que le refroidissement de cette surface, par suite d'une compensation provenant du dehors, fût à peu près insensible, il n'y a plus eu de retrait important de la surface extérieure; dès ce moment la surface extérieure a obéi à un autre ordre de phénomènes du refroidissement, qui se sont manifestés par des jeux dynamiques, particuliers et caractéristiques de la seconde période. Ainsi, quoiqu'une partie des mouvements de la première période continuassent encore avec plus ou moins d'énergie pendant la seconde période, ils ne remplissaient qu'un rôle secondaire et ne réglaient rien dans l'ordre des phénomènes, touchant la mécanique générale de l'écorce du

(1) M. Fournet a remarqué des effets analogues (a).

(a) p. 276 du tome III du *Traité de géognosie par D'aubuisson de Voisins et A. Burat.*

globe ; tandis que les phénomènes dynamiques généraux de cette seconde époque, qui résultent aussi du refroidissement intérieur, sont liés à un effet unique, et sont par suite de ce rapport entre eux, susceptibles d'être coordonnés en lois dynamiques et physiques. Or, pour apprécier et déterminer les changements de dimension, de forme, et les mouvements de l'écorce du globe, il faut considérer encore la loi suivant laquelle la chaleur est distribuée dans une sphère qui se refroidit, ainsi que les conséquences générales qui en résultent, et assimiler en quelque sorte les effets dynamiques qui proviennent du refroidissement aux oscillations des corps élastiques. C'est ainsi que la recherche des mouvements et des dislocations du globe se trouve liée à la théorie analytique de la chaleur, et nous fait découvrir entre les phénomènes des analogies secrètes qui semblaient devoir échapper à toutes nos expériences. Cette théorie est destinée à suppléer à nos instruments et à nos sens : elle ramène l'étude générale de la terre à un nombre limité d'observations primordiales.

Différence entre le refroidissement soit de la partie inférieure de la croûte du globe, soit de la partie supérieure de la masse fluide, et le refroidissement de la partie supérieure de la croûte, pendant la seconde période. — Tant que le refroidissement de la partie supérieure de la croûte terrestre a été sensible par suite d'un défaut de compensation suffisante, au moyen de la chaleur extérieure, c'est-à-dire tant que la température de la croûte superficielle pouvait s'abaisser notablement et n'était pas encore parvenue à un état d'équilibre avec celle fournie par le soleil et l'espace, les choses ont dû se passer à peu près comme je l'ai indiqué précédemment. Mais à mesure que le refroidissement faisait des progrès et dès que la température de la partie supérieure de l'écorce fût, par compensation, parvenue à l'état stationnaire, les résultats se modifièrent : il est arrivé une période dans laquelle la terre se trouve encore et durant laquelle la température de la croûte superficielle ne s'abaissant plus d'une manière sensible, cette partie supérieure a cessé d'éprouver des retraits ; tandis que la masse fluide et la partie inférieure de la croûte continuent à se refroidir, quoique avec une lenteur extrême, par conséquent à diminuer de volume et à éprouver des contractions. Il importe donc pour fortifier convenablement le principe précédent de vérifier par le calcul, si, dans l'état présent qui est également celui de toute la seconde période du refroidissement, la température moyenne de la surface du globe décroît plus ou moins rapidement que la température moyenne de sa masse interne.

M. Élie de Beaumont, combinant des formules données par Fourier et Poisson, a trouvé (1) pour le rapport du refroidissement moyen annuel de la masse du globe à celui de sa surface

$$\frac{\frac{dV}{at}}{\frac{dU}{dt}} = \frac{\frac{3ga^2}{R} \cdot \frac{c}{C}}{\frac{g}{2bt}} = \frac{6a^2b}{R} \cdot \frac{c}{C} \cdot t.$$

Ce rapport est proportionnel au temps écoulé depuis l'origine du refroidissement ; ainsi, à mesure que les années s'écoulent, le refroidissement moyen annuel de la masse du globe devient plus grand par rapport à celui de la surface.

« Malheureusement, dit M. Élie de Beaumont, l'ex-
» pression obtenue renferme, outre le temps, une se-

(1) Note sur le rapport qui existe entre le refroidissement progressif de la masse du globe terrestre et celui de sa surface; par M. Élie de Beaumont (Comptes-rendus hebdomadaires des séances de l'Académie des sciences, tome XIX, p. 1327).

» conde quantité inconnue; c'est le rapport du calorique
» spécifique des matières qui composent la surface du
» globe, au calorique spécifique moyen de celles qui
» composent la masse entière. Ce rapport est peut-être
» destiné à nous demeurer toujours inconnu; mais on
» peut remarquer que les caloriques spécifiques, rappor-
» tés au volume de la plupart des corps solides, ne va-
» rient que dans des limites assez étroites. Il est donc
» probable qu'on ne commettrait pas une erreur très-
» considérable en supposant égal à l'unité le rapport $\frac{c}{C}$
» des deux calorifiques spécifiques dont nous venons de
» parler. Si l'on adopte cette hypothèse comme une ap-
» proximation, l'équation précédente se réduit à

$$\frac{\frac{dV}{dt}}{\frac{dU}{dt}} = \frac{6a^2b}{R} \cdot t,$$

» et son second membre ne contient plus que des quan-
» tités connues multipliées par la première puissance
» du temps. Il est remarquable que cette expression ap-
» prochée du rapport cherché ne dépend en aucune fa-
» çon de la température initiale. Si l'on y remplace fina-
» lement les quantités connues par les nombres qui les
» représentent, elle se réduit à

$$\frac{\frac{dV}{dt}}{\frac{dU}{dt}} = \frac{1}{38,359} \cdot t.»$$

Cette équation finale montre que, dans l'hypothèse adoptée par M. Elie de Beaumont, sur les caloriques spécifiques, le refroidissement annuel de la surface est plus grand que celui de la masse totale du globe pendant un laps de 38359 ans, comptés à partir de l'origine du refroidissement; mais qu'à dater de cette époque le refroidissement moyen annuel de la masse surpasse celui de la surface et le surpasse de plus en plus.

Il a donc dû s'écouler au minimum 38359 ans, depuis le moment auquel le calcul rapporte l'origine du refroidissement du globe jusqu'au moment où les refroidissements respectifs de la surface et de la masse du globe ont commencé à inverser leurs relations, c'est-à-dire qu'il faut admettre au moins 38359 ans pour la durée de la première période. Or, les considérations que j'ai données au sujet de la durée du refroidissement aux diverses époques, les épaisseurs des calottes primordiales du granite, du gneiss, etc., prouvent qu'un laps de temps de 40000 ans est un nombre bien inférieur à celui qui a été nécessaire pour former la première pellicule.

En définitive, il résulte, qu'après un laps de temps bien court pour l'âge du globe, mais bien grand pour l'esprit humain, la surface interne de la croûte du globe s'est refroidie davantage que la surface extérieure, que ce phénomène se continue aujourd'hui, qu'il se poursuivra encore durant une longue série de siècles, et qu'il s'accroîtra jusqu'au moment où les effets du refroidissement et du retrait s'équilibreront avec ceux de la cohésion, de la ténacité et de la pesanteur.

Retraits, rides, cassures, et soulèvements ou affaissements. — En vertu du refroidissement séculaire et continu du globe, et de la propriété, dont jouissent les corps de la nature, de diminuer de volume lorsqu'ils se refroidissent, la seconde période a été caractérisée par l'ordre des phénomènes dynamiques suivants. La température de la partie supérieure de la croûte ne s'est plus abaissée d'une manière sensible, tandis que la température de la partie inférieure de la croûte et celle de la masse fluide ont continué et continuent de s'abaisser notablement, ou plus exactement les calottes inférieures de la croûte et le noyau fluide se sont refroidis et se refroidissent dans une proportion beaucoup plus grande que les calottes supérieures de la croûte; par conséquent il n'y a plus eu de retrait sensible, ni de diminution normale de capacité de la partie supérieure de la croûte; au contraire il y a eu et il y a rapprochement des molécules, diminution progressive du volume de la partie inférieure de la croûte et de la masse fluide intérieure. Dès lors, il s'est établi des relations entre les retraits des calottes, et ceux-ci ont été et sont distribués suivant une loi, qui peut être exprimée ainsi : le resserrement des calottes est en raison directe de leur refroidissement et en raison inverse de leur éloignement de la surface inférieure. Je fais abstraction d'une limite vers le centre, s'il y en a une où les phénomènes éprouvent des modifications. D'un autre côté la fusion et la solidarité des calottes entre elles par suite de l'adhérence des matières, de la pesanteur et de la distribution des retraits, ainsi que la nécessité dans laquelle se trouve, par suite de la pesanteur, l'enveloppe solide de la terre de s'appliquer sur la masse interne, et de se conformer autant que possible à la surface fluide, de toutes ces causes ont résulté et résultent des déformations, des rides et des fractures à la surface et dans l'intérieur de l'écorce. Mais ces effets sont différents en nature et en proportions suivant la situation des parties où ils se produisent, la durée des phénomènes, et les époques auxquelles ils ont lieu. J'indiquerai plus loin ces différents genres d'effets, les caractères spécifiques qui les distinguent entre eux et les relations qui les unissent à une loi générale; auparavant il importe d'expliquer le phénomène principal dont je viens de parler.

La croûte qui enveloppe la masse fluide, qui se trouve être successivement trop grande à cause de la diminution du sphéroïde fluide, et qui tend à être entraînée pour se conformer à ce sphéroïde, éprouve un resserrement sur elle-même et se ride, comme il arrive pour les matières fondues qui se refroidissent. Mais cette réaction réciproque du sphéroïde fluide sur la croûte n'est pas celle qui joue le principal rôle dans le phénomène général des rides et des cassures de l'écorce de la terre, car le globe est formé, non de deux parties tranchées, d'une calotte solide et d'une masse fluide; mais bien d'une enveloppe solide qui passe par décroissements insensibles à un sphéroïde fluide. Quoiqu'il n'y ait pas de divisions, il faut néanmoins, pour fixer les idées, considérer que le globe est formé de calottes successives, dont la solidité décroît insensiblement depuis la surface jusqu'à une certaine distance dans la matière fluide. Or, les calottes fluides ou demi-fluides situées à une certaine distance de la surface, et surtout les calottes solides inférieures se contractent constamment et progressivement, se rident, et, appelant, par suite de la solidarité des matières du globe, les calottes supérieures, les forcent aussi à se rider, à s'onduler, à se déformer. Mais il arrive un moment où, en vertu de la cohésion, de la résistance et du défaut d'élasticité, les calottes supérieures ne pouvant plus se plier au retrait des calottes inférieures, se cassent, et certaines de leurs parties changent sensiblement de position par rapport à la normale. De là des rides, des inégalités, des fentes, des dislocations à la surface et dans l'intérieur de la croûte; de là des changements de niveau, des ondulations, des mouvements de bascule, des affaissements et des soulèvements, des vallées et des montagnes à la surface du globe. Dans tous les cas, il ne faut pas oublier que la tendance de l'application de la croûte sur la masse fluide s'est combinée avec les efforts des diverses calottes, pour produire les effets dont je viens de parler.

Pour concevoir facilement le phénomène principal, on peut se représenter une lame en fer battu et un peu lamelleux; une espèce de feuillard droit, rigide, mais doué encore d'une certaine élasticité, et que l'on soumettrait à une flexion en rapprochant les deux bouts l'un de l'autre. Par cette opération, on rapprocherait les molécules du dessous de l'arc produit, tandis que l'on écarterait celles du dessus; et après un certain écartement des molécules du sommet de l'arc, le fer se déchirerait à la partie supérieure et transversalement à cet arc. On peut également se représenter une lame qui se refroidit par la surface supérieure, tandis que la surface inférieure reste en contact avec une source de chaleur. Si ces comparaisons ne sont pas l'expression réelle du phénomène relatif à l'écorce du globe, du moins elles le font comprendre par l'indication de phénomènes analogues. On pourrait, du reste, choisir d'autres exemples parmi les faits qui se passent journellement sous nos yeux.

La différence qui existe entre l'exposition précédente des phénomènes et l'une des bases de la théorie de M. Élie de Beaumont, consiste en ce que cet illustre géologue fait résider le ressort du jeu dynamique dans la diminution du diamètre ou du volume du sphéroïde fluide, par suite de sa contraction relativement très grande, dans la conservation de la capacité de l'enveloppe extérieure, et dans la nécessité où se trouve continuellement la croûte de se conformer exactement à la surface fluide ; tandis que je fais intervenir comme cause principale les différences des contractions qui ont lieu entre les calottes inférieures et supérieures de l'écorce. Je crois que cette dernière manière de voir est l'expression plus fidèle des faits physiques et dynamiques, qui découlent des lois du refroidissement général et de la constitution réelle du globe ; je crois aussi qu'elle permet de déduire des conséquences plus rigoureuses et plus étendues pour les théories générales de la géologie. Les principes de ma théorie sont en quelque sorte la combinaison de la théorie de M. Cordier et de celle de M. Élie de Beaumont.

Je l'ai déjà dit, quoique les calottes, surtout celles de l'écorce, soient liées entre elles par suite de leur solidarité naturelle, les positions de ces calottes n'entraînent pas moins des différences dans les proportions des rides, des cassures et des dislocations qui les affectent; c'est ainsi que les dislocations les plus considérables ont lieu dans la région des calottes superficielles. Dans tous les cas, les masses disloquées et qui sembleraient pouvoir être détachées, sont maintenues en contact les unes des autres par leur gravitation vers le centre du globe. De sorte que malgré le nombre, l'étendue et l'importance des dislocations, l'écorce ne cesse jamais de former un ensemble dont toutes les parties présentent une étroite liaison entre elles.

On sait que les diverses roches, qui constituent la croûte, prises séparément ne sont pas élastiques; mais cette croûte prise dans son ensemble doit jouir d'une certaine élasticité, faible il est vrai, et doit en vertu de cette élasticité favoriser la formation des rides, qui sont le résultat d'une opération lente; elle doit, en d'autres termes, aider à la formation des soulèvements lents : car il est évident que, quoiqu'une substance ne soit pas flexible ni élastique, lorsqu'elle est réduite en fragments, cette même substance peut se prêter à des phénomènes de vibration ou de flexibilité assez considérables, si elle acquiert de très grandes dimensions en longueur et en largeur eu égard à son épaisseur. On conçoit de plus, d'après la fluidité que l'on doit attribuer aux matières centrales qui servent de support, comment la flexibilité dont il s'agit, pourrait être mise en jeu, sans qu'il nous fût possible de nous en apercevoir : en effet, pour qu'un changement de figure du sphéroïde capable d'élever l'équateur d'un mètre en raccourcissant proportionnellement l'axe de la terre pût s'opérer, il suffirait, suivant M. Cordier, en ce qui concerne le plan de l'équateur, que chacune des innombrables solutions de continuité qui entrecoupent transversalement l'écorce, et que je supposerai espacées entre elles de cinq mètres, terme moyen, fût soumise à un écartement égal à la douze cent soixante-seizième partie d'un millimètre, quantité qui est excessivement petite.

On verra, plus loin que les calottes sphéroïdales qui composent le globe, ont été originairement disposées symétriquement les unes par rapport aux autres, et à peu près suivant leurs densités respectives; cependant cette disposition symétrique et l'homogénéité en grand de chaque calotte n'empêchent pas qu'il se soit produit, sur différents points, des dépressions ou des renflements par suite d'hétérogénéités locales. On doit donc faire remarquer qu'il y a deux causes d'affaissements et par conséquent de soulèvements : 1° une cause générale, qui est due au refroidissement du globe; 2° une cause particulière, qui est due à la différence des densités des masses sous-jacentes. Il faut bien distinguer ces causes et leurs effets en géologie.

Maintenant, je vais résumer les faits les plus généraux qui sont relatifs à la seconde période. Il reste constant que durant la seconde période il y a, comme pendant la première période, deux ordres de phénomènes : les soulèvements lents, les soulèvements brusques; et que ces deux ordres de soulèvements sont le résultat des rides et des cassures. Mais, quoique ces soulèvements ou affaissements des deux périodes soient dus à la même cause, à l'incandescence primitive et par suite au refroidissement du globe, ils se sont manifestés, pour les plus généraux, d'après des modes différents et sont l'expression d'actions différentes. Durant la première période, ils sont principalement le résultat d'un refroidissement plus considérable de la surface que de l'intérieur du globe; tandis que, durant la seconde période, c'est le contraire. Dans cette dernière période ils sont la conséquence principalement d'un phénomène physique et dynamique simple, et peuvent dès lors être traduits en lois générales et constantes. C'est pourquoi ils deviendront, après leur classement, des espèces de chronomètres naturels pour fixer des époques dans la vie du globe et parsuite des repaires sûrs pour établir des divisions rationnelles dans l'écorce.

Ces principes étant une fois posés, les conséquences en découleront sans exiger une explication spéciale pour chacune d'elles, je ne m'arrêterai donc pas en général sur la démonstration de ces conséquences.

Avant d'entrer dans des détails et d'indiquer les conséquences des faits généraux que j'ai énoncés, je vais parler des changements de dimension et de forme du globe, pris dans son ensemble.

Changement de dimension et de forme générale du globe. — On a vu que le globe est un sphéroïde de révolution, dont le volume est approximativement de 1079235800 myriamètres cubes, le rayon à l'équateur de 6376986 mètres, le rayon au pôle de 6356324, et le rayon moyen de 6366745. Or les observations du pendule, les mesures astronomiques et les mesures géodésiques ne donnent pas des nombres identiques pour l'aplatissement des pôles; et le sphéroïde terrestre ne présente pas rigoureusement la forme régulière qui est propre à ses mouvements, à son volume, à sa densité et à sa masse : non seulement il montre un nombre infini d'aspérités et de dénivélations, mais aussi, abstration faite des inégalités de sa surface, il offre, considéré en grand, la figure d'un sphéroïde de révolution bosselé et déformé. Actuellement ce sphéroïde est encore moins régulier qu'il ne l'était autrefois; et à mesure qu'il se refroidit davantage, sa figure perd de plus en plus de sa régularité première.

Laplace a pensé que la contraction, qui est actuellement produite par le refroidissement séculaire du globe, n'était pas assez grande pour augmenter sensiblement la vitesse de rotation; mais si l'on considère les effets de la contraction depuis l'origine du refroidissement, on ne peut s'empêcher d'admettre qu'elle ait exercé une certaine influence sous le point de vue qui précède, c'est-à-dire que le sphéroïde est un peu plus aplati vers les pôles que dans l'origine des choses.

L'irrégularité de la surface et de la figure générale du globe résulte de plusieurs causes. L'effet dynamique de la présence et de la distribution des eaux à la surface du globe, celui de la répartition à la surface et dans l'intérieur des matières solides, considérées sous le point de vue de leur densité et de leur volume, celui de la compression exercée sur les couches intérieures, etc., mais principalement celui qui est occasionné par le refroidissement progressif du globe, influent sur la figure, l'équilibre ou le mouvement du globe. D'un autre côté, la température de la terre s'étant abaissée progressivement, la longueur du rayon ayant diminué de plus en plus, et conformément à l'un des principes généraux de la mécanique, le mouvement de rotation étant devenu plus rapide, le volume a sensiblement changé et la forme du globe a dû se modifier, légèrement, il est vrai, eu égard aux demensions de la planète.

En définitive, les différentes causes que je viens d'énoncer, réunies aux mouvements extérieurs et intérieurs de l'écorce du globe qui sont exprimés par les rides et les cassures, ont donc dû produire des déformations dans la figure générale du globe et des inégalités à sa surface.

On verra par la suite quelles sont les déformations que le globe, pris dans son ensemble, a subies aux différentes époques de sa vie; et l'on verra que plus il vieillit, plus sa figure générale se déforme, et plus son relief extérieur (probablement aussi le relief intérieur de la croûte) se complique.

Considérations générales sur les phénomènes physiques et dynamiques des deux périodes du refroidissement du globe. —Dans un tableau général des phénomènes géologiques, tous les détails se confondent dans une seule et même conception, celle de la chaleur centrale : cette hypothèse rendra compte à la fois des tremblements de terre normaux, des soulèvements et affaissements successifs, de la configuration extérieure du sol, des éruptions volcaniques, des épanchements des roches plutoniques de la formation des filons normaux, etc., etc.

Dès lors, si l'on admet l'hypothèse de la chaleur centrale, on est conduit naturellement à admettre avec toutes leurs conséquences, les principes que j'ai exposés; et comme dernier résultat, on verra que la division de l'histoire du globe en époques, ainsi que la reconnaissance des terrains formés à chacune de ces époques deviennent la chose la plus simple.

Dans la vie du globe on reconnaît deux grandes périodes d'époques très distinctes l'une de l'autre; durant chacune d'elles, il y a eu des révolutions et d'autres phénomènes de différents ordres. La première grande période est caractérisée par l'absence de révolutions assez générales et assez distinctes les unes des autres pour déterminer des époques tranchées. Comme il y a impossibilité de reconnaître par des caractères constants les époques plus ou moins différentes, qui se sont succédées pendant la première période, on est obligé de les confondre toutes en une seule ; et c'est là précisément le caractère spécial et naturel de cette période, de ce premier âge du globe.

Ainsi, quoiqu'il y ait eu pendant cette période un ordre de formation parmi les matériaux qui composent la croûte du globe, on ne saurait trouver de division naturelle, constante, et, par conséquent établir de classification générale et rationnelle des calottes ou des couches de cette période.

Relativement à la seconde période, dans laquelle nous sommes encore, il y a eu et il y aura une suite d'époques de tranquillité, tranchées les unes des autres par des révolutions assez générales et assez distinctes pour offrir les caractères qu'exige toute détermination exacte ; car ces caractères sont liés entre eux par une relation générale et constante. Dès-lors, si l'on pouvait déterminer et classer rigoureusement ces espèces de chronomètres naturels, on connaîtrait le nombre des grandes époques de la vie du globe, et par leur ordre de succession on pourrait préciser l'histoire de notre planète, but principal de la géologie philosophique.

Les phénomènes généraux qui se sont passés durant ces époques ont imprimé le cachet des intervalles de tranquillité et des révolutions qui leur correspondent, au moyen des rides, des cassures et de divers changements survenus à la surface de la terre. En sorte que l'on reconnaîtra les matériaux soit d'origine ignée, soit d'origine aqueuse ou de toute autre, qui ont été formés pendant une époque, si l'on trouve le moyen de déterminer et de classer les rides, les cassures et les changements respectifs de chaque époque; conséquemment on pourra établir des divisions naturelles dans l'écorce du globe, c'est-à-dire la diviser en terrains naturels. Or, c'est à la faveur de la différence de stratification, ou en d'autres termes au moyen des directions, que l'on parvient d'une manière certaine à déterminer les caractères de classification des rides, des cassures et des autres changements.

CONSIDÉRATIONS GÉNÉRALES ET PRINCIPES SPÉCIAUX POUR SERVIR A LA DIVISION RATIONNELLE DE L'ÉCORCE DU GLOBE.

Considérations générales sur la figure et la densité du globe, sur l'épaisseur de sa croûte, sur la distribution des terres et des mers à sa surface, etc.

Avant d'exposer les principes spéciaux de la division rationnelle de l'écorce du globe, il est utile de rappeler en peu de mots certaines données sur la forme et la densité du globe, sur l'épaisseur de sa croûte, sur la distribution et la disposition des terres et des mers à sa surface, sur les montagnes, les vallées, etc., etc.

Figure générale et densité moyenne du globe. — La figure, la densité et la consistance actuelles du globe sont intimement liées aux forces qui agissent dans son sein, indépendamment de toute influence extérieure. J'ai déjà indiqué les principaux rayons, le volume et la forme générale du globe; on a vu qu'il se présentait sous la figure d'un sphéroïde de révolution déformé, bosselé et aplati vers les pôles. Suivant M. de Humboldt, la figure de la terre est, à une figure régulière, géométrique, ce que la surface accidentée d'une eau en mouvement est à celle d'une eau tranquille (1).

La nature du sol exerce une influence sensible sur l'équilibre et sur le nivellement des eaux; aussi la surface des mers a-t-elle des inégalités plus ou moins grandes, des éminences, des affaissements, qui l'empêchent d'être une surface géométrique, exactement pareille à celle d'un ellipsoïde de révolution. D'un autre côté toutes les mers

(1) Vol. I, page 191 de la traduction française du *Cosmos*.

comparées entre elles ne sont pas rigoureusement au même niveau. Ces irrégularités dépendent de la déformation du globe, de la profondeur des eaux, de la densité diverse des matières intérieures, etc. ; en sorte que les eaux peuvent changer de niveau en un même point par suite du changement de place des matières denses de l'intérieur, et peuvent alors conduire à des méprises au sujet des soulèvements lents, etc. Quoi qu'il en soit, les deux émisphères paraissent avoir à peu près la même courbure sous les mêmes latitudes ; et en définitive il reste constant que la surface du globe soit solide, soit liquide, présente une déformation générale et des déformations particulières.

Des recherches récentes ont fixé la densité moyenne de la terre entière à 5,50, environ, celle de l'eau pure étant prise pour 1 (1). Or, la densité moyenne des roches qui composent les couches accessibles à l'observation du géologue n'égale pas 2,6; par conséquent, la densité moyenne des continents et des mers n'atteint pas 1,6. On voit par là combien la densité moyenne des couches intérieures du globe doit croître ver le centre, soit à cause de la pression qu'elles supportent, soit à cause de la nature de leurs matériaux. L'observation du pendule à de grandes profondeurs fait porter cette densité jusqu'à 12, et montre ainsi l'accroissement rapide à mesure que l'on descend au-dessous de la surface terrestre. Mais ne pourrait-il pas se faire qu'à une certaine distance il y eût une limite à cet accroissement, et peut-être une diminution à mesure qu'on se rapprocherait davantage du centre? En tout cas, la densité moyenne des couches prise à une certaine distance dans l'intérieur est plus grande que

---

(1) Les dernières recherches faites ont donné pour résultat :
A M. Reich. 5,44,
A M. Bailly. . . . . . 5,67.

celle des couches supérieures ; et, quoiqu'il y ait des couches de plus en plus denses, il se rencontre çà et là dans ces couches quelques anomalies, c'est-à-dire des parties plus denses les unes que les autres soit à cause de la répartition non rigoureusement symétrique des matériaux, soit à cause des vides, soit à cause de la chaleur plus ou moins grande qui existerait en certains points.

Inégalité de l'épaisseur de la croûte du globe et accroissement progressif de cette épaisseur. — Les géologues ne sont pas d'accord sur l'épaisseur qu'il faut attribuer à l'écorce du globe ; j'ai déjà indiqué le nombre qu'il est le plus con-convenable d'admettre. A s'en tenir au résultat que j'ai énoncé, l'épaisseur moyenne de la croûte égalerait au maximum 100 à 150 kilomètres, c'est-à-dire qu'elle serait tout au plus la 40e partie du rayon terrestre, et qu'en dé-définitive elle serait très petite comparativement aux di-dimensions du globe (1).

L'épaisseur de l'écorce du globe est probablement très

(1) La figure 6, pl. V, de mon Traité de Géologie qui cependant exagère la relation de la croûte avec le volume du globe, pourra donner une idée de la proportion qui existe entre l'épaisseur de l'écorce de la terre et son diamètre. En supposant que le cercle entier soit une coupe qui passe par son centre, la ligne noire extérieure représentant la coupe de l'écorce atteindra au plus 100000 à 150000 mètres d'épaisseur, tandis que le rayon moyen du globe est de 6366745 mètres.

D'autres géologues ne portent l'épaisseur de la croûte qu'à 25000 mètres ; mais en combinant la pression avec la fusibilité favorisée par l'association des matériaux, l'épaisseur de la croûte, quoique très petite relativement aux dimensions du globe, est certainement plus grande que ne le pensent ces savants.

D'un autre côté, M. Hopkins est arrivé, par des calculs fondés sur l'observation des phénomènes de précession, à l'opinion que le minimum d'épaisseur de l'enveloppe solide embrasse un quart ou un cinquième du rayon de la sphère terrestre ; d'où il résulterait que cette enveloppe forme environ les quatre septièmes de la masse totale. Il suivrait de là, que l'influence d'un réservoir central pourrait à peine se faire sentir à la surface.

inégale ; cette inégalité semble être indiquée par la différence de l'accroissement de la température souterraine qu'on trouve dans les diverses contrées, car la différence des conductibilités ne peut seule rendre raison du phénomène ; en outre, plusieurs données géologiques conduisent également à présumer que la puissance de l'écorce de la terre est très variable. Si des montagnes sont le résultat du ridement et du soulèvement d'une partie de la croûte terrestre, le fond de nos mers doit correspondre à des inégalités en relief sur la surface interne, tandis que les montagnes doivent correspondre à des inégalités en creux. On conçoit également que,. abstraction faite de cette circonstance, la différence de conductibilité pour la chaleur des matières qui composent la croûte solide, peut rendre fort inégale la surface interne de cette écorce. M. Cordier croit même que ces inégalités sont beaucoup plus grandes que celles de la surface extérieure; et il ajoute que l'on pourrait conclure de ses observations sur la température intérieure, que l'écorce du globe doit avoir quelques myriamètres de plus à tel endroit qu'à tel autre, tandis que les plus grandes inégalités de la surface extérieure ne paraissent pas atteindre un myriamètre.

Le refroidissement séculaire du globe doit nécessairement augmenter progressivement l'épaisseur de la croûte ; les inégalités de la surface inférieure de cette croûte doivent aussi augmenter ; et ce dernier phénomène devra se continuer tant que la solidification n'aura pas atteint les couches voisines du centre.

Le refroidissement séculaire augmentant continuellement l'épaisseur de l'écorce de la terre, on peut se demander si la matière incandescente, qui est soumise à cette action, passe en entier à l'état solide, ou si elle est décomposée de manière à fournir des parties solides et des parties gazeuses. Ce genre de décomposition par refroidissement, cette production de gaz, n'a rien d'improbable : la coagulation des laves nous en offre journellement un exemple bien frappant.

Répartition et configuration générale, par rapport à leur contour, des mers et des terres sur la surface du globe. — La surface du globe est environ de 5094321 myriamètres carrés; or, cette surface étant prise pour 1, »,
L'élément liquide ou les mers en occupent les 0,737,
Et l'élément solide ou les terres en occupent les 0,263,
C'est-à-dire que les terres sont aux mers dans le rapport de 1 à 2 $\frac{4}{5}$, ou en termes plus généraux les 3|4 à peu près de la surface du globe sont occupés par les mers, du sein desquelles s'élèvent, çà et là, les continents et les îles.

Toutes les mers réunies ne constituent, à proprement parler, qu'une seule mer; les grandes échancrures qui morcellent les continents et qui forment les méditerranées, ne sont en quelque sorte que des golfes. Depuis le 40e degré de latitude sud jusqu'au pôle antarctique, l'écorce terrestre est presqu'entièrement couverte d'eau. L'hémisphère austral contient environ 1, 6 fois plus de mer que l'hémisphère boréal; cet hémisphère est donc essentiellement océanique. L'élément liquide prédomine également dans l'espace compris entre les côtes orientales de l'ancien continent et les côtes occidentales du nouveau-monde; là, il n'est interrompu que par de rares archipels, et sous les tropiques, il règne sur 145 degrés de longitude; enfin l'hémisphère austral et l'hémisphère occidental (en comptant à partir du méridien de Ténériffe) sont les régions du globe les plus abondamment pourvues d'eau.

Toutes les îles réunies égalent à peine la 23e partie de l'ensemble des continents; elles sont réparties d'une manière tellement inégale qu'elles occupent, sur l'hémisphère boréal, trois fois plus de surface que sur l'hémisphère austral.

On reconnaît, par l'inspection d'un sphéroïde figuratif, que les terres sont groupées autour du pôle boréal, qu'elles se terminent généralement en pointes vers le pôle austral, qu'il y en a 3,33 plus dans l'hémisphère nord que dans l'hémisphère sud. On voit aussi que la direction générale des terres diffère dans les deux continents; car le nouveau s'étend presque d'un pôle à l'autre, au lieu que l'ancien se prolonge principalement dans un sens à peu près parallèle à l'équateur, la partie méridionale de l'Afrique forme une seule exception, qui disparaît, du reste, si l'on rattache par des intermédiaires l'Australie ou Nouvelle-Hollande à l'Asie.

Çà et là, comme je l'ai déjà dit, il existe au milieu des mers une multitude d'îles, qui sont tantôt isolées les unes des autres, tantôt rassemblées sur une petite étendue en nombre plus ou moins considérable, formant des groupes, des archipels, tantôt enfin alignées suivant certaines directions.

Les contours des terres sont extrêmement irréguliers, découpés de toutes les manières et souvent très profondément : ils présentent ainsi les saillies qu'on nomme presqu'îles, caps, pointes, et les enfoncements désignés sous les noms de criques, anses, baies, golfes, mers intérieures ou méditerranées. La limite du grand Océan est formée, comme le fait remarquer M. Beudant, par une série de montagnes qui, de la pointe sud d'Amérique, s'étendent jusqu'à son extrémité nord, en constituant toute la côte occidentale; puis elles se continuent à travers l'Asie jusqu'à l'extrémité de l'Indoustan, et enfin longent toute la côte orientale de l'Afrique. Il résulte de cet ensemble un énorme bourrelet montagneux, qui sépare de la partie la plus maritime du globe la partie éminemment continentale.

La configuration générale et les directions des grands axes de l'ancien et du nouveau continent sont essentiellement différentes, je le répète. Le continent oriental, si l'on n'y attache pas l'Australie, est dirigé en masse de l'ouest à l'est, ou plus exactement du sud-ouest au nord-est; tandis que le continent occidental suit un méridien : il court du sud au nord, ou plus exactement du S. S.-O. au N. N.-E. Malgré ces différences saillantes, on aperçoit quelques analogies, surtout dans la configuration des côtes opposées. Au nord, les deux continents sont coupés dans la direction d'un parallèle (celui de 70°); au sud, ils se terminent tous deux en pointe ou en pyramide, avec des prolongements sous-marins, signalés par la saillie d'îles et de bancs.

La plage septentrionale de l'Asie dépasse le parallèle dont je viens de parler; vers le cap Taimoura, elle atteint 78° 16' de latitude; mais depuis l'embouchure de la grande rivière de Tschoukotschja, jusqu'au détroit de Behring, le promontoire oriental de l'Asie ne dépasse point 63° 3'. Le rivage septentrional du nouveau continent suit assez exactement le parallèle de 70°. Si l'on marche vers l'est, en partant du méridien de Ténériffe, on voit les pointes des trois continents, celle de l'Afrique (extrémité de tout l'ancien monde), celle de l'Australie et celle de l'Amérique méridionale se rapprocher graduellement du pôle sud. La Nouvelle-Zélande forme un membre intermédiaire entre l'Australie et l'Amérique du sud; elle se termine également au sud par une île (New-Leinster). Il est aussi bien remarquable que les saillies des continents vers le nord et leurs prolongements vers le sud soient situés presque sur les mêmes méridiens. Quant aux pôles mêmes, on ignore s'ils sont placés sur la terre ferme ou au milieu d'un océan couvert de glace.

Aspérités ou inégalités de la surface du globe. — La terre ne présente point une surface unie, elle est au contraire couverte d'aspérites qui, à la vérité, comparées à son rayon, sont insensibles. En effet, la plus haute montagne est le Javahir, qui a 7821 mètres au-dessus du niveau moyen de l'Océan; or, comme on porte ordinairement à 3000 ou 4000 et tout au plus à 5000 mètres la profondeur extrême des mers, 7821^{m} + 5000^{m} ou 12821^{m}, qui expriment la distance du point le plus élevé au point le plus bas de la surface de la partie solide du globe, donnent au maximum l'épaisseur de la plus grande aspérité de cette surface. De sorte que, 6366745 mètres étant le rayon moyen du sphéroïde, $\frac{12821}{6366745}$=0,001 de mètre est le rapport de la plus grande aspérité au rayon moyen.

On a comparé les aspérités qui couvrent la surface du globe aux rugosités que présente une orange, mais on voit d'après le calcul précédent que cette comparaison est réellement exagérée. Les inégalités, ou les reliefs et les creux, que présente la surface du globe, en considérant le sommet des montagnes et le fond des mers, sont donc sans importance relativement aux dimensions du globe; mais elles en ont une autre, qui est celle des relations et des caractères généraux qu'elles fournissent.

La hauteur des terres au-dessus des mers est extrêmement variable : il y a des îles à fleur d'eau, tandis qu'il y a des montagnes dont le sommet atteint plus de 7000 mètres au-dessus du niveau des mers ; et ces différences de niveau des terres, loin d'être des exceptions, représentent au contraire le fait général.

D'un autre côté on aurait une fausse idée de la surface du globe, en ne considérant que les montagnes, car, d'après M. de Humboldt, elles n'occupent guère que $\frac{1}{100}$ de la superficie des terres, et encore l'on en trouve peu de très élevées. De plus, la hauteur moyenne de toutes les terres continentales au-dessus du niveau de l'Océan, ou la hauteur qu'atteindraient les terres, si elles étaient nivelées, serait à peine de 300 mètres. Enfin, si, par la pensée, on démolissait toutes les montagnes pour combler les vallées, les mers, etc., et pour niveler la surface du globe, cette dernière après une pareille opération, s'élèverait tout-au plus à 50 mètres au-dessus du niveau actuel de l'Océan.

Il est nécessaire de bien se pénétrer de la petite échelle des montagnes et des bas-fonds pour ne pas donner aux rides et aux cassures du globe plus de grandeur qu'elles n'en ont effectivement. Nous prenons toujours des montagnes, dit M. Beudant, des idées très exagérées, parce que, les voyant de trop près et trop indépendamment de l'étendue de la terre, c'est à nous-mêmes, à tous les objets qui nous entourent ordinairement que nous les comparons : aussi une montagne de 3000 mètres de hauteur, nous paraît-elle quelque chose de gigantesque; mais, si la vue peut embrasser seulement 40 à 50 kilomètres d'étendue, nous sommes surpris du peu d'effet qu'une telle masse produit; que serait-ce si nous pouvions voir tout un hémisphère!

Les aspérités dont je viens de parler, et qui, au premier aspect, paraissent tout-à-fait irrégulières possèdent une certaine symétrie et ne sont pas le résultat du hasard, mais bien de causes dont on peut traduire les lois. Ainsi les montagnes et les bas-fonds, c'est-à-dire les principales inégalités, sont distribués avec ordre sur toute la surface du globe: les montagnes au lieu d'être de préférence au milieu des terres sont souvent près des mers; les principaux reliefs ou les montagnes sont plus généralement des masses elliptiques que des cônes; elles forment ordinairement des groupes alongés et se liant plus ou moins entre eux. En effet, si l'on suppose que les mers soient aux pieds des montagnes, les faîtes de celles-ci paraîtront comme des îles alignées; d'autres fois ils feront entre eux des angles se rattachant à des lois de symétrie et de formation. On reconnaît un grand abaissement des terres ou plutôt le moindre poids des soulèvements dans les régions boréales. Les plus petites hauteurs appartiennent à l'Amérique septentrionale et à l'Europe.

Surface et niveau des mers, inégalités du fond et profondeur des mers, courbure générale des mers et des terres, etc. — J'ai déjà indiqué les accidents que présentent les mers relativement à leur niveau général. Sauf ces irrégularités qui, du reste, sont insensibles eu égard aux dimensions du globe, et abstraction faite des mers intérieures, sans issues, qui n'étant pour ainsi dire que de grands lacs, peuvent être à des niveaux plus ou moins élevés, et des Méditerranées, qui n'étant que de grands golfes, et qui, communiquant avec l'Océan seulement par certaines issues, peuvent être à un niveau plus élevé, le niveau des mers est le même partout et suit la courbure du sphéroïde terrestre : c'est l'effet naturel de la pesanteur et de la pression égale en tout sens qu'exercent entre elles les molécules d'un fluide.

La masse océanienne actuelle paraît être dans un état stationnaire ; son niveau ne s'élève et ne s'abaisse que par des circonstances locales ou temporaires, et son volume en général ne semble pas changer aussi. Cependant divers savants ont pensé que l'Océan devait tendre à diminuer sa masse. Or, il y a des changements à l'égard des profondeurs relatives, des déplacements, etc., tant par suite des dépôts, qu'à cause des oscillations de la croûte du globe ; mais ces phénomènes ont lieu, durant notre époque, d'une manière si lente qu'il est difficile d'en apprécier les effets.

La surface du fond des mers n'est pas unie, et, comme celle des continents, doit être hérissée d'aspérités. Le fond des mers a donc ses montagnes avec leurs chaînes, ses vallées avec leurs pentes plus ou moins rapides, etc.; mais les inégalités du fond des mers ne sont pas aussi prononcées que celles de la surface des continents ; d'ailleurs elles tendent chaque jour à être nivelées par de nouveaux dépôts qui s'y forment. Quelquefois le fond des mers est à peu de distance sous les eaux et constitue des bancs, des hauts fonds ; ailleurs on trouve des profondeurs diverses autour d'un point plus saillant, qui indique une montagne sous-marine. Souvent on reconnaît la même profondeur sur une très grande étendue, et par conséquent de vastes plaines, parfois disposées en gradins les unes au-dessus des autres. Il y a également des parties où la sonde indique des profondeurs considérables. Près des côtes plates, la mer est peu profonde, et le fond s'abaisse lentement en pente douce jusqu'à une très grande distance ; près des côtes escarpées, au contraire, la profondeur est fréquemment considérable et s'accroît rapidement au large. Ces faits montrent que la partie submergée offre la continuation du relief supérieur.

Suivant M. Beudant, la plus grande profondeur qu'on puisse en moyenne attribuer aux mers est de 4800 mètres ; d'où il résulte, d'après le même savant, que la masse totale des eaux qui couvre une si grande partie du globe terrestre ne va pas à 2 millions de myriamètres cubes : c'est un volume infiniment petit relativement à celui de la terre et qui ne permet guère de concevoir une fluidité aqueuse de notre planète, du moins par les eaux actuelles, celles-ci n'offrant pas la millionième partie de ce qu'il faudrait pour dissoudre une telle masse dans les circonstances les plus favorables qu'on puisse imaginer. Dans l'état actuel de nos connaissances, il est impossible de préciser un nombre pour la profondeur maximum des mers, néanmoins on ne saurait l'admettre supérieur à 5000 mètres, c'est-à-dire qu'en définitive la plus grande profondeur des mers est certainement moindre que la hauteur des montagnes les plus élevées.

La ligne qui partirait de deux côtes opposées et qui suivrait le fond des mers, vu la longueur, la largeur et le peu de profondeur de celles-ci, serait une ligne courbe qui n'aurait d'autre inflexion que celle de la courbure générale du globe ; la masse océanienne ne forme donc qu'une simple pellicule liquide comparativement aux dimensions du globe.

Si l'on faisait la même opération sur la surface des terres, en prenant la même échelle pour les hauteurs et les longueurs, les inégalités disparaîtraient à peu près, et la ligne serait une ligne courbe ne représentant à l'œil que la courbure générale du globe.

A ces données générales j'ajouterai, enfin, quelques réflexions qui sont empruntées au *Cosmos* de M. de Humboldt : « l'Océan atlantique présente toutes les traces qui » caractérisent la formation d'une vallée. Le parallélisme » des côtes situées au nord du 10e degré de latitude aus» trale, les angles saillants et les angles rentrants des ter» res opposées, la convexité du Brésil tournée vers le golfe » de Guinée, celle de l'Afrique opposée au golfe des An» tilles, tout, en un mot, confirme ces vues, qui peuvent » d'abord paraître téméraires. Dans la vallée atlantique et » même dans presque toutes les parties du monde, les ri» vages profondément déchirés et garnis d'îles nombreuses » sont opposés aux rivages unis. Depuis longtemps j'ai fait » remarquer combien la comparaison des côtes occiden» tales de l'Afrique et de l'Amérique du sud, sous les tro» piques, offre d'intérêt pour la géognosie. La côte africaine » se recourbe fortement en forme de golfe, à Fernando» Po, par 4° 1/2 de latitude australe ; de même, le rivage de » la mer du sud, qui court du sud au nord jusqu'au 18e de» gré de latitude australe, change brusquement de direc» tion entre le valle de Arica et le Morro de Juan-Diaz et » court vers le nord-ouest. Ce changement de direction » s'étend même à la chaîne des Andes, partagée, dans cette

» région en deux branches parallèles ; il affecte non seule» ment la branche maritime, mais encore la Cordillière orien» tale et l'inflexion se trouve là où la petite mer alpestre » de Titicaca baigne les pieds de deux montagnes colos» sales, l'Illimani et le Sorata. Plus loin au sud depuis Val» divia et Chiloë (par 40° ou 42° de latitude sud), jus» qu'à l'archipel de Los Chonos, et de là jusqu'à la terre » de feu, on retrouve la configuration particulière aux » côtes occidentales de la Norwége et de l'Écosse, c'est» à-dire un labyrinthe de fiords on de golfes étroits » dont les ramifications pénètrent profondément dans les » terres. »

Montagnes, *vallées*, *plaines*, *plateaux*, *bassins*, etc. — En parlant précédemment des inégalités de la surface du globe, j'ai fait autant que possible ressortir leurs caractères généraux, caractères qui deviendront les principaux éléments du système de détermination et de classification que j'essaie de formuler ; mais les plaines, les plateaux, etc., qui ordinairement sont laissés de côté, lorsqu'on cherche des faits pour asseoir un système fondé sur les effets dynamiques de l'écorce du globe, fournissent cependant, comme on le verra plus tard, les éléments qu'on doit préférer ; car au lieu d'exagérer l'échelle des phénomènes, ils en donnent l'expression la plus exacte et la plus générale. Néanmoins, comme on prend ordinairement pour point de départ les reliefs les plus saillants que présente la surface du globe, je m'arrêterai particulièrement sur les montagnes et les vallées, avant d'exposer la série des principes relatifs à la détermination des terrains.

Il existe parmi les protubérances de la surface du globe, des dispositions alongées qui s'étendent à de grandes distances, et qui sont souvent regardées comme le résultat d'un groupement de montagnes placées à la file les unes des autres : c'est ce qu'on nomme les chaînes de montagnes.

Une chaîne est donc une réunion de montagnes qui change parfois de nom, lorsqu'elle occupe une grande étendue ; un groupe résulte de la réunion de plusieurs chaînes qui se prolongent dans diverses directions ; et un système se compose de plusieurs groupes liés entre eux, quelles que soient leur étendue et leur élévation.

Ainsi que le fait observer M. Beudant, on dépeint souvent une chaîne, pour la représenter dans sa plus grande simplicité, comme formée par deux plans inclinés réunis en une arête, telles que sont les deux pentes d'un toît ; mais cette simplicité tout au plus applicable à quelques rides alongées de la surface terrestre, est purement idéale, et dans la réalité il y a plus de complication. On a comparé plus heureusement, ajoute ce savant, une chaîne de montagnes à une arête de poisson. En effet, on y observe une masse centrale, dirigée suivant une certaine ligne ou axe, et des branches latérales ou chaînons à peu près perpendiculaires à la direction générale, qui se correspondent de part et d'autre et s'avancent à des distances plus ou moins grandes ; ce n'est qu'aux extrémités d'une chaîne que les branches deviennent divergentes et forment ce qu'on nomme la patte d'oie.

D'après la définition qui précède et qui est fondée sur des données géologiques, les chaînes de montagnes possèdent ordinairement une direction constante sur toute leur étendue ; néanmoins elles en changent quelques fois brusquement ; mais au milieu de ces irrégularités on reconnaît que les chaînes ont souvent une direction analogue à celle des terres dans lesquelles elles se trouvent, et cela est facile à concevoir, si l'on admet que les terres basses sont en général des chaînes de montagnes par rapport au fond des mers.

La largeur des chaînes de montagnes est très variable ; et l'on voit parfois une même chaîne, après avoir été extrêmement large dans un lieu, se rétrécir dans un autre pour s'élargir de nouveau un peu plus loin.

Les chaînes de montagnes présentent plus d'anomalies dans leur hauteur que dans leur direction et leur largeur. On voit souvent une chaîne interrompue par une région basse, quelquefois par une portion de mer, au-delà de laquelle elle reparaît avec les mêmes caractères ; d'autres fois les chaînes de montagnes n'offrent qu'une seule ligne d'élévation ; mais le plus communément elles se composent de plusieurs chaînons placés les uns à côté des autres. Il arrive bien rarement, peut-être jamais, que les points les plus élevés d'une chaîne de montagnes soient susceptibles d'être réunis par une ligne non interrompue ; souvent même les points culminants se trouvent plus ou moins éloignés de la ligne que la disposition générale du sol doit faire regarder comme le faîte. Les versants d'une chaîne de montagnes sont rarement uniformes ; et, si une chaîne de montagnes présente un versant étroit avec des escarpements, le versant opposé est très large et composé de pentes beaucoup plus douces, ou mieux de chaînons et de rameaux dont l'élévation devient successivement moindre, et qui finissent par des collines se perdant tout à fait dans la plaine, ou qui se lient avec les dépendances d'une autre chaîne.

Les branches d'une chaîne sont le plus souvent divisées comme la chaîne elle-même ; elles présentent des rameaux perpendiculaires à leur direction et divergents à l'extrémité. Ces rameaux se subdivisent encore, et fréquemment il en est de même de leurs différentes parties.

Généralement le centre de la chaîne est la partie la plus élevée, et les branches latérales s'abaissent successivement jusqu'à leur extrémité ; on peut en dire autant des rameaux relativement aux branches. Cependant il arrive souvent que, dans certaines parties d'une branche ou d'un rameau, quelquefois à l'extrémité, le terrain se relève brusquement, et même à une hauteur plus grande que partout ailleurs.

Comme je l'ai déjà dit, le faîte d'une chaîne présente ordinairement une ligne plus ou moins onduleuse dans toute son étendue; son élévation est aussi extrêmement variée : c'est en général à l'endroit où se rattachent deux branches latérales opposées que se trouvent les plus grandes hauteurs, et entre deux branches voisines il existe le plus souvent une grande dépression.

Les chaînes de montagnes sont nombreuses à la surface du globe, et dirigées dans tous les sens; d'où il arrive qu'en certains lieux elles forment par leur intersection des réseaux plus ou moins compliqués. Les points de croisement, ou les nœuds, présentent souvent des élévations subites beaucoup plus considérables que partout ailleurs.

Quelquefois plusieurs chaînes marchent à peu près parallèlement, et l'espace qu'elles laissent entre elles offre une vaste plaine élevée, dont elles forment les limites.

Les systèmes de montagnes qu'il ne faut pas confondre avec les systèmes de soulèvements, désignés souvent par les montagnes dont ils ont déterminé l'allure, résultent du croisement des chaînes; mais ces systèmes n'offrent souvent que peu d'importance sous les rapports géologiques, si on les considère isolément. Les systèmes de montagnes ont évidemment contribué à la forme que présentent les continents, les péninsules et les îles : telle est du moins la conséquence qu'on doit tirer de ce fait général, que les systèmes de montagnes traversent les continents dans leur plus grande longueur, et que les péninsules et les îles sont traversées dans le même sens par une chaîne de montagnes.

Si les pentes des mers, comparées à leur étendue, sont presque insensibles, on trouvera que, en regardant les versants des montagnes comme des surfaces qui descendent uniformément du faîte jusqu'au pied de la chaîne. dans les montagnes, ne présentant d'ailleurs rien d'extraordinaire, l'inclinaison varie depuis 2° jusqu'à 6°. Il est vrai, cette inclinaison générale se composant d'un grand nombre d'inclinaisons particulières, à cause de la forme très ondulée des versants, même en suivant toujours la crête d'un rameau, il faut, avant d'atteindre le faîte, monter et descendre alternativement des pentes bien plus fortes que celles dont je viens de parler. Au reste, une pente est déjà grande lorsqu'elle a de 7° à 8°; elle est très rapide à 15° ou 16°; enfin pour la gravir il faut entailler des gradins, quand elle a 35°, et elle devient impraticable au-delà de 45°.

Les grandes inégalités qui se dessinent en creux, forment ordinairement des dépressions longues et étroites que l'on nomme vallées. Toute vallée principale est comme une espèce de tige à laquelle aboutissent de petites branches ou vallées latérales, dont la direction se croise avec celle de la vallée principale, et qui se ramifient de leur côté. En général, la majeure partie des vallées qui sillonnent une chaîne ou un rameau de montagnes se dirige dans un sens transversal à la chaîne ou au rameau; de là vient le nom de vallée transversale qui leur a été donné, soit qu'elles prennent naissance à la crête pour aller sur l'un ou l'autre versant, soit qu'elles traversent tout à fait la chaîne et le rameau : au reste ce dernier cas est plus rare que le premier. Différentes chaînes offrent aussi des vallées dirigées dans leur sens même; et alors de pareilles vallées sont appelées vallées longitudinales. Ces dernières sont moins communément bordées par des flancs escarpés que les vallées transversales; cependant une telle circonstance tient à la nature du terrain, car on sent qu'il ne peut exister d'escarpements dans un terrain facilement altérable.

Les flancs opposés, dans les vallées longitudinales, sont souvent composés de matières d'espèces différentes ou disposées d'une autre façon. Dans les vallées transversales, au contraire, il y a presque toujours identité parfaite entre deux flancs opposés ; et lorsqu'on voit d'un côté un angle saillant, il est à peu près certain que le côté opposé présente un angle rentrant.

Les vallées et principalement les vallées transversales, qui ne sont pas très profondes, tendent en général à s'élargir à mesure qu'elles s'avancent d'une contrée élevée vers une région basse ; mais cette règle est sujette à beaucoup d'exceptions, et les vallées des hautes montagnes n'offrent souvent qu'une série de renflements et d'étranglements. Or, ces dernières vallées ou systèmes de vallées peuvent être regardés comme composés de petites vallées longitudinales et de bassins unis par des défilés transversaux.

Le fond d'une vallée, prise dans son ensemble, présente ordinairement un plan continuellement descendant ; mais dans les vallées barrées, c'est-à-dire composées de renflements et d'étranglements, ces renflements étant de petites vallées particulières, il arrive, lorsque le défilé qui sert de communication est percé dans le sens de la longueur de ces petites vallées, que le renflement forme une vallée partielle, ayant une direction différente de celle de la vallée principale, et dont le fond, après s'être abaissé jusqu'à l'entrée du défilé, se relève pour se perdre vers le sommet des hauteurs environnantes. C'est à de semblables disproportions que l'on doit le phénomène de deux cours d'eau qui vont en sens contraire sur une même ligne, et qui, après leur réunion, s'écoulent suivant une direction à peu près perpendiculaire aux précédentes. D'ailleurs, quoique l'écoulement des eaux annonce un plan continuellement descendant, il ne résulte pas de cette circonstance que la ligne des cours d'eau représente la pente générale du sol.

En général, lorsqu'une contrée offre brusquement une grande différence de niveau, le sol de la partie élevée est sillonné par des vallées très profondes; tandis que, dans les lieux qui s'éloignent d'une semblable chûte, les dépressions sont peu prononcées, malgré leur élévation plus ou moins grande au-dessus de la mer.

Les plans inclinés vers le thalweg offrent des différences très sensibles; quelquefois les deux côtés sont en pente douce : alors la vallée est très évasée, et le thalweg se trouve à peu-près à égale distance des deux versants.

Lorsque des pentes douces règnent d'un côté de la vallée, et des pentes rapides de l'autre, les angles saillants et rentrants ne se correspondent qu'accidentellement. Le thalweg est toujours plus rapproché de l'escarpement; et s'il se présente des bancs de rochers, les eaux les tournent ordinairement, vont se creuser un lit dans la pente douce et reviennent ensuite à l'escarpement. Ces vallées sont d'autant plus évasées que l'escarpement est plus rapide et la pente opposée plus douce. Enfin, les vallées formées de deux escarpements sont très étroites et très irrégulières; les angles saillants et rentrants ne s'y correspondent presque plus; au lieu que les élargissements, les étranglements et les barrages y sont communs.

Les vallées des montagnes peu élevées, et celles des pays de collines, etc., diffèrent des précédentes par leurs pentes arrondies, et surtout par le caractère qu'elles montrent, d'être composées de plusieurs étages ou gradins qui se correspondent parfaitement des deux côtés. Elles présentent souvent un fond plat, et, comme en s'éloignant de leur origine, elles acquièrent une grande largeur; au reste, elles forment des plaines basses relativement à celles que fournissent les plateaux voisins.

On attache plusieurs acceptions au mot bassin (1); mais on appelle principalement bassin une partie plus ou moins étendue de la surface du sol dont les eaux finissent par se réunir en un même canal, qui les conduit dans un réservoir commun, tel que l'Océan, une mer intérieure, un lac. L'étendue de ces bassins dépendant de la figure du sol, présente de grandes irrégularités. Mais pour se faire une idée d'un bassin, on peut le comparer à un arbre dont la tige est formée par une vallée principale, et dont les ramifications le sont par des vallées latérales ou secondaires. De pareils bassins se composent donc de bassins partiels; et les vallées des hautes montagnes, par lesquelles les torrents portent au grand cours d'eau un premier tribut, ne sont que de petits bassins plus étroits et plus encaissés; leur nombre concourt à l'ensemble d'un bassin principal. D'après cela, les crêtes des montagnes sont des partages de bassins; or, ces partages se rencontrent dans les lieux où les eaux pluviales prennent en tombant sur les pentes du sol une direction différente : on en trouve sur des plateaux où l'œil saisit à peine une différence de niveau. Aussi, quoique de considérables cours d'eau descendent de sommets élevés, et qu'en outre des séries de montagnes en accompagnent ou limitent quelque étendue, et séparent des versants de ceux d'un cours d'eau contigu, il ne faut pas croire que tous les grands cours d'eau soient généralement encaissés et séparés de leurs voisins comme par une barrière que posa la nature. Divers bassins sont quelquefois très rapprochés à leur origine, et s'écartent à mesure qu'ils avancent vers leur embouchure ; d'ailleurs, il est rarement possible d'aller de l'un à l'autre au moyen d'un cours d'eau naturel.

(1) Il ne faut pas confondre surtout les bassins dont il est ici question avec la forme en U ou en V, etc. que présentent des couches par suite de leur dépôt naturel, ou par suite de plissements, de cassures, etc. (Voyez mon Mémoire sur les roches dioritiques de la France occidentale).

On appelle plaines les diverses parties de terres dont la surface est basse, sensiblement horizontale, unie, ou simplement sillonnée d'ondulations peu profondes relativement à son étendue. Il existe des plaines à toutes les hauteurs, depuis le niveau des mers, jusqu'au milieu des montagnes élevées; mais on les distingue en plaines basses et plaines hautes ou plateaux, sans qu'on puisse fixer positivement où finissent les unes et où commencent les autres. Les plaines ainsi que les plateaux sont rarement d'une horizontalité parfaite, car ils sont presque tous inclinés vers un ou plusieurs points; les plateaux et surtout les plaines acquièrent quelquefois une longueur et une largeur immenses. C'est en quelque sorte par des plaines successives, et comme de terrasse en terrasse, que s'élèvent principalement les continents au-dessus du niveau de l'Océan. Les grandes chaînes qui les traversent ne sont, pour ainsi dire, que des accidents au milieu des terrains plats élevés.

Pour d'autres détails sur les montagnes, les vallées, les plaines, les plateaux, les bassins, etc. je crois devoir renvoyer à mon traité de géologie. On y trouvera différentes données qui pourront devenir utiles, pour les diverses questions qui font l'objet principal de ce mémoire.

Mais, ainsi que je l'ai déjà dit en parlant du refroidissement du globe et comme on le verra encore par la suite, il faut ajouter d'autres considérations à celles qui précédent : elles conduiront à des idées d'un ordre plus élevé; car, si l'on excepte les vallées, les plaines, les montagnes, etc. façonnées par l'action des eaux, on reconnaîtra que les principaux reliefs du sol résultent de grands phénomènes qui sont liés entre eux par des lois générales, et qui sont la conséquence nécessaire de la chaleur primitive et du refroidissement du globe.

Considérations générales sur les matériaux qui composent l'écorce du globe, sur leurs dispositions en grand, et sur leurs principaux modes de formation, ainsi que sur la structure de cette écorce.

Au premier coup d'œil, l'ensemble de notre planète offre trois parties distinctes ou enveloppes successives : l'atmosphère qui entoure la terre, la mer qui couvre les trois quarts de sa surface, et un noyau solide; mais ce noyau, ainsi que je l'ai déjà dit, est loin d'être entièrement solide et simple dans sa constitution. Il se compose de trois parties principales : 1° d'une enveloppe solide ou écorce, 2° d'une partie centrale encore fluide, 3° d'une partie intermédiaire et comprise entre les deux précédentes. Or, je n'ai à m'occuper que de ces trois parties du globe qui constituent l'ensemble du noyau. Je parlerai principalement de l'écorce, seule partie sur laquelle nous ayons des données certaines, mais, tout en parlant de l'écorce, je dirai un mot des autres parties.

L'écorce du globe n'est pas d'une seule pièce ; de plus, tous les compartiments qui la constituent ne sont point composés des mêmes substances, et tous n'ont point été formés en même temps, ni par le même mode. Il y a donc à étudier cette écorce sous le rapport de la composition, de la structure, du mode de formation, des époques de formation,

En procédant du simple au composé, on reconnaît que les matériaux qui constituent l'écorce comprennent : des substances chimiquement élémentaires, des minéraux, des roches et des terrains (1). Les éléments seuls, mais plus généralement associés entre eux forment les minéraux; ceux-ci tantôt seuls, tantôt associés entre eux forment les roches ; et les roches associées entre elles constituent les terrains. Dans la constitution de l'écorce il y a donc à considérer

(1) Les fossiles ne sont pas mentionnés, parce qu'aussitôt que la vie a cessé, les restes organiques rentrent dans la classe des substances minérales.

l'élément chimique, l'élément minéralogique, l'élément pétrologique et l'élément géognostique.

Il s'en faut de beaucoup que touts les corps reconnus et réputés simples par les chimistes, jouent un rôle aussi important les uns que les autres dans la composition de l'écorce du globe; il en est de même des minéraux et des roches, je dirai plus, des terrains. De sorte qu'il existe nécessairement des relations étroites entre ces différents éléments constitutifs et les divers phénomènes qui composent l'histoire du globe; les uns doivent être regardés comme les conséquences des autres. Aussi y a-t-il, dans les procédés employés par la nature pour la formation du globe, un ordre merveilleux que l'on peut interpréter de diverses manières, suivant le point de vue sous lequel on envisage la question, soit que l'on parte de l'élément chimique, ou même plus primitif, dont la nature se serait servi comme principe régulateur pour la formation du globe dans ses différentes phases, soit que l'on ne reconnaisse en définitive que les résultats généraux, c'est-à-dire les matériaux associés et façonnés en grand, matériaux que la nature aurait seuls envisagés, puisqu'ils résultent des phénomènes généraux et d'ensemble, tandis que les autres ne sont que des matériaux prémiers, qui, pris isolément, ne sont l'expression d'aucune loi générale.

Je ne m'arrêterai pas ici sur les éléments chimiques, les éléments minéralogiques, et les éléments pétrologiques qui constituent l'écorce et même les autres parties du noyau; leurs modes de formation, leurs âges relatifs, leurs prédominances, leurs associations, leurs relations diverses, etc. feront le sujet d'un travail qui suivra celui-ci (1). Je renverrai donc pour ces ques-

(1) Dans ce travail j'essaie de démontrer, contrairement aux idées généralement admises par les géologues, que les roches d'origine ignée

tions philosophiques, sur lesquelles j'ai déjà dit un mot ailleurs (1), au travail que j'annonce; pour le moment il me suffira de donner quelques généralités sur les grandes classes de roches, sur leurs grands phénomènes de formations, sur leurs allures et sur leurs relations d'association.

Les roches se présentent quelquefois isolées à la sur-

---

de même composition normale sont de la même époque, et que les roches d'origine ignée de compositions normales différentes sont d'époques différentes; qu'il existe une relation intime entre : 1° les époques, la nature et l'étendue des phénomènes; 2° les produits. Toute la difficulté consiste à définir la composition normale d'une roche, à trouver la méthode rationnelle pour identifier ou différencier les roches, et à interpréter convenablement leurs époques de formation et d'épanchement, qui sont trop souvent confondues avec celles de leurs soulèvements, de leur mise au jour ou de leur modification.

Quoique ce travail ne soit pas encore publié dans son ensemble, j'en ai déjà dit assez dans différents mémoires, notamment dans ceux qui sont relatifs aux roches dioritiques (*a*) et aux felspaths (*b*), pour établir mon droit de priorité, et il serait bien facile de le prouver, soit par des citations d'ouvrages, soit en invoquant des témoignages. En sorte que, ce qui a lieu de me surprendre, c'est qu'après avoir développé mes idées à M. Delesse, après lui avoir indiqué certains principes que je déduisais des faits, après lui avoir dit ce que j'entendais par composition normale d'une roche, et qu'après lui avoir parlé de la marche, rationnelle selon moi, que je suivais pour étudier géologiquement les roches, ce savant, qui avait auparavant des opinions toutes différentes des miennes et de celles qu'il professe aujourd'hui, ait oublié de me citer comme ayant puisé ses idées premières dans mes communications écrites ou verbales (c). C'est pourquoi dans la crainte d'être plus tard taxé de plagiaire, j'ai cru devoir adresser à l'Académie des Sciences une réclamation qui a établi suffisamment, je le pense, les positions respectives des deux auteurs, M. Delesse et moi, et qui a réparé ainsi, je me plais à le croire, un oubli du professeur de géologie à la faculté de Besançon, car M. Delesse n'attache peut-être pas la même importance que moi à certaines parties de son travail et des miens.

(a) Mémoire minéralogique et géologique sur les roches dioritiques de la France occidentale, par A. Rivière; in-8°, Paris, 1841 (Voyez surtout la note de la page 14).

(b) Mémoire sur les felspaths par A. Rivière; in-8°, Paris, 1845.

(c) Mémoire sur la constitution minéralogique et chimique des roches des Vosges, p. 15 in-8, Besançon, 1847.

(1) Voyez notamment mes éléments de géologie, ma notice sur les felspaths, et celle sur les roches dioritiques.

face du sol; d'autres fois elles sont plus ou moins associées entre elles; enfin il arrive qu'elles sont cachées aux yeux de l'observateur par d'autres roches, de la terre végétale, de l'eau, etc.; au reste, elles peuvent donner lieu à des accidents plus ou moins prononcés, mais qui, cependant, sont caractérisés par telles ou telles roches.

Les diverses masses minérales qui constituent l'écorce de notre planète ne sont pas fortuitement mêlées ensemble; leur arrangement dépend au contraire de règles bien établies. Suivant M. Élie de Beaumont l'écorce terrestre représente une mosaïque très en grand, une mosaïque à plusieurs étages, dont les pièces sont posées les unes à côté des autres, ou déposées les unes sur les autres. On peut ajouter que les minéraux et les roches qui entrent dans la composition essentielle de l'écorce, sont les caractères dont s'est servi la nature pour écrire l'histoire du globe; que les reliefs du sol, les dispositions des masses minérales et la stratigraphie en grand déterminent les chapitres de cette histoire; tandis que les terrains nous retracent, comme des monuments, les phénomènes et les phases par lesquelles le globe est passé. Quant aux fossiles, ils déroulent l'histoire des anciennes populations et jettent de la lumière sur différentes questions élevées de la géogénie; mais en bonne logique, ils ne doivent être regardés que comme des conséquences, et ne peuvent dès-lors être pris pour des principes, d'après lesquels la géologie doit élever son édifice. De sorte que la géologie rationnelle dérive entièrement de principes du même ordre, de principes dynamiques et physiques.

L'ensemble des roches considéré sur une grande échelle peut être divisé en roches stratifiées et en roches non stratifiées.

Je divise les roches stratifiées en deux catégories : 1° les roches fissiles (1), 2° les roches étagées ou les roches en couches proprement dites (2).

Il n'est pas aussi nécessaire d'établir une division entre les roches non stratifiées, seulement il y en a qui se présentent en masses très considérables, tandis que d'autres ne se montrent que sous un volume limité.

Il serait peut-être plus exact de distinguer les roches en: 1° roches massives ou non stratifiées, 2° fissiles ou pseudo-stratifiées, 3° étagées ou stratifiées.

La croûte extérieure du globe est formée de la combinaison de ces trois catégories de roches, qui se présentent principalement en typhons et en strates, si l'on comprend par le mot générique de strate : les couches, les bancs, les lits, les plaques et les feuillets.

Je n'ai pas à m'occuper maintenant des vues et des principes sur lesquels la division et la détermination des roches sont établies : jecomblerai par la suite cette lacune ; actuellement il me suffit d'indiquer succinctement les différentes manières d'être des roches considérées sur une grande échelle, sans vouloir viser à une précision rigoureuse.

Les roches se trouvent en couches lorsque leurs masses, assises les unes sur les autres, ou posées les unes à côté des autres, sont divisées en parties beaucoup plus étendues dans le sens de leur longueur et de leur largeur que dans celui de leur épaisseur. Les deux surfaces principales d'une couche sont sensiblement parallèles,

(1) Je me sers du mot fissiles pour distinguer les roches considérées encore comme problématiques, qui ne présentent pas de véritables couches, mais qui se divisent en feuillets ou en plaques, c'est-à-dire qui offrent une sorte de clivage en grand.

(2) Je me sers du mot étagées pour distinguer, des roches précédentes, les roches en couches, en bancs, en lits bien distincts. Voyez la thèse *Sur le sens qu'on doit attacher, dans l'état actuel de la Géologie, aux expressions fondamentales de stratification, strate, couche,* etc.; par M. A. Leymerie. In-8°, Paris, 1840.

quelle que soit leur courbure générale. On remplace souvent le mot de couche par celui de strate ; mais on a vu précédemment qu'il était nécessaire d'établir une distinction entre : 1° les véritables couches, 2° les feuillets et les plaques. Je m'explique : il est des roches qui paraissent disposées par lits minces, par feuillets ou par plaques, à la manière des roches en couches d'une certaine épaisseur, et d'une constance évidente, quant aux joints et au faciès. Cependant il n'est nullement prouvé que les premières divisions soient véritablement des couches, c'est-à-dire qu'elles résultent de formations successives ; au contraire elles sont, pour la plupart, le résultat de la composition minérale de la roche, et dues à un effet du refroidissement. De sorte que pour ne pas préjuger la question de formation aqueuse ou ignée, ou toute autre, il importe de séparer ces deux ordres de stratification. C'est aussi pour cette raison qu'il est utile d'étendre la signification du mot strate, et d'appliquer cette dénomination tant aux feuillets et aux plaques qu'aux véritables couches. D'après cela on se servira du mot stratification pour exprimer que des masses minérales sont disposées par strates en général.

On dit qu'un strate est subordonné à un groupe de roches, de couches, de typhons, etc., lorsqu'il y est intercalé, et qu'il peut y être regardé comme un accident ou une dépendance de l'ensemble. La même expression s'étend aussi à une roche et à un typhon.

Les mots banc et lit sont quelquefois regardés comme synonimes de celui de couches ; mais habituellement on les applique plus spécialement aux couches d'une nature particulière, qui se trouvent intercalées dans un système de couches d'une autre espèce, avec cette distinction qu'on donne de préférence le nom de bancs à des couches cohérentes, tandis qu'on emploie plus ordinairement celui de lits pour désigner des couches meubles.

Les typhons sont de grandes masses minérales non stratifiées, mais il convient d'étendre la signification du mot typhon et de l'appliquer à la forme générale de toutes les masses minérales non stratifiées, quelle que soit leur importance, leur volume. On les distingue en typhons à structure irrégulière et en typhons à structure pseudo-régulière.

Pour l'interprétation logique des mots couches et roches stratifiées, tout dépend de l'étendue de l'échelle sur la quelle on considère les choses. Ainsi que le fait remarquer M. Élie de Beaumont, les couches ne sont pas des enveloppes exactement concentriques, qui entourent le globe entier comme les pellicules successives d'un oignon; elles présentent, au contraire, de grandes irrégularités. Elles s'enfoncent les unes sous les autres, à peu près comme on voit, dans un jeu de cartes posé obliquement, les différentes cartes se cacher les unes sous les autres. Dans ce cas, il n'est pas nécessaire qu'elles sortent beaucoup de l'intérieur du sol, ni qu'elles s'élèvent à une grande hauteur pour qu'on puisse en compter un grand nombre. On verra qu 'en réalité les roches primaires stratifiées ou non, c'est-à-dire les roches de base sont les seules qui soient disposées en couches, car ce sont les seules qui forment des calottes bien caractérisées autour du noyau central; tandis que les autre roches, celles qu'on est dans l'habitude de regarder comme formant les véritables couches, n'offrent que des plaques ou assises étagées, plus ou moins étendues, plus ou moins lenticulaires et plus ou moins irrégulières. Je réserve les détails à ce sujet pour la partie relative au métamorphisme et à l'âge des minéraux et des roches.

Un terrain comprend l'ensemble des matériaux formés, n'importe par quel mode, pendant une seule et même époque déterminée par deux révolutions successives, tant au-dessus qu'au-dessous d'un niveau imaginaire, que l'on fixe au milieu de l'épaisseur de la première pellicule.

A l'égard d'un terrain, il y a donc à envisager les matériaux dont il est composé, le mode et l'époque de leur formation, les phénomènes dynamiques qui ont déterminé et parfois modifié l'allure générale du terrain, et les lignes de démarcation de celui-ci.

Il est évident que, dans les localités où l'on voit les terrains les plus modernes, on ne doit pas trouver, ou du moins on ne doit trouver que très rarement, au-dessous d'eux, toute la série des terrains ; car il serait extraordinaire que certaines localités eussent participé à tous les phénomènes de la surface du globe. Au contraire, il y a un grand nombre de points sur lesquels les terrains les plus anciens paraissent à découvert ; cela provient de ce que de tels lieux n'ont pas été le théâtre d'autres formations, ou bien de ce que d'autres terrains qui y auraient existé ont été détruits, et, en un mot, de ce que le sol a éprouvé une dénudation.

Suivant certains géologues, une formation est un assemblage de masses minérales, liées entre elles de manière à ne faire qu'un tout ou système, sans changement ou interruption notable dans le mode, la nature et l'époque de la production. Ainsi, pour eux, l'expression de terrain a une acception plus étendue et moins précise ; par exemple ils disent : tel terrain présente tant de formations. D'autres au contraire attribuent une valeur plus large aux formations qu'aux terrains, et regardent les terrains comme des éléments ou des parties des formations. D'autres enfin confondent le mot terrain avec celui de formation. Mais ces acceptions données au mot formation sont très vicieuses, et contraires aux principes de logique que M. C. Prévost et moi avons essayé d'introduire dans le langage géologique (1). On doit employer l'expression de formation pour indiquer qu'une masse minérale a été produite par tel ou tel mode. Une formation spécifie donc une nature d'opération. Dès-lors, en prenant le phénomène ou la formation elle-même pour le produit, une formation est une fraction de la croûte du globe qui peut être composée de roches plus ou moins analogues ou différentes, mais qui ont été formées de la même manière, c'est-à-dire par une semblable opération ; tandis qu'un terrain, qui est aussi une fraction de la croûte du globe, comprend toutes les roches qui ont été produites dans une période plus ou moins longue et dont les limites sont déterminées. Or, comme d'un côté, dans un même temps, des causes très opposées agissent et produisent des effets différents, que d'un autre côté, les mêmes causes ont agi à des époques très éloignées, il en résulte qu'un terrain doit comprendre plusieurs sortes de formations, tandis que des formations semblables peuvent se rencontrer dans des terrains de divers âges.

Si l'on compare les roches aux produits actuels des eaux et des volcans, on reconnait que la plupart résultent de phénomènes analogues ; aussi les distingue-t-on en : 1° roches de formation aqueuse ; 2° roches de formation ignée ; 3° roches de formation combinée, aqueuse et ignée ou réciproquement. Outre ces trois modes de formation, on doit encore, dans une étude approfondie, tenir compte de divers autres, par exemple de celui par la voie électro-chimique, de celui qui provient des vents (2), etc.

---

(1) Voyez : 1° Le mot formation dû à la plume de M. Constant Prévost, dans le Dictionnaire universel d'Histoire naturelle ; 2° Mes éléments de géologie.

(2) Les dunes, que parfois on regarde comme l'œuvre des eaux, ne sont point directement formées par celles-ci, car les courants charrient le sable sur la plage, et lorsque les flots se sont retirés, les vents en

Au reste, les modes dont je viens de parler peuvent se combiner, et par conséquent agir plusieurs ensemble.

Ainsi, la distinction en roches d'origine ignée, en roches d'origine aqueuse et en roches d'origine mixte, qui peut servir à envisager sous trois points de vue différents toutes les associations de substances minérales, ne suffit pas toujours à la science : il est une foule de circonstances secondaires qui ont présidé à la formation des minéraux et des roches, et qui ont produit des effets appréciables ; il est donc nécessaire de trouver le moyen d'indiquer ces circonstances dans les descriptions géologiques. Par exemple, les produits neptuniens doivent être distingués suivant qu'ils ont été formés sous la mer ou sous les eaux douces, sur les rivages ou dans les profondeurs, à l'embouchure ou sur le trajet des fleuves, dans les lacs, les marécages, par des sources froides ou thermales, pures ou minérales, etc. D'un autre côté, les produits plutoniens poussés dehors par une force interne, soit à l'état solide, soit à celui de masses pâteuses, ceux rejetés sous forme de coulée, de poussière ou de vapeur, les déjections des solfatares, des salses, des volcans, etc. ne peuvent être non plus confondus.

Quoiqu'il en soit, si l'on considère les roches qui se trouvent immédiatement à la superficie de la terre, sous le rapport de leurs modes de formation, on y distingue d'abord, comme je viens de le dire, deux classes principales et bien tranchées : les unes sont des productions ignées ; les autres, des dépôts formés par les eaux. Les premières sont des laves que l'on a vu sortir incandescentes des cratères des volcans. Ailleurs, on en aperçoit de pareilles, mais refroidies depuis une époque antérieure à toute tradition historique. Dans d'autres contrées, on trouve d'énor-

---

dispersent les grains sur le sol, les amoncellent, en font des monticules plus ou moins élevés, qui, plus tard, sont quelquefois transportés ailleurs.

mes masses en partie scorifiées, vitrifiées, et portant avec elles des preuves irrécusables de l'état igné qui les a caractérisées jadis. Enfin, on remarque d'autres roches qui, par les formes arrondies de leur ensemble, par leur manière d'être en cônes, en nappes, en filons, en îlots, etc., par leur structure massive, leur texture cristalline, leur position à l'égard d'autres roches dans lesquelles elles ont pénétré, résultent évidemment de phénomènes de nature ignée, quoiqu'elles paraissent s'éloigner davantage des produits volcaniques. Outre cela, elles renferment des minéraux que fournissent presque exclusivement les volcans, et elles ont parfois modifié d'autres roches au contact, de manière à nécessiter l'idée d'une immense chaleur. En un mot, on voit, depuis la lave actuelle jusqu'aux granites, une série de passages minéralogiques, de relations de formes, de structure et de texture, qui ne permettent pas de douter qu'une grande partie des substances constituant l'écorce du globe ne provienne de phénomènes analogues à ceux que nous présentent les volcans.

D'un autre côté, les premières couches calcaires que l'on observe étendues les unes sur les autres, plus ou moins inclinées, renfermant une multitude de fossiles, alternant avec des argiles, des sables, des graviers plus ou moins agglutinés, contenant des cailloux roulés, des fragments et des blocs hétérogènes, annoncent évidemment une série de dépôts opérés dans le sein des mers, des lacs, des rivières ou sur leurs bords, ou bien charriés sur les terres par les eaux. Au-dessous de ces couches on en trouve de pareilles; seulement elles sont généralement plus inclinées, plus disloquées, et les fossiles qu'elles offrent s'éloignent davantage des êtres qui existent maintenant. Plus avant dans l'ordre des temps, les assises calcaires, argileuses, etc. perdent peu à peu leurs fossiles, elles s'entrelacent ou se mélangent avec des roches talqueuses, micacées, etc.; elles nous retracent ainsi une action mécanique et des faits analogues à ceux qui se passent sous nos yeux. D'autres roches, semblables aux dépôts actuellement formés par les sources minérales et incrustantes, indiquent qu'elles furent déposées dans un liquide jouissant de la même propriété dissolvante.

Enfin, sans parler ici des formations par la voie électrochimique, par un mouvement moléculaire très lent, par dépôt chimique, par dépôt mécanique, par les vents, etc., il importe de tenir compte de ces dépôts qui se sont opérés dans le sein des eaux par une action soit simplement mécanique, soit chimique, ou bien mécanique et chimique, et qui ensuite ont été modifiés par l'apparition de roches de formation ignée : ce sont les formations neptuno-plutoniennes, par opposition des formations plutoneptuniennes.

Si l'on veut entrer dans des détails, les formations ignées peuvent être divisées en formations : composées de matières qui sont restées dans l'épaisseur de la croûte, formations ignées d'intrusion; ou qui, après avoir traversé celle-ci, se sont déversées à sa surface, formations ignées d'épanchement; ou qui ont été projetées, formations ignées d'éruption; enfin on pourra reconnaître des formations ignées de sublimation, de cémentation, etc.

De même on distinguera les formations marines, lacustres et fluviatiles. On peut encore indiquer les diverses sortes et variétés de formations qui se font dans un même bassin marin, par suite de l'action simultanée de causes différentes. Ainsi, tandis que la mer nourrit une immense quantité d'animaux d'espèces particulières, comme les zoophytes, les mollusques testacés, etc. qui laissent après leur mort des dépouilles calcaires dont les vagues s'emparent pour les transporter, les rouler, les triturer et en composer d'immenses strates, dont l'origine exclusivement marine et organique est facile à reconnaître ; d'un autre côté, des eaux fluviatiles affluentes apportent à la mer, avec des sédiments sableux, des restes de végétaux et d'animaux terrestres et fluviatiles, dont la présence ne laisse aucun doute sur l'origine des dépôts qu'ils composent. On peut, de cette manière, ne pas confondre les formations fluvio-marines avec les formations marines exclusives ; et, comme celles-ci ont été évidemment assujéties à des causes de variations moins nombreuses, ce sont elles qu'il faudra préférer : si même on trouvait des bancs de polypiers en place à tous les étages de la série, ce serait eux que l'on devrait uniquement prendre comme pouvant fournir les caractères les plus positifs.

On voit, d'après ce qui précède, qu'on doit distinguer les roches principalement en :

1° Roches de formation ignée ;

2° Roches formation aqueuse ;

3° Roches de formation combinée ou mixte.

La première catégorie comprend les matériaux qui résultent :

1° Du refroidissement de la première pellicule du globe ;

2° Des refroidissements normaux qui se sont effectués successivement au-dessous de cette première croûte, et des éruptions normales ;

3° Des éruptions successives, correspondantes et anormales ;

La seconde catégorie comprend les matériaux qui résultent :

1° Des formations marines ;

2° Des formations lacustres ;

3° Des formations fluviatiles ;

4° Des formations de sources ;

5° Des formations fluvio-marines, fluvio-lacustres, etc

La troisième catégorie comprend les matériaux qui résultent :

1° De la purification de l'atmosphère et de la réaction de la première pellicule incandescente, ou du moins douée d'une haute température;

Des formations neptuno-plutoniennes;

3° Des formations pluto-neptuniennes;

4° Des formations par les sources et par l'action de la chaleur; etc.

En résumé, on distinguera des formations par voie ignée, par voie aqueuse, des formations par voie aqueuse et ignée ou réciproquement, des formations par voie électro-chimique, des formations marines, lacustres, fluviatiles, fluvio-marines, des formations par sédiment, par dépôt chimique, par dépôt mécanique, par les vents, etc., enfin des formations par plusieurs causes combinées.

Avec les roches de formation aqueuse, le sol présente des roches de formation ignée ou de tout autre mode de formation; et les rapports de ces roches de différentes origines ne permettent pas de douter qu'elles n'aient été formées par séries en même temps, à la même époque; de sorte que les formations, sinon toutes, du moins une grande partie d'entre elles, sont nécessairement synchroniques les unes des autres; tandis que les terrains sont absolument successifs. A ce sujet, je ne saurais trop engager les géologues à se pénétrer des idées excellentes que M. C. Prévost a développées dans son travail sur le synchronisme des formations (1). C'est en adoptant de tels principes que, dans chaque grande division chronologique représentée par un terrain, je comprendrai parallèlement toutes les ro-

---

(1) Comptes-rendus des séances de l'Académie des Sciences, année 1845, T. XX, p. 1062.

ches d'origine ignée et toutes les roches d'origine aqueuse ou autre, qui ont été formées pendant cette époque.

J'entends par sol la partie supérieure de la croûte du globe, celle sur laquelle nous marchons et sur laquelle les eaux circulent, celle qu'exploite l'agriculteur, celle dans laquelle nous pouvons pénétrer par les travaux de mines, en un mot celle qui est comprise depuis le milieu de l'épaisseur de la première pellicule formée jusqu'à la surface du globe. La croûte se divise donc en deux parties : 1° le sol, 2° le sous-sol ou l'ensemble des calottes inférieures et inconnues (1).

Le sol résulte d'une formation de bas en haut, tandis que le sous-sol ou les calottes inférieures résultent d'une formation de haut en bas. C'est pourquoi l'on peut dire que la croûte comprend une sur-construction et une sous-construction.

Comme le fait remarquer M. C. Prévost, si l'on soulève successivement les feuillets de plus en plus anciens qui composent le sol, on voit les caractères des formations aqueuses disparaître, et l'on arrive à un niveau où les formations ignées constituaient seules le sol, que son identité de composition sur les points les plus éloignés de la surface de la terre fait regarder comme le sol primitif. Or, tout ce qui est au-dessus de ce sol supposé primitif est le sol de remblai, formé par l'accumulation des produits des deux grandes causes, ignée et aqueuse, qui n'ont cessé d'agir ensemble comme elles agissent encore maintenant. Mais les matériaux de formation aqueuse

---

(1) La construction d'un édifice pourra donner une idée de cette distinction, en regardant les voûtes des caves comme la séparation : 1° des divers étages supérieurs à cette voûte et qui représentent le sol, 2° des fondations qui représentent dès-lors l'ensemble des calottes inférieures et inconnues.

proviennent nécessairement de la démolition et des déblais des roches d'origine ignée.

On nomme sédiment ou dépôt, le résultat d'une précipitation mécanique ou chimique, qui s'est opérée dans l'eau ou dans un autre liquide. Au surplus, on se sert aussi du mot dépôt pour désigner une masse minérale qui se trouve placée dans une partie quelconque de la croûte terrestre, quelque soit d'ailleurs la manière dont cette mise en place ait eu lieu. C'est pourquoi, je pense qu'il est convenable de se servir uniquement du mot sédiment pour exprimer le résultat du premier phénomène, et de réserver le mot dépôt pour l'employer dans une acception plus générale, c'est-à-dire aux différents modes de formation des matériaux, qui se placent les uns sur les autres, à côté ou au milieu les uns des autres.

Le mot assise représente une relation de position, car on l'applique à des dépôts qui se trouvent placées dessus ou dessous d'autres; au lieu que le mot dépôt n'exprime aucune idée de position relative, et peut aussi bien se rapporter à des substances placées à côté les unes des autres, qu'à des substances placées les unes au-dessus des autres.

Les couches, ou en termes plus généraux, les strates offrent beaucoup de variations dans leurs positions; tantôt ils paraissent à peu près horizontaux, tantôt plus ou moins inclinés, tantôt enfin brisés, arqués, contournés ou repliés en zig-zag : de là viennent les expressions de stratification horizontale, inclinée, verticale, brisée, arquée, contournée, en zig-zag, etc. Mais on distingue principalement deux sortes de stratifications : l'une horizontale, qui est la stratification naturelle, suivant laquelle toutes les matières se déposent ordinairement sous les eaux; l'autre, plus ou moins inclinée et résultant généralement des soulèvements qui ont eu lieu à diverses époques. Or, comme il est rare que les couches soient horizontales, on distingue dans leur position une direction et une inclinaison. On nomme direction la ligne médiane qui représente l'intersection moyenne des couches, qu'on suppose prolongées inférieurement, avec la partie de la croûte sur laquelle elles reposent réellement ; plus élémentairement, la direction est la ligne droite horizontale, ou tangente, menée à la base des couches et au milieu de leur étendue, dans le sens de la rencontre, ou trace, de leur surface ramenée à un plan avec la partie de la calotte terrestre qui leur sert d'appui ; en d'autres termes, c'est la charnière principale autour de laquelle les couches ont tourné, dans la supposition qu'elles aient été relevées. On indique donc la direction, si l'on assigne les points de l'horizon vers lesquels cette ligne se dirige. On appelle inclinaison, l'angle que la surface des couches ramenée à un plan fait avec le plan tangent à l'intersection, c'est-à-dire avec l'horizon ; et l'on donne l'inclinaison quand, à la valeur de l'angle, on ajoute la désignation du point de l'horizon qui correspond au sommet de cet angle, c'est-à-dire le point moyen de l'horizon vers lequel les couches plongent. Les côtés de l'angle qui forme l'inclinaison sont perpendiculaires à la direction ; par conséquent le sens de l'inclinaison étant connu, on a la direction.

Il n'y a peut-être pas de dépôts qui soient en strates exactement horizontaux ; au reste, les strates dits horizontaux ont aussi, dans la rigueur, une direction normale. La direction est dans ce cas le plus grand axe du dépôt déterminé au milieu de la surface inférieure, celle-ci étant ramenée à un plan tangent.

Je reviendrai sur ces données, lorsque je parlerai de l'allure générale des dépôts ; et je donnerai dans un autre travail les méthodes pour déterminer aussi rigoureusement que possible la direction et l'inclinaison des couches, des strates en général.

Lorsqu'un groupe ou système de couches est disposé de manière que celles-ci remplissent une dépression du sol inférieur, et sont par conséquent plus relevées sur les bords que vers le milieu, on dit que ces couches constituent un bassin ; si, au contraire, c'est le milieu qui se trouve plus élevé, les couches forment une selle.

Quand des couches montrent au jour leur épaisseur, dans le sens de leur direction, on dit qu'elles sont sur leurs tranches ; tandis qu'elles présentent leurs têtes, quand elles sont coupées dans le sens contraire.

La stratification est régulière, lorsque toutes les couches égales ou inégales dans leurs dimensions, sont parallèles entre elles et à la position générale ; au lieu qu'elle est irrégulière, si toutes les couches ne remplissent pas ces conditions. La dénomination de stratification affleurée a été employée pour désigner la manière d'être de couches qui, reposant sur un plan incliné, sont plus épaisses vers le bas que vers le haut, et tendent à prendre la stratification horizontale. Quand plusieurs systèmes de couches, posés les uns sur les autres ou à côté les uns des autres, sont parallèles entre eux, il y a, à leur égard, stratification parallèle ou concordante. Quand, au contraire, l'inclinaison des systèmes est différente, il y a stratification discordante ou contrastante. Ces définitions de concordance et de discordance de stratification sont incomplètes: je les compléterai et préciserai mieux par la suite.

On distingue sous le nom de stratification transgressive un cas particulier de discordance, où le dépôt supérieur, stratifié d'une manière ou d'une autre, ou non stratifié, repose sur la tranche des couches du dépôt inférieur. On doit aussi distinguer un cas de discordance, où les couches peuvent être néanmoins parallèles : c'est ce qui a lieu lorsqu'un dépôt horizontal après avoir été sillonné de différentes manières par les eaux, se trouve recouvert par un dépôt du même genre qui remplit les bas-fonds.

Il y a encore d'autres cas, soit de discordance, soit de concordance de stratification : je les comprendrai dans un énoncé général, lorsque je parlerai de l'allure relative des dépôts considérés en grand. Mais il importe surtout de ne pas confondre les discordances accidentelles avec les discordances générales ; car les premières peuvent être et sont presque constamment indépendantes des caractères spéciaux qui différencient les terrains; tandis que les dernières sont des caractères inhérents à la distinction des terrains.

On a vu que l'écorce du globe n'est pas formée d'une seule masse cohérente, mais bien de parties séparées par des joints. Or, ceux-ci sont distingués en joints de structure, joints de stratification, joints d'injection, joints de dislocation, en fendillements, fissures, retraits, failles, etc.

Lorsqu'il s'agit d'établir les rapports de stratification entre deux dépôts, il est nécessaire d'apporter une grande attention à la structure particulière des roches, qui peut, dans certains cas, induire facilement en erreur. Ainsi, des dépôts présentent quelquefois des divisions particulières, qui résultent entièrement de la structure que les roches doivent à leur formation rapide dans certaines circonstances, comme nous le dévoilent les attérissements qui ont lieu dans nos rivières. Les matières schisteuses surtout peuvent présenter beaucoup d'incertitudes, parce qu'elles offrent des divisions dans tous les sens, et que parfois la moins apparente est précisément celle de la stratification. En général, la division schisteuse est fréquemment une structure qui tient à une certaine cristallisation, ou à un retrait des matières dont la roche provient; et c'est en conséquence parmi les autres qu'il faut ordinairement choisir. D'un autre côté, les joints de dislocation sont des fentes unies et bien determinées, souvent légèrement ouvertes, qui se prolongent ordinairement dans plusieurs dépôts consécutifs; tandis que les joints de stratification sont plus ondulés et offrent même plus d'adhérence. Les ondulations les plus irrégulières des véritables strates sont souvent traversées par la structure schisteuse, qui n'en est nullement altérée. Cette circonstance annonce évidemment que la structure dont il s'agit, est un effet postérieur au contournement des couches.

Les citations précédentes suffisent pour montrer qu'il importe de ne pas confondre le feuilletage, les joints de dislocation, les fendillements, les fissures, les retraits, etc., avec les divisions de la véritable stratification.

On a vu que la croûte terrestre résulte de formations successives, et c'est une telle succession de dépôts qu'on nomme superposition. Alors les parties qui gisent sur d'autres, sont plus modernes que celles-ci; néanmoins on conçoit que, dans certains cas, le contraire a lieu, les substances minérales étant arrivées de bas en haut et ayant pu s'intercaler au-dessous ou au milieu de roches préexistantes. A ce sujet, de la détermination de l'âge relatif des dépôts par le caractère de la superposition, je dois entrer dans quelques développements.

Les dépôts formés par les eaux, offrant généralement des couches, des lits, des bancs et ayant été produits successivement de haut en bas, il s'ensuit que les dernières parties déposées doivent recouvrir celles qui ont été précédemment formées: de sorte que les plus inférieures sont les plus anciennes. Cette conclusion est exacte lors même que plusieurs des dépôts, ou tous, au lieu d'être horizontaux, sont inclinés, car les plus récents sont toujours ceux qui s'appuient sur les autres. On reconnaîtra donc facilement l'âge relatif des dépôts sédimentaires, quand ils reposeront les uns sur les autres, ou bien quand ils s'appuieront les uns contre les autres, à moins qu'il ne soient tous perpendiculaires; alors il faudrait chercher plus loin un endroit où la superposition deviendrait visible. Mais, dans les autres cas qui peuvent se rencontrer, comme dans celui de l'isolement des dépôts, on a recours à des procédés différents.

Les observations de stratification et d'inclinaison des diverses couches vers un point ou vers un autre, permettent souvent de conclure qu'un dépôt passe au-dessus ou au-dessous de tel autre, qu'on trouve isolé ou à distance.

Les mêmes moyens ne suffisent pas pour classer, dans l'ordre d'ancienneté, les dépôts d'origine ignée, puisque ces matières, ayant été rejetées de l'intérieur du globe, sont venues de bas en haut, et ont pu glisser au-dessous des masses déjà formées, s'intercaler au milieu d'elles ou se répandre au-dessus.

Enfin, il y a des cas où il est possible de déterminer par les moyens précédents les relations d'âge entre les roches d'origine aqueuse et les roches d'origine ignée, comme il y a aussi des cas où cette détermination par les mêmes moyens devient impossible.

Après avoir exposé les considérations qui précèdent sur la superposition des dépôts, il importe d'examiner les conclusions que l'on peut déduire des caractères offerts par la disposition et la structure (1) des roches ou des dépôts stratifiés, dépôts que l'on a regardés jusqu'à ce jour comme les plus importants, et comme pouvant seuls fournir les éléments nécessaires pour la détermination des terrains.

Des couches sédimentaires apparaissent parfois avec des inclinaisons si fortes, dans un état tel de dislocation et à des

---

(1) Je distingue la structure d'une roche de sa texture : la texture est relative à l'arrangement particulier des molécules ou des particules des minéraux et des roches, tandis que la structure est relative à la disposition propre qu'affectent les roches elles-mêmes ; c'est une sorte de texture en grand. Par exemple, on doit dire le gneiss présente une texture cristalline et une structure schistoïde.

hauteurs si grandes, qu'on ne peut admettre qu'elles aient été formées dans de pareilles positions; car le volume des eaux devrait être plus que doublé pour atteindre un semblable niveau, et il est démontré que ce niveau a subi seulement de légères variations. Il est donc un autre ordre de faits qui a présidé aux modifications successives, qu'a éprouvées la surface de la terre; aussi, lorsqu'on aperçoit des couches sédimentaires inclinées, on peut dire qu'elles ont été dérangées de leur position originaire. D'un autre côté, on déterminera l'époque de ce dérangement, si l'on trouve d'autres sédiments en couches horizontales et appuyées dessus ou contre les précédentes; car il devient évident que le soulèvement des premières a eu lieu avant la formation des secondes, qui sont encore dans la position où elles ont été produites sous les eaux; de plus, si l'on parvient à savoir l'âge relatif du dépôt horizontal, on aura par suite une époque relativement déterminée de la catastrophe qui a produit le redressement de l'autre.

Il peut arriver que les deux dépôts comparés soient relevés sous des inclinaisons égales ou inégales. Si l'inférieur est plus relevé que le supérieur, le premier avait déjà été soulevé avant la formation du dernier; mais s'ils sont relevés de la même quantité, ils peuvent l'avoir été tous deux à la même époque, comme ils peuvent offrir, plus rarement il est vrai, des positions différentes, par rapport à la direction, et par conséquent avoir été affectés d'une quantité inégale de mouvements à des époques différentes.

Enfin, dans le cas où il y a un grand nombre de dépôts, il faut avoir soin de bien distinguer leurs relations et leurs différences de stratifications, distinction qui est parfois difficile. Donc une des circonstances les plus remarquables qui se présentent dans l'étude de la stratigrâphie, est la superposition de deux systèmes de couches, l'un sur l'autre, en stratification discordante. Ce phénomène se manifeste le plus habituellement par un défaut de parallélisme, ou, au moins, de continuité entre les plans de deux systèmes de couches qui sont en contact.

Il résulte de tout ce qui précède que la comparaison des inclinaisons, offertes par les couches des dépôts stratifiés, peut souvent conduire à la détermination des époques relatives des soulèvements de ces dépôts, et par suite à celle de leur âge respectif. Mais à l'aide de ces seuls éléments, l'appréciation exacte de l'âge relatif des mouvements de la croûte du globe est très difficile, et souvent impossible. Ainsi, supposant qu'on ait observé deux dépôts, qui passent de l'un à l'autre d'une manière insensible, et qui sont en stratification concordante, si on les trouve ailleurs en stratification transgressive, on sera en droit de penser que le redressement des premières couches a eu lieu, en ce point, avant la formation des secondes. Mais ce redressement peut avoir été accompagné d'un soulèvement ou d'un changement de niveau dans les plus anciennes masses; en ce cas, le dernier dépôt n'aura pu que s'adosser contre l'autre, et, au lieu d'une stratification transgressive, on aura un exemple de stratification discordante.

Si, d'une autre part, les dépôts ont été formés à des époques très distantes, les conclusions tirées de la stratification montrent seulement que telle ou telle partie du sol a été sous les eaux, ou bien émergée à telle ou telle époque; mais l'âge des redressements ou des soulèvements reste indéterminé. Il peut aussi arriver qu'un soulèvement porte des couches à une certaine hauteur sans redressement sensible; dans ce cas encore, les stratifications discordantes des dépôts adossés fixeront l'âge du soulèvement, en tant que ces derniers auront été vus, ailleurs, placés en gisement concordant sur le dépôt qui forme la sommité des couches soulevées.

Divers géologues, notamment MM. J. Yates et H. de la Bèche ont constaté que des couches de sédiment peuvent se former avec une inclinaison assez considérable, analogue à celle qui provient de l'action des soulèvements : je vais entrer dans quelques détails à cet égard.

L'irrégularité de stratification prouve généralement une irrégularité de formation, il devient donc nécessaire de s'occuper de cet incident dans les recherches sur le mode de production d'une roche stratifiée quelconque. Si l'on admet, pour un instant, que toutes les couches ont été déposées dans l'eau, il semblerait que des couches ayant leurs surfaces supérieure et inférieure presque parallèles, ont dû exiger un tranquillité extraordinaire pendant leur dépôt. Cela serait également vrai, soit que le dépôt se fit par voie chimique, soit qu'il se fit par voie mécanique. L'inverse devrait se dire de toute stratification irrégulière, qu'on pourrait croire être résultée de changements ou bien de perturbations, dans l'action chimique ou mécanique qui a produit les roches présentant ce caractère.

Les dépôts chimiques peuvent se former, soit dans une solution saturée d'une substance, soit au moyen de changements parmi les substances dissoutes, ou bien encore par l'introduction d'une nouvelle matière qui donnerait lieu à des composés insolubles. Dès qu'une substance devient insoluble, elle est suspendue mécaniquement dans le liquide qui la contient, et elle doit se précipiter plus ou moins rapidement, suivant sa densité et son volume. Tout changement chimique dans un liquide ne produit pas nécessairement un dépôt horizontal ; car on sait que les tuyaux de conduite des eaux minérales se trouvent souvent incrustés, tout autour de leur surface intérieure. Ce phénomène peut être dû au calme provenant de la friction, qui ne permet pas à l'eau de passer aussi rapidement contre les parois que dans le centre du tuyau ; mais l'incrustation au sommet suffit pour prouver qu'un dépôt chimique peut avoir lieu en sens inverse de la densité. Il arrive souvent, dans les solutions salines, que des cristaux se précipitent à la fois contre les parois et au fond des récipients qui les contiennent, quoique les cristaux puissent être en plus grande quantité vers le fond. Si des dépôts chimiques s'effectuent sur de grandes échelles, les couches qui en résulteront, pourront donc donner lieu aux apparences les plus trompeuses par la manière dont elles s'appuieront sur d'autres dépôts.

Un dépôt mécanique peut aussi produire, quoique à un moindre degré, de fausses apparences. Si un courant d'eau, chargé d'une matière tenue en suspension mécanique, et doué d'une vitesse médiocre, passe subitement d'un bas-fond à une eau profonde, la stratification pourra, dans des circonstances favorables, atteindre jusqu'à 40° d'inclinaison.

En supposant que le courant transporte à la fois du gravier, du sable et des détritus plus fins encore, ces différentes matières tendront à former des couches diversement inclinées : celles de gravier prenant des angles plus considérables, et celles de vase approchant plus de l'horizontalité.

Si, au lieu d'un courant capable de transporter des cailloux, on en suppose un qui ne puisse faire avancer que des grains de sable jusqu'à la limite d'un bas-fonds terminé abruptement, de manière que le sable tombe grain à grain, les uns se plaçant sur les autres, sans être tenus en suspension mécanique par l'eau, il pourra en résulter des couches de sable inclinées sous un angle comparativement fort grand.

De semblables circonstances se rencontrent dans la nature plus souvent qu'on ne pourrait le supposer. M. J. Yates a observé que dans certains lacs, sur des points où les escarpements se prolongent sous l'eau à de grandes profondeurs, le charriage des détritus peut produire des couches fort inclinées. Cet auteur remarque, en outre, que le même effet doit avoir lieu à la limite des deltas, où le fond de la mer s'abaisse abruptement. Il y a plusieurs cas, où l'on peut imaginer que les courants aient seulement la force nécessaire pour pousser les grains de sable par-dessus des escarpements sous-marins, d'où résulteraient des couches de sable inclinées de 20° à 30°.

Lorsqu'une rivière change son lit, on a constamment lieu d'observer, dans les coupes de ses bords, des effets analogues aux précédents, mais sur de moindres échelles : il n'est presque point de roche arénacée qui n'en présente des exemples. On est donc autorisé à admettre la possibilité, dans des circonstances favorables, de la formation, sur une grande échelle, de couches ayant une certaine inclinaison. Dès lors, il faut beaucoup de circonspection avant de pouvoir dire, dans quelques circonstances, si l'inclinaison des couches résulte du soulèvement de celles qui les supportent.

A l'aide de la superposition et de la différence des inclinaisons, on détermine, sauf certains cas, les âges relatifs des dépôts et les époques relatives de leurs soulèvements ; par leur nature, leur composition et leur manière d'être, on connaît aussi leur mode de formation. Néanmoins on ignore les époques réelles, absolues de leur formation respective, et même de leurs soulèvements comparés à l'échelle chronologique qui embrasse toute l'histoire générale du globe.

On voit, d'après ce qui précède, que les caractères fournis par la superposition et les différences de stratification, considérée par rapport aux inclinaisons, ne suffisent pas pour le but qu'on se propose.

J'ai indiqué précédemment que les diverses masses minérales, qui constituent l'écorce de notre planète, ne sont pas fortuitement mêlées ensemble : leur arrangement dépend au contraire de règles telles, que, si l'on voit un dépôt caractérisé sur une grande échelle, on peut présumer qu'il est accompagné, suivi ou précédé d'autres dépôts offrant des caractères particuliers. Ainsi les dépôts sont superposés dans un ordre invariable, et soumis à des lois qui règlent leurs relations respectives. Ces lois de la position relative des dépôts, de leurs associations, ont été vérifiées sur une grande partie de la surface du globe.

Souvent plusieurs dépôts, disposés les uns sur les autres, forment des ensembles distincts qu'on appelle systèmes.

On entend par puissance d'une roche, d'une couche, d'un typhon, d'un terrain, enfin d'une masse minérale quelconque, l'épaisseur de cette masse.

Les géologues nomment allure d'une masse minérale, l'ensemble des caractères relatifs à la position et à la puissance de cette masse minérale. Elle est régulière, lorsque ces caractères demeurent à peu près les mêmes sur une grande étendue; elle est, au contraire, irrégulière, lorsqu'elle éprouve des variations considérables. Mais, je préfère réserver le mot allure pour indiquer la disposition principale de la forme générale, ou de la figure, présentée par un dépôt considéré dans son ensemble; les éléments de cette allure sont dès-lors fournis par la puissance, la direction, l'inclinaison, la hauteur, le contour et les lignes principales inscrites dans la courbe qui exprime le contour.

Toutes les masses minérales quelconques, circonscrites par une figure fermée, peuvent être ramenées, en négligeant les petits accidents offerts par le contour, à une forme simple, dont l'allure peut être ordonnée par rapport à un axe principal. Or, cet axe est la direction normale de la masse minérale ou du dépôt.

On verra plus loin que la concordance ou la discordance d'allure et la superposition sont, en réalité, les seuls caractères pour la détermination des terrains. Je préfère me servir de l'expression de concordance ou discordance d'allure, au lieu de discordance ou concordance de stratification, parce que ce mot exprime d'une manière plus complète le fait général. Dans la méthode de la classification linéaire, la discordance des directions ordonnatrices, ou axes principaux des figures générales, des dépôts représentent la discordance d'allures.

La stratification étant un des éléments de la concordance ou de la discordance d'allures, il est utile d'indiquer les caractères qui servent à déterminer la discordance de stratification.

Comme énoncé général, il y a discordance de stratification, lorsqu'il y a différence de direction ; réciproquement il y a en réalité différence de direction, lorsqu'il y a discordance de stratification. D'après ces données, les faits qui dévoilent la discordance de stratification ou de direction sont les suivants.

1° Il y a discordance de stratification entre deux dépôts, lorsque leurs couches sont inclinées sous des angles différents, et lorsqu'elles le sont vers des points de l'horizon incompatibles entre eux, c'est-à-dire lorsqu'elles sont dirigées dans des sens différents.

2° Il y a discordance de stratification entre deux dépôts, lorsque le supérieur se trouve placé dans des cavités creusées à la surface de l'inférieur, que les joints des couches de ces deux dépôts soient au même niveau ou non, qu'il y ait ou qu'il n'y ait pas de fragments dans les anfractuosités, au contact des couches des deux dépôts.

Les mêmes moyens peuvent jusqu'à un certain point s'appliquer aux roches d'origine ignée.

3° D'un côté les fragments et les cailloux roulés prouvent

évidemment la postériorité des dépôts qui les renferment à ceux dont ils proviennent, et fournissent ainsi un très bon moyen de distinction. D'un autre côté, la position, par rapport à leur plus grand axe, des galets qui se trouvent dans les couches, indique la direction et le sens de l'inclinaison des couches, dont la disposition est peu caractérisée, et permet alors de reconnaître la discordance ou la concordance de stratification entre deux dépôts.

Enfin, on comprendra facilement, si l'on réunit les détails qui précèdent à ceux qui vont suivre, qu'au moyen de la position des axes principaux ou des allures générales des dépôts, il est possible de déterminer les discordances les plus compliquées, les redressements, les renversements, les affaissements, etc. les plus complexes ; car les axes principaux, quels que soient les inclinaisons et les autres caractères élémentaires, se coupent toujours entre eux, lorsqu'ils dérivent de phénomènes qui ont eu lieu à des époques différentes.

Pour le moment, ces détails suffisent ; j'y reviendrai, lorsque je formulerai les princiqes de la détermination des terrains.

Soulèvements, affaissements, cassures et différentes oscillations du sol qui résultent des tremblements de terre, des phénomènes volcaniques, de la contraction de la partie inférieure de la croûte et plus généralement du refroidissement progressif du globe pendant notre époque.

Les faits généraux que présente le relief de la surface du globe, la structure de son écorce, ainsi que les modes de formation et les allures générales des matériaux, dont elle se compose, étant suffisamment établis, il importe de démontrer que la principale partie de ce relief est due à des effets dynamiques du globe, non seulement par une théorie générale et logiquement déduitedu refroidissement de notre planète, mais encore par des phénomènes plus ou moins généraux, plus ou moins énergiques qui se manifestent durant notre époque. A cet égard, comme pour d'autres parties de ce travail, je n'ai pas la prétention de présenter des considérations nouvelles : je me bornerai à rappeler les faits principaux et les plus nécessaires pour appuyer la théorie générale que je soutiens.

Les annales de la géologie font mention de soulèvements, d'affaissements, de cassures, en un mot de différents phénomènes dynamiques, qui ont affecté plus ou moins la croûte du globe à divers intervalles depuis les temps historiques.

Les effets divers que les tremblements de terre ont produits sous nos yeux, et ceux qui se trouvent dans les relations les plus authentiques, tendent à donner toute probabilité à ce qui nous est transmis des temps les plus reculés, quoique souvent nous puissions être conduits à indiquer les faits en d'autres termes. Qui oserait donner aujourd'hui un démenti formel à Pline rapportant, selon les historiens, que la Sicile fut séparée de l'Italie par un tremblement de terre, que l'île de Chypre fut séparée de la Syrie, etc.? Nous ne saurions même nier positivement l'existence de l'Atlantide ensevelie sous les eaux, suivant les traditions égyptiennes, en un jour et une nuit. Bien plus, l'ensemble des observations qui ont été faites, montre évidemment que des affaissements et des soulèvements immenses ont fait longtemps partie du mécanisme de la nature, pour arriver à la configuration que nous voyons aujourd'hui à la surface du globe. Je vais donc retracer, d'une manière générale, les phénomènes qui ont été relatés avec le plus de soin et d'exactitude.

Les tremblements de terre consistent dans une agitation plus ou moins violente du sol et accompagnée de bruits particuliers. Quelquefois cette agitation ne dure qu'un instant, et elle est si faible qu'on la ressent à peine, et qu'elle ne laisse aucune trace de son passage. D'autres fois, les secousses sont de plus longue durée, se renouvellent à la suite les unes des autres, et sont si violentes que le sol se fend en divers sens, que des montagnes entières s'écroulent, qu'il s'en élève de nouvelles, etc., etc.

Les tremblements de terre sont souvent précédés par des bruits sourds, des roulements souterrains, qui fréquemment se font entendre longtemps avant la catastrophe à laquelle ils préludent. Des trépidations plus ou moins violentes ont ensuite lieu pendant quelques minutes, ou quelques secondes seulement, et souvent se succèdent un certain nombre de fois avec plus ou moins de rapidité et plus ou moins de force ; dans certains cas elles se continuent, à divers intervalles, pendant plusieurs mois et même des années entières. Ces mouvements du sol sont de diverses sortes : tantôt ce sont des oscillations horizontales saccadées, plus ou moins rapprochées ; tantôt des secousses verticales, c'est-à-dire des soulèvements rapides et des affaissements successifs du sol ; ailleurs, ce sont des tournoiements divers. Souvent toutes les espèces d'ébranlements se réunissent à peu près dans le même temps, et rien, alors, ne peut échapper à la dévastation.

Quelquefois un tremblement de terre se trouve circonscrit dans un espace assez limité et même dans une localité très restreinte. D'autres fois au contraire, il peut se propager à des distances immenses et agiter une surface très considérable, comme l'a prouvé le fameux tremblement de Lisbonne, en 1755, qui s'étendit jusqu'en Laponie, d'une part, et jusqu'à la Martinique, de l'autre ; en travers de cette direction, il se fit sentir du Groënland en Afrique, où Maroc, Fez, Méquinez furent détruites : l'Europe entière en éprouva les effets au même moment. On peut même conclure, de l'exposé et de la comparaison des faits, que l'ébranlement s'est souvent étendu suivant un système plus ou moins développé d'arcs de grands cercles.

Les tremblements de terre font subir au sol d'importantes modifications; pour en donner la preuve, il me suffira de rapporter par extrait la relation écrite de ceux qui, en 1783, ont dévasté la Calabre. Le sol s'entrouvrit de toutes parts, souvent en longues crevasses, dont quelques unes avaient jusqu'à 150 mètres de large; il y en avait d'isolées, quelquefois de bifurquées et montrant fréquemment d'autres fissures perpendiculaires à leur direction ; d'autres étaient réunies en rayons vecteurs autour d'un centre, comme une vitre brisée. Les unes, ouvertes au moment de la secousse, se refermaient subitement; d'autres restaient invariablement béantes après la commotion, ou bien commencées par un premier ébranlement, s'élargissaient par les suivants. Dans un cas comme dans l'autre, on observa tantôt que les deux bords de la fente se trouvaient sensiblement sur le même plan, où qu'il s'y manifestait un bombement plus ou moins saillant ; tantôt qu'une des parties était beaucoup plus haute, de manière à montrer nécessairement que l'une d'elles était soulevée ou affaissée par rapport à l'autre. Ailleurs, il arriva que des étendues plus ou moins considérables de terrain s'enfoncèrent tout à coup, en laissant des gouffres à parois verticales de 80 à 100 mètres de profondeur.

Si l'action principale des tremblements de terre eut lieu sur le continent, entre Oppido et Soriano, les phénomènes se manifestèrent aussi jusqu'à Messine, à travers le détroit. Le fond de la mer s'abaissa et fut bouleversé en diverses places; le rivage fut déchiré par des fentes, et tout le sol, le long du port de Messine, s'inclina vers la mer en s'affaissant subitement de plusieurs décimètres; enfin, tout le promontoire qui en formait l'entrée, fut un instant englouti.

Les tremblements de terre qui ont eu lieu sur les côtes du Chili en 1822, 1835 et 1837, ont produit des soulèvements et des affaissements non moins remarquables.

Des circonstances analogues se sont manifestées dans l'Inde, en 1819 : une colline de 60 à 80 kilomètres de longueur, sur 20 à 25 kilomètres de largeur, s'éleva du sud-est au nord-ouest, au milieu d'un pays jadis plat et uni, en barrant le cours de l'Indus. Plus loin, au contraire, au sud et parallèlement à la même direction, le pays s'affaissa entraînant le village et le fort de Sindré, qui resta néanmoins debout, à demi-submergé.

On a observé que les tremblements de terre sont plus fréquents dans les contrées où il y a des volcans, que dans celles où il n'y en a pas ; ils sont plus communs aussi dans les pays de montagnes que dans ceux de plaines ; enfin, ils ont une certaine tendance à agir, durant un certain laps de temps, dans les lieux qu'ils ont déjà secoués.

Les tremblements de terre se prolongent sous les eaux de la mer, comme sous les autres parties émergées de l'écorce du globe ; et l'on sent que, si la croûte sur laquelle reposent les eaux est agitée, celles-ci participent au mouvement. Ces mouvements sont sensibles principalement sur les côtes : on voit la mer s'agiter, s'éloigner de la terre, y revenir avec violence (1).

---

(1) « Relativement aux côtes de la mer, dit M. Beudant, les phéno- » mènes sont souvent exprimés par les auteurs d'une manière particu- » lière ; rarement on trouve explicitement l'énoncé d'un soulèvement, et » c'est en d'autres termes que l'événement est indiqué, en rapportant » l'effet à l'élément le plus mobile. C'est ainsi que les auteurs annon- » cent tantôt que la mer s'est retirée plus ou moins loin, laissant son lit » à sec, soit pendant quelques instants, soit d'une manière permanente ; » tantôt, au contraire, qu'elle a envahi tout-à-coup des côtes plus ou » moins élevées. Nous traduisons ces indications par les expressions » oscillations du sol, si le phénomène n'est que passager, et par celui

Les phénomènes volcaniques ont la plus étroite liaison avec les tremblements de terre, et peuvent être regardés comme leurs derniers résultats, si l'on considère les tremblements de terre dans l'acception la plus large.

On entend par phénomènes volcaniques l'ensemble des circonstances qui amènent à la surface de la terre, des matières à l'état plus ou moins incandescent. Un volcan se compose donc : 1° d'une certaine quantité de substances minérales vomies, 2° de l'orifice d'où elles sont sorties et qu'on appelle cratère.

Le principal phénomène des volcans, l'éruption, consiste dans l'éjaculation, hors de la croûte terrestre, soit dans l'air, soit dans l'eau, de matières qui proviennent de l'intérieur du globe ou de son écorce. L'éruption est ordinairement accompagnée de beaucoup d'autres circonstances, notamment de mouvements du sol, tels que tremblements, soulèvements, affaissements; de dégagement de chaleur, de lumière, d'électricité ; de manifestation de bruits souterrains, etc. Dans tous les cas, les matières qui s'échappent des volcans arrivent au jour à l'état gazeux, liquide ou solide, c'est-à-dire à l'état de fumée, de laves, de cendres, de scories et de blocs plus ou moins volumineux.

» de côtes soulevées ou affaissées, s'il est permanent, parce que nous » rapportons ces effets aux parties solides du globe, et non à la mer, » dont le niveau est invariable; cependant, il faut remarquer que, si ces » phénomènes passagers peuvent être attribués quelquefois à des oscil» lations du sol, ils peuvent provenir aussi d'un mouvement réel impri» mé aux eaux de la mer, et tenir peut-être à l'une et l'autre cause. » Nous savons en effet, que pendant les tremblements de terre, la mer » est violemment agitée, que ses eaux, soulevées à des hauteurs plus » ou moins considérables, font parfois d'affreuses irruptions dans les » terres, s'avançant et se retirant tour-à-tour, et portant la dévastation » sur un espace plus ou moins considérable. Ces mouvements impétueux » d'aller et de retour, se joignant aux dislocations subites que les com» motions souterraines produisent dans l'écorce solide du globe, peuvent

Les phénomènes volcaniques donnent généralement naissance à des élévations plus ou moins considérables, mais qui paraissent se former de diverses manières. Les unes consistent dans des espèces de cônes tronqués, ayant à leur partie supérieure la cavité dont j'ai déjà parlé sous le nom de cratère. Elles sont une conséquence simple et immédiate des éruptions; car on comprend que les matières lancées dans l'air ou dans l'eau, doivent, en retombant, à peu près sur elles-mêmes, former une élévation conique, sur l'axe de laquelle la continuation du phénomène de l'éruption doit entretenir une bouche, par laquelle le volcan vomit les matières. Néanmoins, les flancs de la montagne n'offrent pas toujours une résistance suffisante pour que les matières liquides, poussées de bas en haut, s'élèvent jusqu'au sommet; alors les flancs s'entr'ouvrent et laissent échapper des coulées plus ou moins abondantes : c'est ce qui a ordinairement lieu dans les grands volcans, où il est très rare de voir les laves sortir par le cratère. D'autres fois, les élévations se forment par le simple soulèvement des matières qui les composent. La plupart des volcans produisent donc par l'accumulation des matières en fusion et par le soulèvement du sol, des montagnes coniques à cratères. Or, ce qui se passe ainsi sur la terre, a lieu également au fond des mers.

Si l'on ne connaît qu'un petit nombre de volcans sous-marins ou apparaissant au milieu des eaux, c'est parce qu'on a peu d'occasions de les observer, et que leur apparition, toujours suivie d'une destruction plus ou moins prompte, n'a laissé que des traces incertaines; souvent même ils se sont à peine élevés jusqu'à la superficie des eaux, et n'ont été qu'imparfaitement remarqués. En effet,

---

» donner lieu aux dégâts les plus épouvantables. L'histoire de l'archipel » grec, des îles du Japon, d'une multitude de localités, se trouve remplie de désastres produits par ces catastrophes. »

les marins ont pu voir la mer plus ou moins agitée et échauffée, dans les parages où ces phénomènes se développaient ; ils ont pu voir les flots agités par des colonnes de fumée ou par des matières fragmentaires; mais c'est seulement lorsque ces amas de substances solides se sont élevés au-dessus des eaux, qu'ils ont pu réellement en constater l'existence.

Il y a des soulèvements qu'on peut regarder comme résultant d'éruptions, où les matières solides, au lieu d'être lancées en l'air, sont simplement poussées de bas en haut d'une manière analogue à ce qui se produit dans le phénomène des taupinières ; mais il paraît, d'après M. de Buch, qu'il y en a aussi qui doivent leur origine à une cause, bien plus importante sous le rapport des conséquences que l'on peut en tirer. Les élévations coniques formées par les éruptions volcaniques, se trouvent souvent au milieu d'une espèce de cirque ou bassin circulaire, dont les flancs, généralement escarpés, sont plus ou moins interrompus. Or, l'on a été porté à voir dans les cirques le résultat d'un soulèvement occasionné par des matières qui, poussées de bas en haut, comme celles des éruptions, n'auraient pu, à l'instar de ces dernières, se faire jour, et auraient, en conséquence, soulevé la masse sous laquelle ces matières produisaient leur effort; de là le nom de cratères de soulèvement donné à ces cirques.

Si les phénomènes volcaniques font sortir de terre des montagnes entières, ces phénomènes en font aussi disparaître; car on voit quelquefois des parties du sol s'affaisser, et surtout des cônes volcaniques s'écrouler avec un fracas épouvantable.

Les volcans ne sont pas toujours en activité; ils ont, au contraire des interruptions plus ou moins longues; et l'on désigne par le nom de volcans éteints ceux que les hommes ne se souviennent pas d'avoir vu en état d'éruption, et qui, cependant, ressemblent aux volcans en activité. Ces derniers sont beaucoup moins abondants que les volcans éteints, et le plus souvent ils se trouvent au milieu d'un groupe de ceux-ci, dont ils paraissent être les restes. Néanmoins, les intermittences, qui existent entre les éruptions des volcans en activité, sont cause qu'on ne peut point assurer qu'un volcan, regardé comme éteint, ne se remettra plus en activité : il paraît même que plus les interruptions sont longues, plus les éruptions sont violentes. En un mot, lorsque les éruptions durent longtemps sans interruption, elles n'ont plus autant de caractères dévastatateurs, et elles se resserrent dans certaines limites.

Parmi les nombreuses éruptions volcaniques, je citerai celles qui se rattachent au Monte-Nuovo et au Jorullo.

Relativement au Monte-Nuovo formé en 1538 au fond de la baie de Baïa, sur la côte de Naples, de violents tremblements de terre duraient depuis deux ans : les 27 et 28 septembre ils ne laissèrent aucun repos, ni jour ni nuit ; la plaine qui se trouve entre le lac Averne, le monte Barbaro et la mer, fut soulevée, diverses crevasses s'y manifestèrent, etc. (1). On vit alors une grande étendue de terrain s'élever, et prendre subitement la forme d'une montagne naissante ; dans la nuit du même jour, ce monticule s'ouvrit avec grand bruit et vomit des flammes, des ponces, des pierres et des cendres (2).

Le 29 septembre 1759, après deux mois de tremblements de terre, près de la ville d'Ario, au milieu d'une plaine couverte de cannes à sucre et d'indigo, traversée par deux ruisseaux, il se forma en une nuit, une gibbosité de 160 mètres de hauteur vers le centre, couverte par des

(1) Pietro Giacomo di Toledo.
(2) Porzio.

milliers de petits cones fumants, au milieu desquels s'élevèrent six grandes buttes, placées sur une même ligne dans la direction des volcans de Colima et de Popocatepelt. La plus haute de ces buttes, nommée Jorullo, avait plus de 500 mètres au-dessus de la plaine; de ses flancs il s'échappa une assez grande quantité de laves (1).

Ne pouvant faire ici l'histoire complète des volcans, sans sortir du cadre tracé à mon travail, je renverrai pour d'autres détails aux divers traités de géologie, notamment à celui qui a été écrit par M. Beudant. En réunissant les considérations précédentes à celles que j'exposerai plus loin et aux développements contenus dans les autres ouvrages, on aura une connaissance complète des phénomènes volcaniques, considérés dans leur ensemble et dans leurs détails. Pour l'objet que je me propose actuellement, il me suffit de faire ressortir les principaux phénomènes physiques et dynamiques, puis de les rattacher tous à la théorie de la chaleur centrale, principe unique des grands phénomènes géologiques.

Les volcans n'ajoutent annuellement qu'une petite quantité de matière à l'écorce du globe; d'un autre côté, les soulèvements et les dislocations auxquels ils donnent lieu, changent peu le relief des contrées où leur action se manifeste. Cependant, si l'on fait attention qu'un grand nombre de volcans agissent depuis les temps historiques, et qu'un nombre plus considérable encore a agi antérieurement, on est conduit à penser que les matières volcaniques doivent avoir acquis une grande importance, et que leur apparition et leurs effets ont dû apporter de grandes modifications à la surface du globe.

On reconnaîtra plus loin que les reliefs formés par les volcans peuvent être groupés en différents ordres et ratta-

---

(1) M. Alex. de Humboldt.

chés à des phénomènes généraux, mais il serait inutile, vu l'objet spécial de ce travail, de s'arrêter à des détails qui découlent naturellement d'une interprétation générale.

D'après l'ensemble des considérations précédentes, on voit que les phénomènes volcaniques de l'époque actuelle représentent seulement le dernier terme d'une longue série d'émissions ignées, qui ont eu lieu depuis que le globe terrestre se trouve dans les conditions astronomiques où il est maintenant.

Le phénomène des soulèvements et affaissements lents a beaucoup occupé les anciens naturalistes; ils supposaient une diminution des eaux de la mer, c'est-à-dire un abaissement de son niveau. En 1731, l'académie d'Upsal entreprit de vérifier le fait.

On fit des entailles sur des rochers situés au niveau de la mer, et après quelques années il fut démontré qu'elles se trouvaient de plusieurs centimètres au-dessus du niveau des eaux; d'où l'on conclut l'abaissement de la Baltique, ce qui entraînait celui des mers voisines. Cependant cette conclusion trouva, au moment même, des contradicteurs, et l'on multiplia les observations, qui ont été continuées jusqu'à nos jours. Il en est résulté, en effet, que dans plusieurs points, il y a eu dépression apparente et continue du niveau de la mer; mais il a été constaté aussi que cette dépression n'est pas la même partout. Sur quelques points elle a été de plusieurs centimètres dans l'espace de peu d'années, et sur d'autres seulement de quelques millimètres; dans certaines parties de la côte les faits se présentent comme si le niveau de la mer s'était abaissé, tandis que dans d'autres, par exemple sur les côtes de Scanie, le niveau apparaît au contraire comme s'étant élevé, car les marques faites jadis à fleur d'eau se trouvent maintenant au-dessous. La conclusion définitive de ces faits contradictoires, est que le niveau de la Baltique, comme celui des autres mers, n'a pas changé ; mais qu'en Finlande, et dans une grande partie de la Suède, le terrain s'élève graduellement, sans secousse apparente, tandis que dans la partie méridionale de la presqu'île il s'affaisse de la même manière.

Je viens d'indiquer l'affaissement lent et progressif des côtes de Scanie, affaissement attesté, d'une manière irrécusable, par des épreuves commencées du temps de Linné, et par divers faits historiques. On en a aussi d'autres exemples sur une échelle plus étendue ; et il est hors de doute aujourd'hui que, depuis quatre siècles au moins, la côte occidentale du Groënland s'est continuellement abaissée, sur une longueur de plus de 800 kilomètres du nord au sud; d'anciennes constructions, tant sur des îles basses que sur le continent, ont été graduellement submergées, et fréquemment on a été dans la nécessité de repousser plus loin dans les terres divers établissements formés près du rivage. On a également indiqué des affaissements dans certaines îles du grand Océan, et particulièrement dans la mer des Indes et dans les îles de la Sonde ; mais dans ces lieux, si rarement visités par les géologues, les faits ne sont pas encore suffisamment établis.

Les côtes ainsi que les îles de la Vendée et de la Bretagne nous offrent les traces de nombreuses oscillations, qui ont eu lieu depuis l'existence de l'homme. Ici on acquiert les preuves d'un affaissement ; là, au contraire, on trouve celles d'un soulèvement; dans tel endroit, les attérissements et autres dépôts ont forcé les eaux à se retirer; tandis qu'à tel autre endroit, la mer a rongé et envahi des parties du sol : en sorte que les phénomènes sont très variés dans cette partie des côtes de l'Océan, et qu'il est important de bien les distinguer, afin de ne pas confondre leurs causes, et de ne pas attribuer à des oscillations du sol des résultats qui dépendent d'un autre ordre de phénomènes. Je ne crois pas devoir entrer dans des détails descriptif à ce sujet, d'autant plus que j'en ai exposé une partie dans divers mémoires (1).

(1) Voyez notamment : 1° *Quelques mots sur les iles voisines des côtes de la France, et en particulier sur l'ile de Noirmoutier*; 2° *Notice sur les terrains d'attérissement et en particulier sur les buttes coquillères de Saint-Michel en l'Herm* (Extraits du dictionnaire pittoresque d'histoire naturelle).

Pour confirmer mes assertions j'ajouterai ici l'extrait suivant d'une notice sur l'île de Sein que vient de publier M. de la Pylaie.

« Le 31 janvier 1846, j'ai quitté le continent pour faire une seconde » visite à l'île de Sein qui m'avait déjà retenu pendant quarante jours » en 1822, par les attraits de sa flore pélagienne. Depuis ce temps sa po- » pulation s'est accrue d'un sixième, étant aujourd'hui de cinq cents » habitants environ, tandis que l'île, dévorée par l'Océan, perd annuel- » lement de son étendue. Dans deux siècles, il n'en restera peut-être » que des lambeaux, car, à peine ai-je reconnu l'isthme de Menec, qui » rattache sa partie occidentale, c'est-à-dire celle de Saint-Corentin, ou » du phare, à celle du port.

. . . .

» Son extension vers le levant ne forme plus que l'espèce d'îlot nom- » mé Kelaourou, sur lequel j'ai rencontré aussi des pierres celtiques » analogues à celles qui avoisinent la croix. Le môle, composé des ga- » lets qui entourent le port du côté du midi, se trouve en même temps » son bouclier contre les flots et les vents qui arrivent du large : il joi- » gnait autrefois l'îlot de Kelaourou; mais il nous offre aujourd'hui une » large rupture contre cet ilôt, à laquelle on a donné le nom de pont » de Kelaourou. Cette brèche est couverte au quart de la marée mon- » tante. L'autre portion du môle, qui confine à l'île de Sein, n'étant pas » moins attaquée par l'Océan, il est bien à craindre que les flots ne s'y » ouvrent un passage, car le port serait perdu ! à chaque gros temps il » est en danger.

» L'Océan empiète si fort sur l'île de tous côtés, que les anciens ont » vu des jardins sur le plateau granitique de Bré-ar-Roc'h, au N.-E. du » phare ; il y en avait également sur celui qui rattachait le sol du bourg » au rocher nommé le Guerveur, et qui ont été emportés depuis mon » premier voyage : on aperçoit encore les débris de leurs clôtures. Si ces » envahissements continuent, la mer atteindra bientôt le pied du phare, » car l'attérissement de galets, qui forme la limite des grandes marées » est plus élevé que le sol sur lequel repose l'édifice. La mer a déjà en- » touré trois fois les champs qui l'avoisinent, savoir : deux fois en 1838 » et la troisième en 1842. Cette dernière marée n'était que de 1 m,10 ; » mais elle avait été favorisée par les vents du S.-O. Celle du 25 février

Les mesures barométriques prises dans les Andes par M. Boussingault indiquent toutes des hauteurs moindres que celles qui ont été observées trente ans auparavant par M de Humboldt; ces différences se trouvent toutes dans le même sens, ce qui montre assez qu'on ne peut les attribuer à des erreurs d'observation. Il semble en résulter que, dans les montagnes de ce continent, il s'est opéré un affaissement dans cet espace de temps, ce qui s'accorderait d'ailleurs avec une autre observation importante, celle de l'élévation apparente de la limite inférieure des neiges dans ces contrées.

Un des caractères des soulèvements et des affaissements qui ont lieu de nos jours, c'est la présence, à la surface des rochers mis à nu ou recouverts par les eaux, de diverses coquilles qui vivent ordinairement fixées à fleur d'eau, comme les balanes, les moules, etc., ou bien celle de quelque dépôt coquillier identique avec ceux qui se forment journellement au fond des mers voisines, ou enfin celle des madrépores qui vivent à une profondeur déterminée.

En creusant un canal, près de Stockolm, on a trouvé des débris de vaisseaux très anciens au milieu des lits de sa-

---

» dernier, quoique de 1 m, 13, étant restée un peu au-dessous de la ceinture des galets, qui protége le sol en culture des parties basses, n'a » point occasionné d'autre préjudice que le renversement de quelques » clôtures.

» L'île devait évidemment s'étendre autrefois sur tout le haut-fond » qui se prolonge jusqu'à l'îlot de rochers appelé Milinou, à l'O.-N.-O. » du phare, c'est-à-dire à deux kilomètres à l'occident; ce nom semble » indiquer qu'il fut l'emplacement de quelques moulins à vent. Un vieillard de quatre-vingt-dix-sept ans, disait à Jeanne Chouart, sa fille, » qui en compte maintenant quatre-vingt-cinq, que dans son enfance, » il allait cueillir de la poirée dans un jardin situé près le rocher nommé le Goelvan, à deux kilomètres de la petite île de Guilaou, au S.-E. » du port.

» J'ai rencontré à l'E. du phare un reste de fondation de muraille à » chaux et sable qui m'a paru ancienne. »

ble, d'argile et de marne remplis de coquilles semblables à celles qui vivent dans la Baltique. Ainsi, quoique les côtes de la Suède se soulèvent lentement, toute cette contrée, jadis sous les eaux, et où sont venus se perdre quelques bâtiments, a été soulevée depuis l'existence de l'homme, c'est-à-dire depuis que l'Océan est invariable. Il devient dès lors évident que le dépôt coquillier d'Uddewalla, à 70 mètres au-dessus du niveau de la mer, où l'on reconnaît encore des débris organiques de la Baltique, et où M. Brongniart a trouvé des balanes fixées aux rochers, comme sur la côte actuelle, est également un résultat de soulèvement. On doit en dire autant des dépôts analogues qu'on trouve sur les côtes de Norwège jusqu'en Laponie, et de beaucoup d'autres qu'on rencontre sur les côtes de l'Angleterre, dans les îles du grand Océan, etc.

Sur la côte de Pouzzoles, on voit, à 7 mètres au-dessus de la mer, des dépôts de coquilles, semblables à celles qui vivent encore dans la Méditerranée, dans lesquels se trouvent des débris de poteries, des fragments de sculptures; or, le niveau de cette mer n'a pas changé depuis les Phéniciens; par conséquent, c'est un soulèvement, effectué depuis l'apparition de l'homme, qui a mis ces dépôts au jour. En Sardaigne, il existe des dépôts semblables, mais plus élevés. Dans les mêmes contrées on voit aussi des collines qui atteignent jusqu'à 700 mètres de hauteur, où l'on ne trouve plus, à la vérité, de débris de l'industrie humaine, mais où l'on rencontre encore les mêmes coquilles méditerranéennes que dans les premières, et quelquefois avec leur couleur. Ce fait conduit à admettre que ces dépôts ont été soulevés du sein des eaux, tout aussi bien que les autres, mais seulement à une époque probablement antérieure à l'homme dans la contrée. Il faut attribuer la même origine à beaucoup d'autres dépôts analogues qu'on trouve sur les côtes de

Sicile, de Sardaigne, des États-romains, de la Toscane, de la France et de l'Espagne. Enfin la même conséquence s'applique à ce qu'on observe sur les côtes de l'Océan, en France, en Angleterre, aux Antilles, à Timor, à la Nouvelle-Hollande et dans plusieurs Iles de la mer du Sud. On y reconnaît des plages de sable à diverses hauteurs, des dépôts calcarifères, des calcaires même, remplis de coquilles marines semblables à celles qui vivent dans les mers voisines, des huîtres et des balanes fixées aux rochers, enfin des bancs de polypiers, identiques avec ceux de nos jours, et le tout élevé plus ou moins au-dessus du niveau des mers.

On trouvera d'autres faits très intéressants et des preuves irrécusables des oscillations du sol, qui ont eu lieu, depuis l'existence de l'homme sur le globe, dans les divers traités de géologie ; je signalerai surtout pour l'étude de ces questions, l'excellent ouvrage que M. Élie de Beaumont publie sous le titre de leçons de géologie pratique (1).

---

(1) Quoiqu'il soit inutile de multiplier les détails et les citations, j'ajouterai néanmoins quelques considérations relativement au phénomène présenté par les ruines du temple de Sérapis; elles sont empruntées aux éléments de géologie de M. Beudant.

» C'est à des événements de même genre que se rapporte le phéno-
» mène du temple de Sérapis, sur la côte de Pouzzoles, qui a donné lieu
» à tant de controverses parmi les géologues. Il ne reste de cet antique
» monument que trois colonnes de marbre, debout sur un sol qui est à
» peu près au niveau de la mer. Or, d'une part, il n'est guère vraisem-
» blable que ce temple, d'ailleurs construit avec un grand luxe d'archi-
» tecture, ait été placé de manière que le sol en fût constamment cou-
» vert d'eau, pas plus qu'il n'est probable que la voie antique de Baja,
» les édifices élevés par Agrippa, plusieurs autres antiquités qui se trou-
» vent aujourd'ui en tout ou partie sous les eaux, aient été construits
» dans cette position. D'un autre côté, les trois colonnes qui restent de-
» bout, présentent, à 3 mètres au-dessus du pavé et sur une hauteur
» de 2 mètres, une zône perforée par des coquilles lithophages, ce qui
» n'a pu avoir lieu que sous les mers. Ainsi ce temple construit sur un
» endroit constamment à sec, à quelque hauteur que ce soit, s'est trou-

En résumé, il est maintenant bien établi que les tremblements de terre, les phénomènes volcaniques, etc. sont capables de produire d'importantes modifications à la surface de la terre; que de nos jours des contrées ont pu être soulevées sensiblement au-dessus du niveau des mers, et que, par opposition, il s'opère des affaissements graduels et des enfoncements subits. Or, s'il est démontré que dé nos jours il y a eu des affaissements et des soulèvements du sol, l'observation montre évidemment aussi qu'il s'en est fait également à toutes les époques; seulement ils ont eu lieu sur des échelles différentes.

Soulèvements, affaissements, cassures et différentes oscillations du sol qui résultent des tremblements de terre, des phénomènes volcaniques, de la contraction de la partie inférieure de la croûte et plus généralement du refroidissement progressif du globe antérieurement à notre époque.

Quelle que soit, dit M. Beudant, la hauteur à laquelle nous puissions reconnaître des dépôts fluviatiles, il n'y a rien qui doive nous étonner; car nous concevons parfaitement qu'à diverses époques il ait pu exister des lacs à tous les étages de nos continents, comme il s'en trouve encore aujourd'hui, et qu'après leur écoulement les dépôts soient restés à sec sur le sol. Mais on trouve aussi à toutes les hauteurs des dépôts marins, en couches puissantes, et

» vé plus tard sous les eaux jusqu'à 5 mètres, et de nouveau a été re- » mis au niveau de la mer. Or, puisque la Méditerranée n'a pas changé » de niveau, c'est aux oscillations du sol qu'on peut uniquement rap- » porter ce phénomène. Il est probable que le terrain s'est trouvé d'a- » bord à une certaine hauteur au-dessus du niveau de la mer, et que » c'est alors que toutes les antiquités dont nous voyons les restes ont été » construites; que plus tard, il s'est fait un affaissement dont nous » ignorons la valeur, et qu'enfin un soulèvement de 5 mètres, qui a été » jusqu'à 7 en quelques points, a remis le temple à sec en laissant les » autres édifices en partie submergés; ce qui prouve que l'affaisse- » ment avait été plus fort et plus étendu que le dernier soulèvement. »

qui n'ont pu évidemment se former que sous les eaux de la mer; c'est pourquoi, il faut admettre de deux choses l'une, ou que les mers ont été élevées à une certaine époque au-dessus de ces points, et pendant assez longtemps pour y former des couches puissantes, ou bien que ces dépôts, formés au-dessous du niveau actuel, ont été ensuite élevés du fond des mers jusqu'à la hauteur où ils se montrent. Or, rien de ce qu'on observe dans les phénomènes de l'époque actuelle n'autorise à supposer que les mers aient pu se trouver autrefois à une pareille élévation, pendant une durée suffisante pour y former des dépôts considérables, puisque leur niveau n'a pas changé depuis les temps historiques. En conséquence, il ne reste d'admissible que l'hypothèse des soulèvements, car cette hypothèse est appuyée sur les faits qui se passent de nos jours.

Les dépôts arénacés, les dépôts vaseux et les dépôts coquilliers qui se forment sous les eaux, sont généralement en couches sensiblement horizontales. On les trouve souvent disposés de la même manière à la surface émargée du globe, et l'on reconnaît alors que les galets aplatis, les valves d'huîtres ou d'autres coquilles disloquées, sont déposés à plat, et que les coquilles turriculées sont généralement couchées sur leurs longueurs; mais on trouve souvent aussi ces dépôts en couches plus ou moins inclinées dans certaines parties de leur étendue, et quelquefois entièrement renversées; néanmoins on y reconnaît encore tous les caractères qui démontrent leur horizontalité primitive, car les plus grands axes des débris de coquilles et des galets y sont disposés parallèlement aux plans des couches. Outre cela, il existe des dépôts qui renferment des géodes d'agates, dans lesquelles on voit des stalactites dont le plus grand axe est plus ou moins incliné, ce qui est directement opposé à la manière dont se produisent ces sortes de configurations.

Il résulte donc des faits précédents que les dépôts ne se sont pas formés en couches redressées : car, d'un côté, les débris de coquilles et les galets auraient dû culbuter pour se placer en équilibre stable, ou rouler au pied des talus; d'un autre côté, les stalactites se seraient formées suivant la verticale.

Lors de la manifestation des tremblements de terre et des phénomènes volcaniques, les crevasses qui se forment dans le sol, résultent de l'effet des soulèvements, des affaissements, en un mot, des mouvements de l'écorce. Par suite, le sol ne se trouve plus, dans le voisinage des fentes, sur le même plan que le reste de la contrée, et souvent les bords opposés des fentes sont plus élevés les uns que les autres; c'est ce fait qui caractérise les failles nombreuses que présente la croûte du globe.

Or, si le sol a éprouvé un mouvement assez énergique, et s'il en conserve l'empreinte, il faut que les couches aient été dérangées de leur position ; par conséquent, lorsque, dans un dépôt à couches horizontales, il se fait une fente en ligne droite, il faut que les couches se trouvent inclinées de part et d'autre sur toute sa longueur, comme les deux pentes d'un toit dans sa position naturelle ou renversée. Quand il se fait plusieurs fentes divergentes, les lambeaux des dépôts doivent s'incliner symétriquement autour de l'axe de soulèvement ou d'affaissement. De plus, on trouve, dans certaines contrées, des parties qui, d'abord soulevées, puis crevées au sommet, présentent relevés autour de leur axe tous les dépôts qui se montrent en couches horizontales dans le reste de ces contrées.

Si un grand nombre d'îles, dans les mers du sud, paraissent dues à des rescifs madréporiques, que des soulèvements auraient portées ensuite à une hauteur plus ou moins considérable au-dessus des eaux, il en est d'autres qu'on est tenté de regarder comme des restes d'anciens continents, dont la plus grande partie se serait affaissée sous les eaux. Ce sont notamment celles où vivent aujourd'hui cantonnés un certain nombre d'animaux particuliers, qu'on ne retrouve pas ailleurs, et que dès lors on ne sait d'où faire venir en admettant seulement des soulèvements, ni comment faire passer d'une île dans une autre, quand ils sont communs à plusieurs.

Quoiqu'il en soit, on verra bientôt et l'on a déjà vu que les soulèvements et les affaissements qui, de prime abord, paraissent former deux ordres de phénomènes essentiellement différents, loin de s'exclure mutuellement, sont au contraire co-relatifs et la conséquence nécessaire les uns des autres. Le phénomène premier, c'est-à-dire l'affaissement, ou produit un mouvement de bascule, ce qui donne lieu à un soulèvement, ou il figure relativement un soulèvement. Réciproquement, des résultats inverses se manifestent lorsqu'il se produit d'abord un soulèvement, ce qui est le cas accidentel ; encore n'est-il pas certain qu'il n'y ait pas eu, avant, affaissement en quelques points.

Relativement à la distinction qu'on peut faire entre les soulèvements et les affaissements, ainsi qu'à la co-relation qui existe nécessairement entre ces deux genres d'effets, si l'on interprète convenablement les phénomènes, je me bornerai aux détails qui précèdent ; mais je ne dois pas oublier de renvoyer aux judicieuses considérations qui ont été développées sur ce sujet par M. C. Prévost (1).

Quant aux affaissements accidentels, ou abaissements, si les dépôts subséquents à un abaissement remplissent le vide formé, on peut connaître l'âge de ces derniers lorsque l'abaissement s'est effectué au milieu ou sur une partie d'un dépôt. Dans le premier cas, les deux côtés de ce dépôt seront restés à leur niveau originaire ; dans le second, la

(1) *Bulletin de la Société géologique de France*, T. XI, pag. 183 à 204.

même chose sera arrivée pour une partie du dépôt. Deux failles et une stratification discordante seront la caractéristique du premier accident; une faille et une stratification semblable, celle du second. Mais il peut aussi arriver que la partie non abaissée ait chevauché: alors, le dépôt subséquent pourra se placer sur elle, tantôt en stratification contrastante, tantôt en stratification concordante. Or, dans ce dernier cas, si le redressement est faible, il sera difficile d'acquérir une connaissance complète de l'accident, ou du moins son âge ne sera pas aisé à déterminer.

Le redressement des couches est souvent accompagné de ruptures visibles, mais il se fait fréquemment aussi sans aucune dislocation apparente. On reconnaît ce résultat soit dans des monticules isolés, soit dans des massifs très étendus, qui présentent alors des côtes plus ou moins saillantes, ou des lignes anticlinales, formées par des couches relevées de part et d'autre comme les deux pentes d'un toît. Cette circonstance offre encore des effets comparables à ceux qu'occasionnent les fentes, mais produits dans ce cas sur des couches susceptibles d'un certain degré de flexibilité : on voit diverses crêtes parallèles, et qui laissent entre elles des vallées plus ou moins larges, sur les deux pentes desquelles les couches se trouvent relevées. Il en résulte de grandes ondulations de couches, qu'on remarque surtout dans les escarpements produits par les divers déchirements, ou cluses, qui coupent transversalement les crêtes en beaucoup de lieux. Ces ondulations en grand ne sont interrompues que par les déchirements cratériformes des sommets.

A l'égard des contournements, il semble parfois que les couches, à un certain état de flexibilité, ou peut être à l'état pâteux, ont été plutôt comprimées en deux sens opposés que soulevées ou affaissées : divers faits qu'on observe dans les dépôts de matière à structure schisteuse prouvent la justesse de cette hypothèse. En effet, on voit souvent que les feuillets de ces dépôts, au lieu de se continuer sur un même plan, horizontal ou incliné, se trouvent tous extrêmement contournés ou repliés sur eux-mêmes en zigs-zags, sans cesser d'être parallèles.

Les compressions dont il est question sont dues tantôt à la résistance ou au poids des dépôts supérieurs, tantôt à la sortie de matières ignées, tantôt à d'autres causes qu'il devient facile de spécifier d'après les circonstances offertes par les localités.

En parlant des soulèvements du sol qui forment les protubérances de la surface du globe, j'ai supposé, pour ainsi dire, que ces soulèvements avaient lieu sous le sol émergé, puisque j'ai considéré seulement les continents et les îles; cependant, s'il se formait une protubérance, un affaissement quelconque, il est probable que le soulèvement ou l'affaissement se rapporterait au sol submergé et par conséquent s'effectuerait sous les eaux, car les mers ont une étendue plus grande que celle des terres. Or, s'il se produisait, sous les eaux, une ligne de fractures longitudinales, accompagnées de dislocations transversales, ces eaux seraient agitées nécessairement avec plus ou moins de violence, selon la rapidité du soulèvement, le volume ainsi que la hauteur des masses redressées et disloquées. Tous les fragments détachés seraient entraînés à des niveaux inférieurs; le fond des vallées serait rempli de débris, et une grande quantité en pourrait être transportée de chaque côté de la chaîne de montagnes sous-marines. Plus l'eau serait dense et chargée de matière tenue en suspension mécanique, plus les courants pourraient transporter avec facilité des fragments volumineux, d'après la moindre différence entre les pesanteurs spécifiques des blocs et de l'eau qui les charrierait. La surface de la chaîne offrirait de grandes aspérités; mais, s'il y avait une profondeur d'eau suffisante, les détritus mécaniquement suspendus se déposeraient successivement, les plus ténus se plaçant à la partie supérieure des nouvelles couches.

En admettant qu'une chaîne de montagnes ainsi formée sous les eaux vînt à être émergée graduellement, elle serait d'abord assujétie, près de la surface, à l'action des marées, des courants et des vagues; il y aurait encore un grand déplacement de matériaux, surtout dans les parties non consolidées. Si l'émersion s'opérait plus brusquement, l'action destructive serait plus grande encore. Mais, dans les deux cas, dès que la chaîne de montagnes paraîtrait au-dessus des eaux, elle serait assujétie aux actions atmosphériques et à toutes les dégradations qui en sont la conséquence. Les inégalités des grandes vallées donneraient naissance à des lacs, qui seraient peu à peu remplis au moyen des détritus charriés par les eaux; les flancs des montagnes seraient entamés, et l'ensemble des effets produits après un certain laps de temps ressemblerait tellement à ceux que j'ai décrits plus haut, qu'on ne pourrait guère décider si les dislocations originaires ont eu lieu dans l'atmosphère ou sous les eaux. Cependant, si des dépôts détritiques s'étaient formés dans les grandes lignes des vallées, et si ces dépôts contenaient des fossiles marins, on ne pourrait révoquer en doute que le fond au moins de ces vallées ait fait partie jadis d'une chaîne de montagnes sous-marines, et qu'un tel état de choses ait duré un temps assez considérable pour permettre le dépôt tranquille des couches observées.

Dès lors, soit que les chaînes de montagnes surgissent au fond des mers ou sur les continents, il doit y avoir une grande quantité de matières solides enlevée à leurs masses; mais cela arrivera principalement, dans le cas où des dislocations auront porté immédiatement dans l'atmosphère une partie du fond des mers, puisqu'il se produira, dans ce cas, des vagues d'une grande puissance destructive et d'une hauteur proportionnée à la force disloquante, qui s'introduiront dans les fentes nouvellement formées, et qui en arracheront des débris. Cependant, les cours d'eau qui ont produit les effets nombreux qu'on observe dans les chaînes de montagnes, doivent provenir en général de causes atmosphériques; car les érosions y portent l'empreinte d'une action longtemps continuée de petits cours d'eau doués d'une grande rapidité, et les matières de transport qu'on trouve dans les montagnes mêmes, y sont disposées comme le seraient naturellement les dépôts de ces cours d'eau. On pourrait en conclure que nous avons-là un moyen de mesurer le temps depuis lequel une chaîne de montagne est émergée, en le calculant d'après la quantité de détritus accumulée dans une position donnée. Mais un examen plus approfondi montrera facilement que de semblables résultats sont beaucoup trop compliqués pour donner lieu à autre chose qu'à des conclusions très générales.

Les couches appuyées horizontalement sur les flancs des montagnes, annoncent que les mers sont venu battre successivement le pied des escarpements produits par les soulèvements antérieurs; de là les expressions de mer de tel ou tel terrain, comme mer crétacée, mer jurassique, etc., qui indiquent les eaux sous lesquelles chacun de ces dépôts sédimentaires s'est formé. L'absence d'un terrain dans une contrée annonce généralement que le terrain précédent était, lors de la formation de l'autre, au-dessus des mers dans cette contrée. Mais il arrive aussi que les parties qui se trouvaient à sec en un certain moment, ont été ensuite recouvertes par des sédiments plus modernes; d'où il faut conclure qu'elles se sont affaissées pour recevoir ces nouveaux dépôts.

Des crises violentes, accompagnées d'élévations de chalnes de montagnes, et suivies de mouvements impétueux des mers, capables de désoler de vastes étendues de la surface du globe, paraissent avoir, pendant un laps de temps immense, fait partie du mécanisme de la nature. Il est donc naturel d'admettre que les phénomènes qui se sont manifestés, à un grand nombre de reprises, depuis les périodes les plus anciennes jusqu'aux périodes les plus modernes, auront encore lieu plus tard. D'un autre côté, depuis qu'on voit dans les volcans et dans les tremblements de terre un effet du refroidissement de l'intérieur du globe, on a pensé que la même cause, qui secoue brusquement de grandes portions de cette écorce, et qui fait jaillir de grandes coulées de laves à l'extérieur, peut soulever, d'une manière lente et successive, une contrée plus ou moins étendue.

Les soulèvements et les affaissements ont donné à la majeure partie des couches leur inclinaison et leur plissement; ils ont formé presque la totalité des rides et des cavités de la surface terrestre. Vu la forme sphéroïdale du globe, les affaissements et les soulèvements principaux ou normaux décrivent à sa surface des arcs de grands cercles; c'est donc sur une sphère et non sur une carte qu'il faut étudier les résultats de ces phénomènes; alors on apercevra des liaisons entre des chaînes, en apparence sans aucune connexion, comme entre des golfes, des baies, des détroits ou des lacs. Les redressements les plus extraordinaires sont ceux où il y a eu renversement complet des dépôts. Les affaissements et les fendillements proprement dits ont donné lieu surtout à la formation d'une grande quantité de cavités, de filons, de gorges, de défilés, de cluses, de vallées, de lacs et même à une partie des bassins des mers. Le caractère du pourtour des portions affaissées du sol est de présenter des escarpements, ou des coupes verticales, tournés vers les mers, les lacs ou les dépressions quelconques. De plus, des soulèvements en masse ont fait émerger de grandes portions du fond des mers. Or, s'il s'était formé des dépôts ou s'il y avait des récifs de polypiers, etc., ces massifs émergés auraient produit sur la terre ferme des collines, des chaînes droites ou ondulées, à couches horizontales ou très peu inclinées. Lorsque des soulèvements se sont combinés avec des redressements, ils ont formé des cavités elliptiques, des cirques de soulèvement ou des vallées circulaires, dans lesquels les couches inclinent en plusieurs sens à partir d'un point central. Des affaissements ont pu aussi produire des cavités du même genre, sans déranger sensiblement les couches, ou bien en imprimant à ces dernières des inclinaisons diverses et convergentes vers le fond d'une espèce d'entonnoir.

Lorsqu'il s'est formé des fractures dans l'écorce terrestre, les soulèvements postérieurs, qu'ils aient lieu par la pression des bords des fentes l'un contre l'autre, ou par l'effort d'une matière intérieure tendant à se faire jour, devront se produire plutôt suivant les lignes des fractures préexistantes que suivant toute autre, car ces lignes seront en même temps les lignes de moindre résistance. Il ne serait donc pas étonnant qu'une suite de secousses de tremblements de terre pût agir sur une même ligne ou, pour mieux dire, que les plus grands effets de pareillés secousses se manifestassent suivant cette ligne. Dès lors, si les chaînes de montagnes ne portaient point l'empreinte du déploiement d'une énergie plus intense que celle des tremblements de terre de nos jours, l'élévation de leurs masses à des hauteurs relativement considérables au-dessus du niveau de la mer, pourrait être due tout aussi bien à une accumulation d'effets de ces petites secousses qu'à toute autre cause. Mais un examen attentif des phénomènes que présentent les chaînes de montagnes, montre qu'il faut avoir recours, pour leur explication, à des actions plus énergiques. Dans tous les cas, si l'on reconnaît que de grandes étendues du sol ont été soulevées, tantôt subitement, tantôt avec lenteur pendant une longue suite d'années, on ne peut douter que l'action qui s'exerce de l'intérieur de la terre au dehors, ne soit très puissante. Néanmoins les lignes de dislocation qui, de prime abord, paraissent avoir des longueurs immenses, perdent en général leur importance apparente, quand on les compare à la circonférence de notre sphéroïde. On voit alors que la plupart d'entre elles sont si courtes, que les fissures ou les soulèvements des couches qui en marquent la direction, peuvent facilement être rapportées à des forces d'une intensité relativement très petite. C'est peut-être faute d'avoir fait attention aux proportions relatives entre le rayon de la terre et la hauteur des montagnes, entre la longueur des chaînes de montagnes et la surface entière du globe, qu'on a accusé les géologues qui regardent ces lignes de dislocation et de redressement des couches comme résultant d'un petit nombre de mouvements plutôt que d'une infinité de petites secousses, d'appeler à leur aide l'action de forces dont l'immensité épouvante l'imagination; tandis qu'ils n'ont recours en réalité qu'à des forces relativement insignifiantes. Il suffit de rappeler que les montagnes les plus élevées de la surface du globe n'atteignent pas une hauteur de 10000 mètres, pour qu'on soit convaincu que ces aspérités, quand même elles seraient aussi fréquentes qu'elles sont rares, peuvent avoir été produites par des contractions ou par des expansions dans la masse du globe lui-même, et que les dislocations qui les ont accompagnées sont relativement très petites.

En admettant que les montagnes sont les résultats des rides et des dislocations qui ont eu lieu à la surface du globe, la formation des vallées ne présente aucune difficulté. On a attribué leur origine au creusement par l'action érosive des eaux. Mais, dans cette supposition, les montagnes devant être préalablement formées, comme le fait observer M. Beudant, il est clair que les eaux auraient toujours dû suivre la pente naturelle du sol et le sillonner uniquement dans ce sens ; lorsqu'elles se trouvaient arrêtées par un obstacle ou dans un bassin, elles auraient dû couper préférablement les dépôts de sables et de graviers ou se déverser par le point le plus bas. Or, l'on reconnaît généralement le contraire de ces actions naturelles. Ainsi les rivières, au lieu d'avoir creusé leurs lits, comme on pourrait le penser, se sont tout simplement dirigées par des canaux qu'elles ont trouvés tout établis. Il n'est pas difficile de remonter à l'origine de ces canaux ; ils sont évidemment le résultat des mouvements qui ont bosselé et déchiré la surface du sol. Il est clair, en effet, que les couches flexibles ont dû s'onduler et produire ainsi des dépressions plus ou moins considérables, qui ont pu donner lieu à des vallées ; que les couches inflexibles ont dû se briser, et qu'il s'est fait en conséquence un nombre plus ou moins considérable de fentes. Ces fentes sont devenues des vallées, placées de différentes manières les unes par rapport aux autres, selon les circonstances des soulèvements : parallèles, si l'action, ayant lieu suivant une certaine direction, s'étendait suffisamment en largeur ; divergentes, si l'action se manifestait en un point, comme dans certains massifs de montagnes ; enfin, souvent perpendiculaires à la direction des chaînes soulevées, comme les fentes secondaires qui se forment pendant les tremblements de terre, surtout lorsque des matières étaient forcées de sortir par la fente principale. On conçoit facilement que les crevasses soient restées plutôt ouvertes dans les matières solides que dans les dépôts arénacés, dont les éboulements tendent à combler successivement les vides ; voilà pourquoi les rivières semblent avoir fui les terrains meubles, qu'elles auraient pu facilement entamer, si elles n'avaient trouvé un lit préparé dans une autre direction. De même, dans les bassins successifs que la plupart des vallées présentent, et qui s'offrent à nos yeux comme autant de lacs, on reconnaît aisément la cause des défilés par lesquels les eaux s'échappent : ce sont encore des crevasses qui ont dû s'ouvrir surtout dans les matières solides.

Néanmoins les auteurs qui n'admettent pas que l'action prolongée des eaux ait pu contribuer notablement au relief du sol, sont dans l'erreur ; car différentes roches ont dû, par l'action combinée, et continuée pendant de longues séries de siècles, de l'air et de l'eau, surtout lorsque l'atmosphère et les eaux étaient chargées de différents gaz, tels que l'acide carbonique, s'altérer petit à petit, mais plus particulièrement dans certaines parties, et produire ainsi, après un laps de temps considérable, des dégradations très importantes. Les décombres de toute nature qu'on trouve dans beaucoup de contrées, notamment dans les pays granitiques, schisteux, calcaires et même composés de grès, sont autant de témoins qui sont restés là pour attester de l'action destructive et puissante de l'air et de l'eau. Je citerai, comme exemples, les vallées de la Romanche et du Drac dans les Alpes, les plateaux compris entre Saint-Flour et Saint-Chilly, le plateau du Larzac entre Milhau et Lodève, et plusieurs localités voisines du Rhin. Après les premières ébauches de dégradations, les eaux ont pu facilement agrandir l'échelle de leur action destructive, et entraîner dans des circonstances favorables la majeure partie des matériaux qui résultaient de ces sortes de démolitions. D'un autre côté, l'eau plus ou moins chargée de matières dissolvantes s'est infiltrée à travers un grand nombre de couches, en a lavé ou dissous petit à petit une partie, et, en détruisant ainsi des supports, a produit soit des ondulations, soit des renversements, soit des cassures dans les couches (1).

On peut distinguer les vallées en trois espèces principales : 1° les vallées de déchirement ; 2° les vallées de ploiement ou de plissement ; 3° les vallées de dégradation et d'érosion, ou de dénudation. Les vallées de déchirement sont celles qui ont été produites par des fentes de toutes dimensions, formées pendant les mouvements qui ont amené nos continents à leur relief actuel. Elles présentent en général des escarpements rapides, sur lesquels on aperçoit les tranches des couches fracturées, et où les angles saillants d'un côté correspondent souvent à des angles rentrants de l'autre. Les cirques qui les terminent fréquemment dans le haut ou ceux qui les divisent sur leur longueur, paraissent être, selon certains auteurs, autant de cratères de soulèvement. On trouve des vallées de déchirement dans diverses contrées, mais la plupart sont beaucoup modifiées par les érosions qui ont eu lieu postérieurement à leur formation.

Les vallées de ploiement ou de plissement sont produites par un affaissement ou par deux soulèvements voisins, qui ont déterminé les couches à se relever de part et d'autre.

Les vallées de dégradation et d'érosion, ou de dénudation, doivent être subdivisées en deux catégories : 1° celles qui résultent des dégradations, des infiltrations et des transports dont j'ai parlé précédemment ; 2° celles qui ont été creusées dans des terrains meubles ou délayables ; comme les ravins que les eaux d'orage produisent sous nos yeux, en emportant avec elles les matières qui consti-

---

(1) Voyez : 1° Mon *Traité de Géologie* ; 2° mon *Coup-d'œil sur les Grottes et quelques excavations analogues qui se trouvent dans les terrains anciens et dans les terrains volcaniques.*

tuaient le sol. En général, les derniers encaissements des grandes rivières sont formés de cette manière, et les changements de lit résultent des érosions qui se font journellement pendant les grandes crues.

Je fais ici abstraction des vallées qui peuvent être formées sous les eaux de la mer par les courants ou par le mode des dépôts, parce que nos connaissances sont très bornées sur ces sortes de phénomènes, qui se passent dans les profondeurs des mers.

Relativement aux soulèvement des montagnes, que l'on prend ordinairement comme la représentation la plus saillante du phénomène des soulèvements ou affaissements du sol, il y a deux distinctions principales à établir : 1° le fait des soulèvements, 2° la direction des soulèvements ou des reliefs.

Ce n'est pas une idée nouvelle que celle de la formation des montagnes par voie de soulèvements : on la trouve exprimée par divers auteurs de l'antiquité ; mais ne l'ayant présentée pour ainsi dire qu'à l'état d'hypothèse, il est inutile de rapporter ce qu'ils ont écrit à ce sujet.

A une époque beaucoup moins reculée, en 1667, Stenon reconnaissait que toutes les couches de sédiment avaient dû se déposer horizontalement, et que les couches plus ou moins inclinées devaient cette position à une cause violente, qui avait agi pendant ou après leur consolidation. De son côté et vers le même temps, Hooke considérait les couches fortement inclinées comme ayant été placées dans cette position par des tremblements de terre : on trouve, en effet, dans les journaux manuscrits de la Société royale de Londres, qu'il avait émis cette opinion, et qu'il avait conclu que les coquilles observées par lui dans un escarpement de l'île de Wight avaient été élevées au-dessus du niveau de la mer par les mêmes forces.

Après eux beaucoup d'autres savants ont admis sous

des formes diverses et même développé l'hypothèse de la formation des montagnes par voie de soulèvements. Je me bornerai à rappeler les noms de Moro, de Saussure, de MM. de Humboldt, de Buch et Élie de Beaumont. Mais Saussure paraît être le premier naturaliste, qui ait démontré clairement que la plupart des chaînes de montagnes résultent d'un soulèvement ou d'un mouvement de bascule des diverses parties de la croûte terrestre. Après lui, M. de Buch développa l'hypothèse des soulèvements, et prouva définitivement que les montagnes avaient été formées par le soulèvement des roches qui les constituent.

Relativement à la direction des reliefs, dont la théorie rationnelle appartient en définitive à M. Élie de Beaumont, on avait remarqué depuis longtemps un parallélisme dans les dislocations de certains pays : parmi les anciens auteurs, je me contente de citer Sténon et Bernhard Varénius (1); mais ce n'est que longtemps après ceux-ci que M. de Humboldt est venu signaler de nouveau à l'attention des géologues la constance des directions des roches schisteuses (2).

Quoique l'idée du parallélisme fût déjà indiquée par Sténon, Varénius, etc., Henckel a été le premier qui l'ait précisée, qui en ait démontré l'exactitude par son travail sur l'arrangement des filons. Puis vinrent Werner et Schmidt qui ont formulé le principe : que, dans un même district de mines, tous les filons d'une même nature doivent leur origine à des fentes parallèles. Cette notion de contemporanéité des fractures parallèles entre elles et de la différence d'âge des fractures ayant des directions diffé-

---

(1) Geographia generalis in quâ affectiones generales telluris explicantur. Cambridge, 1712. in-8°.

(2) Lettre à La Metherie (*Journal de Physique*, messidor an IX).

rentes était donc une espèce d'axiome pour l'école de Freyberg. En sorte qu'il était naturel, comme le dit M. Élie de Beaumont, de songer à généraliser ce principe du parallélisme et à l'étendre à toutes les dislocations de l'écorce du globe. C'est ce qu'ont essayé de faire un grand nombre de savants, mais sans atteindre le but de la question philosophique. Ainsi MM. de Humboldt, Hausmann, Brochant de Villiers, Heim, Boué, etc. ont appliqué le principe de l'école de Freyberg à diverses chaînes de montagnes. M. Jameson a même lu à la Société royale d'Édimbourg, le 10 janvier 1818, un mémoire circonstancié sur les directions diverses des chaînes de montagnes en général, et en déduit des époques différentes de soulèvement ou de formation pour les rides du globe (1).

Néanmoins il était réservé à MM. L. de Buch et Élie de Beaumont de reconnaître les faits généraux, et de les formuler en lois. Il résulte, en effet, des travaux de ces deux illustres géologues, et surtout de ceux de M. Élie de Beaumont, la démonstration notamment des principes suivants.

Les chaînes de montagnes présentent différentes lignes de direction, et les chaînes parallèles sont dues à des soulèvements contemporains; dès lors on peut les classer chronologiquement, c'est-à-dire d'après leur ordre d'ancienneté relative. La série des phénomènes, qui ont donné lieu aux soulèvements des montagnes, a été toujours croissante, et les résultats ont dû suivre la même proportion; de telle sorte que les montagnes sont d'autant plus élevées qu'elles sont plus modernes, et *vice versâ*.

---

(1) Voyez : les journaux anglais de 1818 ; l'*Isis* de 1818, cahier 4, pag. 576.

Dans tous les cas M. Élie de Beaumont, non seulement a dévoilé la relation qui existe entre les directions des dislocations et les époques de la formation des discordances de stratification, mais encore il a eu le mérite de coordonner les faits en un corps de doctrine basée sur une seule conception, celle de la chaleur centrale et du refroidissement progressif du globe. Aussi, du moment de la publication de ses premières recherches a daté une nouvelle école, qui a tant contribué aux progrès de la géologie moderne. Seulement, les géologues de cette école n'ont pas su tirer des vues importantes de son fondateur tout le parti qu'on était en droit d'en attendre; ils ont même, pour la plupart, été rarement conséquents dans leurs travaux sur les différentes parties de la géologie, qui de prime abord semblent avoir peu de relations entre elles: car ils ont souvent présenté à leur insu des déductions contradictoires. C'est, du reste, le caractère qui distingue habituellement les élèves du maître (1).

Comme on doit le penser, les naturalistes qui ont admis l'existence des révolutions du globe ont cherché à les expliquer de différentes manières.

Certains d'entre eux les ont attribuées, soit aux chocs de comètes qui auraient changé brusquement l'axe de rotation de la terre, soit à plusieurs autres causes astronomiques. Il paraît constant, au contraire, que les phénomènes astronomiques n'ont jamais eu d'influence sur la production des phénomènes géologiques de cet ordre.

---

(1) Afin d'avoir des notions assez complètes et d'éviter de longues recherches, en voulant consulter tous les ouvrages qui ont trait aux soulèvements des montagnes, je crois devoir renvoyer aux publications suivantes : 1° *Annales des sciences naturelles*, T. XVIII et XIX; 2° *Manuel de Géologie de La Bèche* (traduction française); 3° *Journal de Géologie*, vol. 2; 4° *Bulletin de la Société géologique de France*, vol. 3, p. CIII à CXXXIII, et vol 5, p. 199 à 243.

C'est donc dans les causes terrestres qu'il faut chercher l'explication des révolutions, ou des dislocations qu'à éprouvées l'écorce du globe.

Sous ce dernier point de vue, il y a eu encore plusieurs théories; les plus saillantes par leur propre valeur ou par la réputation de leurs auteurs sont appuyées sur la chaleur centrale, ou sur les phénomènes chimiques, électro-magnétiques, épigéniques, etc.

Divers auteurs ont prétendu : 1° qu'à une profondeur peu éloignée de la surface, des réactions chimiques proprement dites, mais de différentes sortes, ont lieu en grand; 2° qu'elles produisent l'accroissement de température observé par les géologues, et un grand nombre des phénomènes de dislocations que nous montre la surface du globe. Il me semble inutile de m'arrêter sur cette hypothèse, car elle est réfutée par l'ensemble des faits géologiques.

D'autres savants, à la tête desquels je placerai H. Davy, ont supposé une opération chimique plus simple : ils ont admis que les phénomènes calorifiques et dynamiques résultaient de l'oxidation des couches successives, qui composent le globe. Or, si l'on suppose l'oxidation d'un noyau métallique ayant la même température que les espaces planétaires, le volume de ce noyau sera augmenté. Dans ce cas, le noyau métallique absorberait l'oxigène de son enveloppe liquide ou gazeuse, et diminuerait par conséquent la masse de cette enveloppe. En même temps, la surface du noyau métallique acquerrait une haute température par l'union de l'oxigène avec quelques unes des bases métalliques; mais l'expansion produite par l'élévation de la température diminuerait graduellement, et il n'y aurait d'autre augmentation permanente de volume que celle provenant de la nouvelle combinaison des bases métalliques avec l'oxigène. Un noyau métallique froid serait bientôt oxidé, qu'il fût entouré d'eau ou d'une atmosphère oxigénée, surtout si le sodium, le potassium et des métaux analogues abondaient à la surface du noyau. Mais l'oxidation de la surface une fois achevée, en admettant de plus que des fissures et des craquements nombreux eussent été produits dans la croûte superficielle, par l'infiltration de l'eau, dont l'oxigène se serait uni aux bases des métaux, tandis que la force élastique de l'hydrogène mis en liberté aurait produit les aspérités du sol, on ne voit pas trop comment il aurait pû résulter d'une telle action quelque chose d'analogue à ces longues lignes de soulèvements, si communes à la surface de la terre. La chaleur développée par la combinaison de l'oxigène avec des métaux, tels que le potassium et le sodium, dans le cas de l'infiltration de l'eau, n'aurait pas pour seul effet d'augmenter la tension de l'hydrogène, et de produire ainsi des fractures dans l'écorce terrestre ; car elle serait souvent capable de fondre les parties inférieures de la croûte oxidée, et cette matière liquide pourrait jaillir à la surface, à travers ces mêmes fractures. Au reste, les partisans de cette théorie restreignent, si l'on veut, leur hypothèse : dans ce cas, ils admettent l'hypothèse de la chaleur centrale, et attribuent à leur cause chimique, celle de l'oxidation du noyau métallique, seulement les phénomènes dynamiques analogues à ceux que nous observons aujourd'hui : par exemple les phénomènes volcaniques, les tremblements de terre, etc. Or, je ne vois pas pourquoi ces chimistes, admettant l'hypothèse de la chaleur centrale et abandonnant par suite leur cause chimique pour l'explication des grands phénomènes, invoqueraient cette cause pour expliquer des phénomènes qui se rattachent si naturellement aux autres, et qui en sont ou les prémices ou les conséquences.

Au lieu d'attribuer la chaleur interne de la terre au passage de la matière, de l'état de nébulosité gazeuse, à l'état solide, Ampère combinant la théorie proposée par Davy avec sa théorie électro-magnétique, l'a expliquée d'une manière fort peu vraisemblable, par l'action chimique prolongée d'un noyau composé de métaux alcalins, sur l'écorce déjà oxidée. « On ne peut douter, dit-il, » dans sa *Théorie des phénomènes électro-dynamiques* (1826, » page 199), qu'il existe dans l'intérieur du globe des » courants électro-magnétiques, et que ces courants sont » la cause de la chaleur qui lui est propre. Ils naissent d'un » noyau métallique central composé des métaux que sir » Humphry Davy nous a fait connaître, agissant sur la » couche oxidée qui entoure le noyau. »

Lorsque j'ai parlé, il y a près de quinze années, d'une pile terrestre, j'ai supposé que les différents compartiments de l'écorce du globe, et peut-être même les couches intérieures, formaient une vaste pile, qui donnait naissance aux phénomènes magnétiques et à certains phénomènes électro-chimiques, calorifiques, etc. J'admettais l'hypothèse de la chaleur centrale et je supposais une espèce de pile thermo-électrique, c'est-à-dire dont le principe était la chaleur propre de la terre. Enfin, je supposais, en exceptant toutefois les phénomènes magnétiques, très limitée l'échelle des phénomènes dynamiques, chimiques, etc., qui pouvaient être produits par cette espèce de pile. Mais d'autres géologues sont allés plus loin : ils ont cru que les diverses couches du globe forment une pile qui donnerait naissance aux phénomènes électriques et calorifiques, comprenant le magnétisme terrestre et la chaleur centrale.

Des géologues ont supposé que les dislocations et les soulèvements qui ont affecté la surface du globe, résultaient de l'augmentation de volume éprouvée par les molécules de différentes parties de la croûte, à la faveur de transformations épigéniques de certains matériaux.

D'autres, à la tête desquels je citerai Deluc, qui admettait une théorie particulière des affaissements, ont invoqué des agents météoriques et aqueux.

Dans toute méthode philosophique il faut non seulement que les théories soient ingénieuses, mais encore qu'elles satisfassent complétement à toutes les conditions générales de la question. C'est pourquoi la théorie de la chaleur centrale est la meilleure de toutes celles qui ont été proposées. Ainsi, parmi les causes qui ont été invoquées pour expliquer les principaux phénomènes physiques et dynamiques dont il s'agit, il n'en est pas de plus constante, de plus générale et de plus puissante que la chaleur centrale; c'est donc à cette cause qu'il faut attribuer le soulèvement des montagnes, la formation des vallées, les tremblements de terre, les déjections volcaniques de tout genre. En un mot, si l'on fait abstraction des dégradations journalières, qui sont produites à la surface de la terre, soit par l'action destructive des agents atmosphériques, soit par l'action des torrents et des mouvements de la mer, c'est au feu central qu'il faut attribuer la cause de l'aspect tourmenté que présente le relief des continents. D'un autre côté, il est possible, comme on a dû s'en convaincre déjà, d'établir une théorie rationnelle, la seule qui satisfasse jusqu'à ce jour, en combinant les théories de Fourier, de M. Cordier et de M. Élie de Beaumont : telles sont les bases et l'objet de cette partie de mon travail (1).

---

(1) Quoique j'aie cru devoir me borner à rappeler les principales hypothèses qui ont été faites pour expliquer les dislocations et les soulèvements de la croûte du globe, j'ajouterai ici, dans cette note, l'analyse de deux théories qui ont été proposées depuis peu d'années.

M. Hopkins admet à la partie inférieure de l'écorce de la terre, et à une profondeur déterminable, une force agissant de bas en haut et sur une très grande étendue à la fois, au moyen d'un fluide quelconque, par exemple de la vapeur élastique dans certains cas, dans d'autres de la matière à l'état de fusion ignée. Il doit résulter, de cette

Principes spéciaux de la division rationnelle de l'écorce du globe.

Il résulte des diverses considérations développées précédemment que les principes, qui doivent servir de base à la division rationnelle et naturelle de l'écorce du globe en terrains différents, se déduisent en définitive de l'étude des rides, des cassures, des soulèvements et des affaisse-

---

donnée, des effets de tension qui sont de nature à être soumis au calcul, et auxquels M. Hopkins a appliqué l'analyse mathématique. La loi du parallélisme des filons, des failles, etc. est une conséquence nécessaire d'une force de soulèvement agissant comme l'admet M. Hopkins; et cette loi ne peut subsister qu'autant qu'on suppose une action générale de cette force; car, une force de soulèvement, agissant sur un point particulier, produirait nécessairement des fissures rayonnantes autour de ce point; de sorte que dans une chaîne formée ainsi par des soulèvements partiels successifs, il ne saurait y avoir un système général de fissures parallèles.

M. Herschell a exposé, sur les causes des phénomènes volcaniques, des idées qui paraissent se rapprocher de celles que M. Babbage avait déjà exprimées. En admettant, dit-il, à l'intérieur du globe un équilibre de température et de pression, les couches isothermes seront sphériques vers le centre, tandis qu'en approchant de la surface, elles devront se conformer aux diverses inflexions que présente l'écorce solide. Ainsi, lorsque le fond inégal d'une mer viendrait à être comblé par des sédiments affectant la forme horizontale, l'équilibre de la température intérieure serait dérangé, et les couches isothermes superficielles changeraient peu à peu leur forme concave en une forme horizontale. L'ancien fond de cette mer prendrait donc une température proportionnée à sa profondeur; tandis qu'un point A, situé à une profondeur double, pourrait prendre une température beaucoup supérieure, et même passer à l'état de fusion ignée, sans qu'il y eût injection de matières liquides venant de l'intérieur. Il s'en suivrait que, si le point A était déjà à l'état de fusion avant le comblement de la mer, la température de la fusion ignée pourrait s'élever jusqu'à l'ancien fond de cette mer, et que les nouveaux sédiments saturés d'eau pourraient passer eux-mêmes à l'état de fusion. L'immense dilatation due à ce changement de température pourrait donner lieu, d'après M. Herschell, selon les diverses circonstances de la surface solide, soit au soulèvement en masse de continents entiers, soit à des volcans sous-marins, soit enfin aux chaînes de volcans qui se trouvent en général alignées suivant le bord des grandes mers.

ments généraux qui ont affecté le sol, c'est-à-dire d'un ensemble de phénomènes dynamiques et physiques, qui sont co-relatifs entre eux et la conséquence nécessaire d'une conception unique, de la chaleur centrale. Mais, ainsi que j'ai déjà dit, il faut pour procéder logiquement considérer dans la vie du globe deux grandes périodes d'époques, durant lesquelles s'est accomplie la série des phénomènes physiques et dynamiques, dont je viens de parler. D'ailleurs, quoique ces deux périodes soient plus ou moins liées vers leur limite, toujours est-il qu'elles ont été assez tranchées, au moins après un certain laps de temps, par les genres différents des phénomènes qui leur correspondent, pour qu'on doive distinguer les résultats en deux classes principales et établir une distinction entre les principes relatifs à ces deux périodes. Je distinguerai donc deux grandes périodes d'époques, durant lesquelles il y a eu des révolutions et d'autres phénomènes, de différents ordres.

Principes généraux relatifs à la première période.— On a vu que le globe, jadis entièrement à l'état incandescent (1), s'est successivement refroidi ; que les couches superficielles se sont refroidies et solidifiées les premières, car un bain de métal se refroidit et se solidifie plus promptement à sa surface qu'à l'intérieur ; et que le refroidissement a progressivement diminué. Comme je l'ai indiqué aussi, d'après la figure primitive du globe et sa figure actuelle, le refroidissement normal a dû commencer, ou bien être plus rapide, plus con-

---

(1) Quand les gaz passent à l'état liquide il se dégage une chaleur considérable ; de sorte que, si l'on admet que le globe ait été à l'état gazeux, ou de matière cosmique, on trouve dans ce passage une source toute naturelle de la chaleur centrale, c'est-à-dire de l'incandescence primitive du globe, quelqu'ait été la température de la matière à l'état gazeux ou cosmique.

sidérable suivant l'équateur, et se propager successivement jusqu'aux pôles; conséquemment, le passage de l'état fluide à l'état solide a dû se faire d'abord à l'équateur, c'est à-dire que la première pellicule s'est formée dans la zône équatoriale, puis s'est étendue successivement vers les zônes tempérées, et enfin jusqu'aux pôles. Cette marche du refroidissement du globe a dû se continuer, sauf quelques accidents, toujours dans le même ordre.

Pendant la première période de la formation de la croûte du globe, il y a eu des contractions extérieures sans nombre, des pressions très grandes, soit de l'atmosphère sur le fluide incandescent et sur la croûte qui se formait, soit de l'enveloppe sur le fluide intérieur; il s'est manifesté aussi des mouvements du fluide incandescent, et des phénomènes d'élasticité très considérables, tant de la part des gaz intérieurs que de la part de l'enveloppe : de là ces diverses causes ont produit sur la croûte du globe des rides, des cassures, des bosselures et des soulèvements innombrables. Les matières fluides et incandescentes de l'intérieur donnaient lieu à des effets analogues, et produisaient de nombreux épanchements, qui recouvraient l'enveloppe quelquefois sur des étendues immenses.

Ayant déjà indiqué les phénomènes généraux qui se sont passés durant cette première période (1), il est inutile de les rappeler tous ici; je me bornerai donc aux indications précédentes.

Or, les ruptures et les soulèvements de cette première période n'ont pas été généralement réguliers ni dessinés symétriquement, quoique les phénomènes produits par les gaz aient dû de préférence déterminer des soulèvements coniques et des déchirements radiés. C'est pourquoi

---

(1) Voyez notamment les pages 128, 129, 130, 131 et 132.

les dislocations, les bosselures, les fractures, les soulèvements, etc. de la première période ne sauraient, à cause de leur multiplicité, de leur variété et de leur défaut de symétrie, être tous coordonnés suivant des lois géométriques, ni classés systématiquement; par suite, ils ne peuvent servir à fixer des époques. Dès lors, on est obligé par l'absence de symétrie et de constance, ou de caractères distinctifs entre eux et faciles à reconnaître, de les comprendre tous dans une même époque; mais pris dans leur ensemble, ils forment un caractère distinctif de cette première époque, déterminée ainsi par l'irrégularité et par la multiplicité des soulèvements et des dislocations, par des soudures nombreuses et par une grande similitude dans les roches qui lui correspondent. Ainsi, quoiqu'il y ait eu pendant cette période un ordre de formation parmi les matériaux qui composent la croûte du globe, on ne saurait reconnaître de division naturelle, constante, et, par conséquent, établir de classification générale et rationnelle des calottes ou des couches de cette période.

En résumé, la première grande période est caractérisée par l'absence de révolutions assez générales et assez distinctes les unes des autres pour déterminer des époques tranchées. Comme il y a impossibilité de reconnaître par des caractères constants les époques plus ou moins différentes, qui se sont succédé pendant la première période, on est obligé de les confondre toutes en une seule; c'est là précisément le caractère spécial et naturel de cette période, de ce premier âge du globe. Néanmoins, il est indispensable pour mettre en rapport cette période, qui ne doit former aux yeux du géologue qu'une seule époque, avec les autres époques de la deuxième période, de la préciser au moyen d'une limite bien déterminée. Or, cette limite sera donnée par les caractères de la première grande révolution ou du premier système de soulèvements.

La zône équatoriale étant plus éloignée du centre du globe que les autres, le refroidissement ou du moins la solidification a dû commencer suivant la circonférence de l'équateur et se propager successivement jusqu'aux pôles. Il en découle, toutes les autres circonstances étant égales d'ailleurs, l'ensemble des principes qui suivent.

1° L'épaisseur de la croûte a été constamment plus grande dans la région équatoriale, et a présenté un décroissement de l'équateur aux pôles.

2° Les premières contractions ont dû avoir lieu dans la zône équatoriale; dès lors les contractions, qui ont dû d'abord s'effectuer suivant la circonférence de l'équateur, se sont propagées successivement par les circonférences des cercles parallèles jusqu'aux pôles.

3° L'échelle des retraits ou des contractions s'est établie de manière à présenter un décroissement de l'équateur aux pôles.

4° Les plus grandes différences entre les contractions soit de la croûte et du noyau liquide, soit de la partie supérieure de la croûte et de sa partie inférieure, ont eu lieu à l'équateur, et les plus petites aux pôles.

5° Les contractions qui ont produit les premières rides et cassures symétriques, qui par conséquent ont préparé les grandes cassures et les grandes rides de la dislocation générale, dont le caractère spécial a été d'établir une démarcation entre la première période et la seconde, ont dû se coordonner par rapport à l'axe de la terre; et les rides, ainsi que les cassures préliminaires, qui leur correspondent, ont dû être distribuées symétriquement, suivant les circonférences de cercles parallèles entre eux, mais perpendiculaires à l'axe de la terre.

6° Les rides et les cassures correspondant à la dislocation générale étant perpendiculaires aux efforts précédents, doivent avoir été déterminées suivant des grands cercles passant par l'axe de la terre, c'est-à-dire suivant les méridiens, cercles perpendiculaires à l'équateur.

7° Ainsi, les rides, les cassures, les soulèvements, les épanchements normaux (1), etc., se rapportant à la première dislocation générale, ont dû être distribués sensiblement du N. au S., c'est-à-dire que le premier système de rides, de soulèvements, de cassures, d'épanchements normaux, etc. a dû avoir lieu suivant des cercles ou arcs de cercles dont l'axe de la terre était le diamètre commun.

8° Mais le globe n'ayant pas été homogène, et la pellicule ayant été déjà bosselée et déchirée par les phénomènes dynamiques, qui ont précédé ceux du premier système de dislocations générales, l'orientation des effets de ce premier système a dû s'écarter sensiblement de la position théorique; néanmoins elle n'a pu s'en écarter beaucoup. Or, l'observation des rides et des cassures des différents systèmes de dislocations générales confirme cette déduction : car, elle démontre que l'axe ordonnateur du premier système se rapproche assez de celui qui joint les deux pôles de la terre.

9 On ne saurait déterminer le nombre des rides et des cassures qui théoriquement ont été ordonnées par rapport à l'axe des pôles, c'est-à-dire qui appartiennent au premier système ; mais il a dû être très considérable ; et quel que soit ce nombre, les cassures et les rides du premier système ont été ensuite modifiées et compliquées par les phénomènes dynamiques qui ont eu lieu postérieurement.

D'après les considérations précédentes et celles que j'exposerai plus loin, le premier terrain, ou celui qui sert

---

(1) On verra plus loin la distinction qu'il faut établir entre les épanchements normaux et les épanchements anormaux.

de base aux autres et de point de départ pour la division de l'écorce du globe, doit comprendre la première pellicule et toutes les roches formées pendant la première période, qui elle-même ne pourrait être divisée en grandes époques et qui par conséquent n'en forme réellement qu'une seule, séparée de la seconde période par le premier système de dislocations générales. Enfin, je rattache ce premier système à la première période, parce qu'il termine la série des phénomènes relatifs à cette première grande époque, et parce qu'il est la résultante des principaux effets dynamiques partiels, qui se sont manifestés antérieurement et qui l'ont ainsi préparé.

On a vu que la densité moyenne du globe est de 5,5 environ, et que celle des roches qui composent les couches accessibles à l'observation des géologues n'égale pas 2,6. Or, si l'on juge par l'examen des laves, la fluidité de la matière incandescente qui constitue l'intérieur de la terre serait très grande, et sa densité dans les régions éloignées du centre serait encore fort inférieure à la densité moyenne du globe entier. Ces deux données ne sont point en opposition avec l'influence que l'on doit accorder à la pression énorme et croissante, qui est due à l'action des forces centrales. Il est à observer d'abord que les liquides sont très faiblement compressibles, que cette compressibilité doit avoir une limite, et qu'une excessive chaleur peut en contrebalancer les effets. De plus, les laves actuelles ont, après leur coagulation, une densité moyenne plus grande que celle des roches primordiales, prises dans leur ensemble; en termes plus généraux, les roches plutoniques et volcaniques sont d'autant plus denses qu'elles sont plus modernes. Mais toutes ces roches ont des compositions essentiellement différentes, quand elles sont d'âges différents, et la différence de leurs densités relatives provient des densités respectives de tous les éléments constitutifs.

D'où l'on peut conclure, indépendamment de toute autre considération, que la densité des matières intérieures tient beaucoup plus à leur nature qu'à la compression : d'ailleurs l'existence de l'or et du platine nous prouve qu'il peut se trouver au centre de la terre des matières ayant, par leur nature, des densités très considérables.

Les phénomènes de la pesanteur, observés à la surface du globe, ont porté Laplace à conclure que l'intérieur du globe est formé, à partir d'une certaine distance de sa superficie, de couches à peu près régulières, ellipsoïdales et disposées symétriquement autour du centre de gravité.

On a donc lieu de penser que dès l'origine, il s'est établi, entre les différentes matières qui constituent le globe, un arrangement suivant l'ordre de leurs densités relatives, et que dès lors l'intérieur du globe se trouve naturellement composé de couches concentriques de différentes matières, dont les densités respectives sont progressivement croissantes. Mais ces diverses couches ne doivent pas être tranchées les unes des autres; elles doivent au contraire se fondre vers leurs limites. J'indiquerai bientôt les suppositions que l'on peut faire sur la nature de ces diverses couches, d'après les documents fournis par les épanchements qui ont eu lieu aux différentes époques géologiques et qui doivent leur correspondre.

Comme vue générale, on peut encore ajouter non-seulement que l'écorce est une croûte oxidée, mais aussi que le globe, au moins jusqu'à une certaine profondeur, est pour ainsi dire de la silice.

Si l'écorce du globe a été formée comme on le suppose généralement, les roches primordiales qui constituent cette écorce doivent être disposées à peu prés dans l'ordre des fusibilités, je dis à peu près, car il faut faire une part à l'action rapide avec laquelle le refroidissement devait s'exercer dans l'origine des choses et à celle des affinités chimiques, jouant sur de pareilles masses. Je renverrai les détails sur ce sujet à la partie qui traitera spécialement des minéraux et des roches, ainsi qu'à mes mémoires sur les felspaths et les roches dioritiques.

D'un autre côté, la croûte, qui a été formée pendant la première période, résultant du refroidissement des couches les plus superficielles et provenant d'une consolidation successive de l'extérieur à l'intérieur, il s'ensuit que dans la série des roches primordiales, les plus profondes, au lieu d'être les plus anciennes, comme on l'a admis généralement, sont au contraire les plus récentes. je reviendrai bientôt sur ce fait, lorsque je parlerai des terrains.

Les données qui précèdent conduisent donc à reconnaître une base ou enveloppe primitive générale, sur laquelle sont venus se déposer les autres dépôts, fossilifères ou non, qui composent les étages supérieurs de la croûte terrestre, et au-dessous de laquelle des couches fluides se sont successivement consolidées. Or, que cette première base solide subsiste encore aujourd'hui à son état primordial; ou que, dans certaines localités, elle ait été reprise par le feu central, et tranformée en roches éruptives ou bien modifiée de toute autre manière, elle n'en forme pas moins un système pyrogénique d'une existence antérieure aux créations organiques, dont les formations neptuniennes nous présentent les nombreuses dépouilles. Mais l'étude de ces refusions et modifications de l'enveloppe primitive serait, ici, hors de place; j'y reviendrai plus tard.

Principes généraux relatifs à la seconde période. — J'ai indiqué (1) les phénomènes dynamiques et physiques qui ont eu lieu durant la seconde période, il me suffira donc de rappeler ici les principaux.

---

(1) Pages 132 à 146.

La température de la partie supérieure de la croûte ne s'est plus abaissée d'une manière sensible, tandis que la température de la partie inférieure de la croûte et celle de la masse fluide ont continué et continuent de s'abaisser notablement, ou, plus exactement, les calottes inférieures de la croûte et le noyau fluide se sont refroidis et se refroidissent dans une proportion beaucoup plus grande que les calottes supérieures de la croûte; par conséquent, il n'y a plus eu de diminution normale de capacité, ni de retrait sensible de la partie supérieure de la croûte; au contraire, il y a eu et il y a rapprochement des molécules, diminution progressive du volume de la partie inférieure de la croûte et même de la masse fluide intérieure. Dès-lors il s'est établi des relations entre les retraits des calottes, et ceux-ci ont été et sont distribués suivant une loi qui peut être exprimée ainsi : le resserrement des calottes est en raison directe de leur refroidissement et en raison inverse de leur éloignement de la surface inférieure. D'un autre côté, la fusion et la solidarité des calottes entre elles par suite de l'adhérence des matières, de la pesanteur et de la distribution des retraits, ainsi que la nécessité dans laquelle se trouve, par suite de la pesanteur, l'enveloppe solide de la terre, de s'appliquer sur la masse interne, et de se conformer autant que possible à la surface fluide ; de toutes ces causes ont résulté et résultent des déformations, des rides et des fractures à la surface et dans l'intérieur de l'écorce. Mais ces effets sont différents en nature et en proportions, suivant la situation des parties où ils se produisent, la durée des phénomènes et les époques auxquelles ils ont lieu.

La croûte qui enveloppe la masse fluide, qui se trouve être successivement trop grande à cause de la diminution du sphéroïde fluide, et qui tend à être entraînée pour se conformer à ce sphéroïde, éprouve un resserrement sur elle-même et se ride, comme il arrive pour les matières fondues qui se refroidissent. Mais cette réaction réciproque du sphéroïde fluide sur la croûte n'est pas celle qui joue le principal rôle dans le phénomène général des rides et des cassures de l'écorce de la terre ; car le globe est formé, non de deux parties tranchées, d'une calotte solide et d'une masse fluide, mais bien d'une enveloppe solide qui passe par décroissements insensibles à un sphéroïde fluide. Quoiqu'il n'y ait pas de divisions, il faut, néanmoins, pour fixer les idées, considérer que le globe est formé de calottes successives, dont la solidité décroît insensiblement depuis la surface jusqu'à une certaine distance dans la matière fluide. Or, les calottes fluides ou demi-fluides situées à une certaine distance de la surface, et surtout les calottes solides inférieures se contractent constamment et progressivement, se rident, et, appelant, par suite de la solidarité des matières du globe, les calottes supérieures, les forcent aussi à se rider, à s'onduler, à se déformer. Mais il arrive un moment où, en vertu de la cohésion, de la résistance et du défaut d'élasticité, les calottes supérieures, ne pouvant plus se plier au retrait des calottes inférieures, se cassent, et certaines de leurs parties changent sensiblement de position par rapport à la normale. De là des rides, des ondulations, des inégalités, des fentes, des dislocations à la surface et dans l'intérieur de la croûte ; de là des changements de niveau, des mouvements de bascule, des affaissements et des soulèvements, des cavités ou des vallées, des bosselures ou des montagnes à la surface du globe. Dans tous les cas, il ne faut pas oublier que la tendance de l'application de la croûte sur la masse fluide s'est combinée avec les efforts des diverses calottes, pour produire les effets dont je viens de parler.

L'ensemble du phénomène se réduit à deux genres d'effets principaux : les rides et les cassures. Relativement aux rides, la croûte du globe n'étant pas absolument rigide pendant tout le laps de temps qui précède le moment du maximum de tension, ou bien le départ de la détente, si je puis m'exprimer ainsi, cette croûte doit se plier, se rider et produire des affaissements et des soulèvements lents, précurseurs de la rupture finale. Tout système de soulèments brusques est donc précédé d'un système de soulèvements lents, réguliers et progressifs jusqu'au moment de la rupture finale, qui détermine le système de soulèvements brusques. Ces deux systèmes sont corelatifs, la conséquence l'un de l'autre, et ne forment qu'un système général. Au moment de la rupture finale, le mouvement est brusque, la pression de la croûte sur le noyau fluide devient très forte, cette croûte dépasse même la limite de l'amplitude des oscillations ordinaires, pénètre sensiblement dans le noyau, et fait jaillir des matiéres fluides, qui se manifestent en grande partie par des épanchements au dehors : ce sont les épanchements normaux ; tandis que les épanchements anormaux sont dus à la série des oscillations qui précèdent ou qui suivent l'effet final de rupture, durant la période comprise entre deux grandes révolutions.

Plus on remonte dans les époques reculées, plus sont développées les rides qui résultent des mouvements lents de l'écorce, plus les reliefs sont étendus et arrondis.

Les directions des soulèvements lents doivent être liées à celles des soulèvements brusques et réciproquement. Dès-lors, on peut déterminer les unes par les autres. Il serait même possible d'indiquer la position de l'axe du système de soulèvements brusques qui terminera l'époque actuelle.

D'un autre côté, les épanchements normaux d'une époque et les épanchements anormaux qui profitent des cassures déterminées par la rupture finale, ont le même système de directions que les soulèvements brusques de cette époque ; en sorte qu'il existe une reation étroite entre tous ces phénomènes et leurs caractères apparents sur la surface du globe.

Les rides, les cassures, etc., ont lieu d'une manière imperceptible, si l'on a égard au temps et à la masse de la terre; mais elles paraîtront considérables relativement aux idées générales que nous nous faisons de ce genre de phénomènes. Il pourra donc se former un grand nombre de lignes de fractures; en outre, les dislocations récentes auront eu lieu de préférence suivant les lignes des fractures antérieures; enfin, dans des circonstances favorables, des massifs fracturés seront soulevés de manière à produire des arêtes et des chaînes de montagnes.

Les grandes catastrophes, qui ont eu lieu à la surface du globe, paraissent avoir été brusques. Cependant, loin des lieux où la discordance de stratification entre des dépôts se manifeste, souvent les mêmes dépôts semblent être en stratification concordante ou liés entre eux par des passages graduels; il en résulte que la sédimentation n'a pas été complètement suspendue, et que l'intervalle pendant lequel une catastrophe s'est opérée, a dû être extrêmement court, eu égard à la durée des phénomènes qui l'ont préparée.

Si la position inclinée des couches sédimentaires nous révèle l'existence des soulèvements, la direction de ces couches, qui n'est autre chose que celle de la ligne de faîte produite par leur bombement, ou que celle de la crête qui résulte de leur rupture, et plus généralement l'allure des dépôts nous montrent l'alignement qu'a suivi le phénomène. Il s'en suit donc que l'on peut à volonté prendre un des faits pour les autres comme base d'observation, et que les directions diverses des chaînes de montagnes sont aussi les indices de divers soulèvements, comme je le prouverai bientôt. D'après ces considérations et celles qui ont été exposées en parlant des contractions, des soulèvements et des allures, il devient nécessaire d'entrer dans certains détails sur les directions des axes, etc.

Si l'on prend un minéral cristallisé, facile à cliver, dont la forme primitive soit un cube, et, pour plus de simplicité, si l'on prénd cette forme primitive, dont les faces sont symétriquement ordonnées par rapport à trois axes perpendiculaires entre eux, on observe les phénomènes suivants.

Dans son état naturel et à la température ordinaire ce cube paraît en général pouvoir être clivé aussi facilement suivant toutes ses faces, c'est-à-dire perpendiculairement aux axes respectifs ; mais, lorsqu'on fait chauffer le cube assez fortement, avec toutes les précautions convenables, et lorsqu'ensuite on le fait refroidir brusquement, quoique se divisant en petits cubes, il présente des fendillements ou des éclats qui sont souvent plus prononcés sur deux faces opposées l'une à l'autre, c'est-à-dire perpendiculaires à l'un des axes. Puis, répétant la même opération d'un changement brusque de température, les fendillements les plus marqués se montrent souvent sur deux autres faces, encore opposées entre elles, c'est-à-dire perpendiculaires à un autre axe, qui est lui-même perpendiculaire au premier ; et ainsi de suite, jusqu'à ce que la différence des fendillements soit effacée par la durée de l'opération et la complication des résultats.

Si, au lieu de prendre un cristal de forme cubique, on prend un rhomboèdre, on observe des phénomènes analogues à ceux qui sont fournis par le cube ; mais, dans ce cas, le système d'axes étant différent, les résultats, quoique analogues, sont d'un ordre différent. Cette différence, loin d'être en opposition avec les résultats obtenus par le cube, confirme en tous points la loi de symétrie des fendillements par rapport aux axes principaux. D'ailleurs, on connaît les belles expériences de MM. Mitscherlich et G. Rose, d'après lesquelles on peut changer le calcaire en arragonite et réciproquement, par des changements de température; ce qui revient à dire que les arrangements moléculaires et les clivages suivent les changements des systèmes des axes, et réciproquement, qu'en définitive ces changements peuvent être obtenus par des modifications dans les circonstances physiques, au milieu desquelles les corps se trouvent. Je rappellerai également les intéressantes expériences de M. Beudant, qui, malgré la différence de leur nature et de leurs résultats, appuient cependant les considérations précédentes.

Les corps vibrants nous fournissent aussi des exemples analogues; en sorte qu'il est possible d'admettre et de généraliser le f it de la disposition symétrique des fendillements que je viens d'énoncer.

Il résulte donc que, dans tous les corps, les divers systèmes de fendillements, qui sont successivement déterminés, doivent être successivement ordonnés suivant les axes principaux de leurs figures simples. En supposant cette loi de symétrie généralisée, il semblerait de prime abord qu'il est difficile de rattacher le globe à un système d'axes perpendiculaires. Or, le diamant qui se rapporte au système cubique, présente une variété cristalline dont la dénomination seule indique qu'elle se rapproche beaucoup d'une sphère, c'est la variété nommée sphéroïdale par les minéralogistes. En considérant les axes du diamant sphéroïdal et soumettant ce cristal à des changements brusques de température, on rentre naturellement dans le cas signalé pour le système cubique. Hé bien! ne serait-il pas possible d'assimiler en quelque sorte le globe à un diamant sphéroïdal? le polyèdre simple dont les axes sont égaux et qui se trouve le plus étroitement lié à la sphère étant sans contredit le cube.

Le globe peut donc être regardé comme ayant au moins rois axes principaux et perpendiculaires entre eux. Mais on pourrait se refuser d'admettre cette assimilation et cette loi de symétrie, du moins on pourrait dire que les phénomènes, qui résultent du refroidissement du globe, doivent être d'un ordre différent, les conditions auxquelles notre planète est soumise étant différentes. Je reconnais cette différence dans la constitution des corps et dans les conditions auxquelles ils sont soumis; mais l'analogie des phénomènes ne peut être révoquée en doute, et par conséquent les lois qui les rattachent doivent être analogues. D'un autre côté, un boulet, les plaques métalliques, etc. n'offrent-ils pas des phénomènes semblables (1), lorsqu'ils sont soumis à l'action de la chaleur? Il est possible de s'assurer expérimentablement qu'un boulet, qui a été chauffé très fortement et qui ensuite a été refroidi brusquement, montre des fendillements ordonnés par rapport à un axe, et qu'après une seconde opération les nouveaux fendillements obéissent à un autre axe sensiblement perpendiculaire au premier.

Dans tous les cas, la température des calottes sous-jacentes du globe s'abaissant davantage que celle des calottes sus-jacentes, il en résulte nécessairement un système de plis et de cassures. Mais la différence du refroidissement et du retrait entre ces calottes continuant d'avoir lieu, la formation d'un seul système de plis et de cassures ne saurait satisfaire complètement aux conditions dynamiques, de la solidarité des parties et de la nécessité de l'application des calottes sus-jacentes sur les calottes sous-jacentes. Il doit donc, d'après les principes de mécani-

(1) Les lois du mouvement de la chaleur dans les corps et celles du mouvement des molécules matérielles de ces corps ayant été assez développées par divers auteurs, notamment par Fourier, je croirais sortir du sujet principal de ce travail, si j'entreprenais de les reproduire.

que et toutes les autres circonstances étant égales d'ailleurs, se produire un autre système de plis et de cassures, suivant de grands cercles et suivant une disposition rectangulaire avec celle des grands cercles qui représentent les plis et les cassures du premier système, pour satisfaire aux conditions énoncées ci-dessus. D'un autre côté, l'action, qui s'est exercée pendant la formation d'un système de soulèvements, ayant déformé le sphéroïde, et les diamètres des grands cercles, qui sont perpendiculaires à ce système de soulèvements, ayant été raccourcis, pour la plupart, la disposition du système de soulèvements suivant doit être déterminée par les conditions les plus propres à ramener la figure générale du globe à ses dimensions normales. Il faut donc que ce dernier système ait lieu de manière à allonger les diamètres raccourcis des grands cercles du premier système, c'est-à-dire suivant une disposition qui coupe à angle droit celle du premier système. En résumé, puisqu'il s'agit de phénomènes physiques et de phénomènes dynamiques liés entre eux par une cause générale et constante, on peut les ramener, il me semble, à une conception géométrique, qui finalement représente les résultats naturels.

On conçoit maintenant que les systèmes de retraits successifs, de rides et de cassures doivent théoriquement obéir à des axes rectangulaires. Mais, après l'accomplissement de chaque système de retraits, la terre se déformant, les retraits suivants sont de moins en moins ordonnés symétriquement par rapport aux axes imaginaires; en d'autres termes, la figure de la terre se déformant de plus en plus, les axes des systèmes de retraits sont de moins en moins rectangulaires entre eux.

Les axes des systèmes de retraits sont de deux en deux perpendiculaires entre eux, c'est-à-dire que l'axe du premier système doit être perpendiculaire à celui du deuxième système, que celui du deuxième système doit être perpendiculaire à celui du troisième, ainsi de suite; en sorte que les axes de deux systèmes successifs ne peuvent jamais être confondus; mais on peut confondre celui du premier système avec celui du troisième système, celui du deuxième système avec celui du quatrième système, et ainsi de suite. Néanmoins, la figure de la terre se déformant et se compliquant, des modifications, dans la constitution du globe et dans les phénomènes qui s'y passent intérieurement, ayant lieu à mesure qu'il vieillit, les positions relatives des axes doivent s'écarter sensiblement et même beaucoup, après un certain laps de temps, des positions rectangulaires que donne la théorie pour des conditions constantes.

Dans tous les cas, il est évident que, d'une manière générale, les systèmes de rides, de cassures, etc. doivent être soumis à la loi des axes énoncée précédemment. Mais, quoique les différents systèmes de rides et de cassures soient ordonnés par rapport à des axes respectifs, ils ne sont et ne peuvent être représentés sur le globe par des systèmes d'axes; il faut donc trouver sur la surface de la sphère des lignes courbes, qui les traduisent et qui soient coordonnées entre elles par les axes. Or, ces lignes sont les circonférences de grands cercles. En conséquence, chaque système de rides, de cassures, etc. se trouve naturellement réglé par une axe, et exprimé par un système de grands cercles, dont le diamètre commun est l'axe du système de rides et de cassures. Pour se représenter, au moyen d'une figure, les systèmes de rides et de cassures, il faudrait concevoir, par exemple, pour deux systèmes successifs, que tous les méridiens appartiennent à un même système, car ils aboutissent tous à l'axe de la terre; tandis que l'équateur et tous les grands cercles, qui auraient un diamètre commun et perpendiculaire à l'axe de la terre, appartiendraient au système suivant. En continuant de procéder ainsi, on pourrait se représenter facilement la série des systèmes qui ont produit le relief principal de la croûte du globe.

Le globe n'étant pas un cercle, mais bien un sphéroïde, il faut satisfaire complètement aux conditions de cette dernière figure, lorsqu'on essaie de déterminer rigoureusement la position de chaque système; d'un autre côté, il importe aussi de réduire à leur plus simple expression les éléments de la question, pour obtenir une solution facile. D'après ces réflexions, la question générale est ramenée à trouver la position des deux pôles de l'axe de chaque système; car, alors, on aura fixé la position de chaque système de cercles qui passent par ces pôles, et, en définitive, on aura déterminé celle de chaque système de rides et de cassures. Or, deux grands cercles qui se coupent, suffisent pour déterminer les pôles de leur axe, et par suite le système correspondant, sauf son époque relative, le nombre de rides et de cassures qu'il comprend. Par conséquent, il importe de trouver les points d'intersection de deux grands cercles. On y parvient toujours, quand on connaît sur la surface du globe un arc de chacun de ces deux cercles, soit par le calcul, soit graphiquement en prolongeant chacun de ces deux arcs jusqu'à la demi-circonférence. Seulement, il faut avoir soin de prendre, pour éléments, des arcs qui appartiennent au même système. Je reviendrai sur ces considérations, lorsque j'appliquerai les principes précédents à la détermination des systèmes qui existent sur le globe.

De son côté, M Leblanc supposant, d'après la théorie de M. Elie de Beaumont, que le phénomène principal des rides et des cassures résulte de l'application de l'enveloppe sur le noyau fluide, est parvenu à une conclusion semblable à celle que j'ai indiquée précédemment (1). Lorsque la contraction centrale a déterminé, dit-il, la formation d'un pli selon un grand cercle, la formation de ce pli seul ne peut satisfaire entièrement à la condition, qui veut que l'écorce flexible suive tous les mouvements du noyau central. Il faut donc que ce pli soit, après un certain temps, suivi par un autre, et que ce dernier soit perpendiculaire au premier; quant au troisième, il pourra se rapprocher plus ou moins de la direction du premier, mais devra être suivi d'un quatrième, qui lui soit perpendiculaire; et ainsi de suite (2).

Quelle que soit la manière d'envisager le phénomène fondamental qui produit les rides et les cassures, on arrive donc à la même conclusion, c'est-à-dire que les axes des systèmes de rides et de cassures doivent être de deux en deux perpendiculaires. Or, l'étude des différents systèmes de soulèvements, qui ont été reconnus sur la surface du globe, confirme ces déductions théoriques; car ils ne présentent qu'un petit nombre d'exceptions à la règle établie, exceptions qui résultent sans nul doute de la

---

(1) On a attribué à M. Leblanc l'idée qui admet que deux systèmes successifs doivent être perpendiculaires entre eux (*a*). Il est vrai, ce savant ignorait que j'en avais parlé depuis plusieurs années, lorsqu'il a communiqué à la Société géologique une note très intéressante sur ce sujet. Mais, sans invoquer le témoignage des personnes qui ont assisté à mes cours, je rappelerai que, vers 1836, M. Cazenave, pharmacien à Aix, et moi, avons montré à la Société géologique une sphère qui était formée de cercles en fils métalliques, diversement colorés et représentant les différents systèmes de soulèvements, leurs positions relatives, ainsi que le croisement rectangulaire des axes de deux systèmes successifs. Cette sphère avait été construite par M. Deleuil, opticien, d'après les indications de M. Cazenave.

(*a*) Précis élémentaire de Géologie, par J.-J. d'Omalius d'Halloy, p. 703. *Bulletin de la Société géologique de France*, T. XII, pag. 140.

connaissance imparfaite qu'on a de la série complète des systèmes.

Les rides et les fractures opérées dans la croûte du globe ayant déterminé l'allure des protubérances de sa surface, il résulte que les expressions, direction moyenne d'un système de fractures, direction moyenne d'un système de typhons, direction moyenne d'un système de couches redressées, direction moyenne d'un système de rides, d'un système de montagnes, etc., sont à peu près synonimes. D'un autre côté, on a été conduit à concevoir que les divers systèmes de montagnes ont dû être produits par des phénomènes indépendants les uns des autres ; tandis que l'étroite liaison que présentent le plus souvent, entre elles, les rides et les dislocations dirigées dans le même sens, devait naturellement faire supposer qu'elles ont toutes été formées par une même action mécanique.

En examinant avec attention les groupes de montagnes, on parvient ordinairement à les décomposer en un certain nombre d'éléments, diversement entre-croisés les uns avec les autres ; on reconnaît en outre que, dans toute l'étendue de chacun d'eux, la position de la ligne de démarcation, entre les couches inclinées et les couches horizontales, est la même. Le plus souvent, la ligne de démarcation, relative aux différents chaînons qui sont parallèles entre eux, est semblablement placée ; elle change, lorsqu'on passe à ceux qui ne sont pas dirigés dans le même sens. On peut donc dire, d'une manière générale, que chacun des systèmes de chaînons parallèles a été produit à la même époque et par le même phénomène dynamique, si toutefois on rattache les mouvements lents aux mouvements brusques. Mais pour interpréter convenablement le fait naturel, il est indispensable de ramener cette espèce de parallélisme à la théorie des axes qui a été exposée précédemment. Afin d'y parvenir, il faut se rappeler que, lorsqu'on trace un alignement sur la surface de la terre avec un cordeau, avec des jalons, ou de toute autre manière, la ligne qu'on détermine est la plus courte qu'on puisse tracer entre les deux points extrêmes, auxquels elle s'arrête, et qu'abstraction faite du léger aplatissement que présente le sphéroïde terrestre, une pareille ligne est toujours un arc de grand cercle. Or, deux grands cercles se coupant nécessairement en deux points diamétralement opposés, ne peuvent jamais être parallèles dans le sens ordinaire de ce mot; mais deux arcs de grands cercles, d'une étendue assez limitée pour que chacun d'eux puisse être représenté par une de ses tangentes, pourront être regardés comme parallèles, si deux de leurs tangentes respectives sont parallèles entre elles. C'est ainsi que tous les arcs des méridiens qui coupent l'équateur, sont réellement parallèles entre eux aux points d'intersection. En général, deux arcs de grands cercles peu étendus, sans être infiniment petits, pourront être dits parallèles entre eux, s'ils sont placés de manière à ce qu'un troisième arc de grand cercle les coupe, l'un et l'autre, à un angle droit dans leur point de milieu. Par la même raison, un nombre quelconque d'arcs de grands cercles, n'ayant chacun que peu de longueur, pourront être dits parallèles à un même grand cercle de comparaison, si chacun d'eux en particulier satisfait à la condition ci-dessus énoncée, par rapport à un élément de ce grand cercle auxiliaire. Pour cela, il est nécessaire et il suffit que les différents grands cercles, qui couperaient à angle droit chacun de ces petits arcs dans son milieu, aillent se rencontrer aux deux extrémités opposées d'un même diamètre de la sphère. Si cette condition est remplie, et si tous les petits arcs de grands cercles, dont il s'agit, sont éloignés des deux points d'intersection de leurs perpendiculaires, s'ils sont concentrés dans le voisinage du grand cercle qui sert d'équateur à ces deux pôles, ils pourront être regardés comme formant sur la surface de la sphère un système de traits parallèles entre eux. Telle est, d'après M. Élie de Beaumont, l'interprétation qui permet de concilier l'exactitude des faits avec l'apparence du parallélisme et la facilité de l'observation, eu égard aux grandes dimensions de la terre. Mais, ramenant la conception du parallélisme des systèmes à sa véritable interprétation, on reconnaît que les montagnes d'un même système et d'un même âge se rapportent à des arcs de grands cecles qui ont un diamètre commun, ou qu'en termes plus généraux, ils se rapportent à des effets qui ont eu lieu suivant des circonférences de grands cercles ayant un diamètre commun ; car, si les traces du phénomène dynamique ne sont pas apparentes sur toute l'étendue de la circonférence, ce phénomène ne s'en est pas moins exercé suivant cette courbe, lors de sa manifestation.

Relativement aux fentes et aux filons, Werner professait déjà, comme je l'ai dit, le principe suivant : Dans un même district, tous les filons d'une même nature doivent leur origine à des fentes parallèles entre elles, ouvertes en même temps, et remplies durant une même période. Ce principe du parallélisme, qui, dans la réalité, avait été indiqué avant la fondation de l'école wernérienne, a été ensuite développé et étendu aux systèmes de montagnes, etc. Quoiqu'il en soit des phases subies par le principe du parallélisme et revenant au sujet principal pour le moment, il faut distinguer : 1° les fentes, 2° les matières qui les remplissent ou les filons. Or, toutes les fentes parallèles sont de même âge, et les fentes qui ont des directions différentes sont d'âges différents. Mais, d'un côté, les fentes parallèles peuvent avoir été remplies à des époques différentes ; d'un autre côté, les filons composés des mêmes matières, en exceptant toutefois les filons qui sont composés de roches d'origine ignée, peuvent être d'époques différentes. En effet, les filons métalliques ou pierreux, qui ne constituent pas des roches proprement dites, sont des infiniment petits comparativement aux dimensions du globe, et les matières qui les forment peuvent, eu égard à leurs petits volumes, résulter d'émanations accidentelles de différentes époques; tandis que les filons composés de roches véritables sont des appendices de grandes formations ignées.

Les roches d'origine ignée, loin d'avoir, d'elles mêmes, soulevé et rompu le sol sur une grande échelle, ont généralement profité des solutions de continuité, des fentes qui leur ont été offertes par les retraits et les ruptures, pour sortir, suinter et s'épancher au dehors. Celles qui sont disposées parallèlement ou les épanchements parallèles sont de même âge, de même nature, et réciproquement. Mais il importe, encore ici, d'interpréter le parallélisme comme je l'ai indiqué pour les systèmes de montagnes, et d'interpréter convenablement l'âge respectif des roches, car il y a beaucoup de confusion à cet égard.

Les affaissements, les soulèvements, les rides, les cassures, etc., tantôt sont restreints en apparence à de petites localités, tantôt embrassent visiblement de grandes étendues de pays; ils ont une disposition linéaire, ou bien ils décrivent des courbes plus ou moins ondulées : mais, considérés en grand, ils offrent respectivement une allure générale ou disposition moyenne, qui peut toujours être représentée par un arc de grand cercle. Lorsque plusieurs lignes de soulèvements (comprenant par ce dernier mot les rides, les cassures, les affaissements, etc.) se rencontrent, elles s'entrecroisent, ce qui produit des modifications de configuration souvent très difficiles à débrouiller. Avant tout, il faut avoir soin d'établir une distinction entre les entrecroisements des soulèvements qui appartiennent à des systèmes différents, et ceux des soulèvements qui appartiennent à un même système : c'est là qu'existe la principale difficulté. En effet, tous les cercles qui représentent les soulèvements d'un même système, doivent théoriquement se couper aux deux pôles de l'axe de ce système : dès lors, aux deux pôles de chaque système, il y a nécessairement entrecroisement, ou mieux réunion des lignes des soulèvements qui appartiennent au même système; il en résulte des étoilements plus ou moins compliqués; mais ce sont les seuls points de réunion que peuvent avoir entre eux ces soulèvements. De sorte que ces espèces d'entrecroisements sont essentiellement différents de ceux que produisent entre eux, les soulèvements qui appartiennent à des systèmes différents; néanmoins, quoique les deux genres d'entrecroisements soient ordonnés d'une manière toute différente et quoiqu'il soit facile de les distinguer en théorie, il y a et il y aura toujours en pratique une grande difficulté pour ne pas les confondre, tant qu'on aura pas déterminé sur le globe la position des deux pôles de chaque système. Il existe encore une autre complication : c'est celle qui provient de la disposition des effets secondaires ou accidentels des effets principaux, qu'ont produits les mouvements généraux de l'écorce; mais, comme ils ne se continuent pas sur une grande étendue, il devient facile de les distinguer des effets principaux, et, par conséquent, de les éliminer pour des considérations générales.

Les entrecroisements des soulèvements principaux, qui appartiennent à des systèmes différents, peuvent avoir lieu sous des angles très variés : ils peuvent résulter de deux soulèvements qui ont presque les mêmes directions, comme ils peuvent résulter de deux soulèvements qui ont des directions sensiblement perpendiculaires, ou bien de plusieurs soulèvements dont les directions respectives font entre elles des angles divers. Enfin, ces entrecroisements peuvent être nombreux, et produire, par leur combinaison, des configurations très complexes et des espèces d'étoilements.

Les parties de la surface de la terre, où il y a eu plusieurs entrecroisements, offriront quelquefois un véritable dédale de directions et d'inclinaisons, d'autant plus qu'un soulèvement aura pu replacer sensiblement les couches dans la position où elles étaient avant le soulèvement précédent. Il est donc, d.ns certains cas, très difficile en pratique de distinguer rigoureusement les divers soulèvements ; car de ces vibrations complexes sont résultées des surfaces gauches et des dispositions à plusieurs courbures, dont on ne possède pas toutes les coordonnées.

On voit, d'après ce qui précède, combien est compliqué le problème de la détermination des systèmes de soulèvements et par suite celle des terrains, au moyen des allures de ces systèmes, c'est-à-dire par la méthode linéaire. Mais, si l'on fait abstraction, soit des entrecroisements, soit des accidents, et si l'on considère en grand les inégalités de la surface de la terre, les directions et les allures générales des dépôts, on pourra toujours, au moyen de repaires pris à distances, distinguer entre eux chacuns des soulèvements et les rapporter à leurs systèmes respectifs.

Les terrains récents, considérés en masse, doivent nécessairement avoir été moins disloqués que les anciens, pris en masse aussi : car, les terrains récents reposant sur les terrains anciens, tout action de l'intérieur à l'extérieur disloquerait, aujourd'hui, les uns et les autres ; tandis que les terrains anciens peuvent avoir été disloqués, et l'ont même été, sans aucun doute, avant le dépôt des terrains récents. Il s'en suit que, dans une région qui présente des terrains modernes, les rides et les fractures de ces terrains n'indiqueraient point la somme totale des dislocations auxquelles a été exposée cette région, les couches inférieures pouvant avoir été plus ou moins fortement ondulées et brisées avant que les terrains superficiels aient été déposés. En conséquence, lorsqu'on suit des lignes de dislocations, il faut observer, avec grand soin, si elles se terminent à la rencontre de couches plus récentes que celles où on les a remarquées, et examiner si on les retrouve dans les terrains anciens, en dehors de la surface occupée par les terrains récents, c'est-à-dire si ces lignes de dislocations ne se sont jamais étendues au-delà du point où l'on en perd la trace. Dans le premier cas, il est évident que les lignes de dislocations ont été produites antérieurement au dépôt des terrains récents ; dans le second, les dates relatives des phénomènes restent incertaines.

L'ensemble des dislocations qui se montrent sur une même circonférence de grand cercle et sur les circonférences de grands cercles ayant le même diamètre, forme ce qu'on nomme un système de soulèvements, d'affaissements, de rides, de fractures, de dépôts relevés, ou un système de montagnes. Pour désigner les différents systèmes, on a emprunté des dénominations aux lieux où chacun d'eux se trouve particulièrement développé : c'est ainsi qu'on dit système des Pyrénées, système des Alpes occidentales, etc.

Le nombre des systèmes de dislocations générales est donc égal non seulement au nombre des systèmes de rides et de cassures, mais encore à celui des directions des chaînes de montagnes réellement distinctes et indépendantes les unes des autres. Ce nombre des systèmes de soulèvements ne doit pas être grand : il est égal au nombre des terrains moins un, et réciproquement le nombre des terrains est égal à celui des systèmes de soulèvements plus un ; car chaque terrain est terminé par l'effet final du système de soulèvements qui lui correspond. Cependant, il serait peut-être aussi rationnel d'admettre le même nombre pour les terrains et pour les systèmes de soulèvements : puisque, d'un côté, le terrain n'est pas complètement formé, tant que l'effet final du système de soulèvements n'a pas eu lieu; que, d'un autre côté, les phénomènes dynamiques qui préparent l'effet final, se produisent durant la formation du terrain.

L'examen de la surface de l'Europe a déjà conduit M. Elie de Beaumont à distinguer au moins quinze systèmes de montagnes d'âges différents et de directions différentes. Or, ce nombre de systèmes de montagnes ou de soulèvements ne doit pas être regardé comme définitivement arrêté : il peut être diminué ou augmenté. Dans la première supposition, plusieurs des soulèvements admis jusqu'ici ne seraient que des cas particuliers, des éléments ou des conséquences de certains systèmes de soulèvements; dans la seconde supposition, on aurait confondu, dans certains systèmes, différents soulèvements qui en sont indépendants, et qui devraient former des systèmes particuliers. La dernière supposition est la plus vraisemblable; car il reste encore dans la série des terrains de sédiment de l'Europe plusieurs lignes de démarcation assez tranchées, qui, dans cet arrangement, ne se trouvent rapprochées d'aucun système de dislocations. Probablement, quelques-unes de ces lignes de partage se lient à des systèmes de fractures et de rides qui, bien qu'observables en Europe, n'y ont pas été suffisamment distingués, et restent encore confondus avec les dislocations appartenant aux autres systèmes, dans lesquels ils sont censés former des anomalies; peut-être aussi, ces mêmes lignes de partage se rattachent-elles à des commotions qui n'auraient eu que peu d'énergie en Europe, mais qui auraient laissé des traces plus visibles dans le sol de contrées adjacentes.

Les réflexions précédentes suffisent pour montrer qu'il est impossible de préciser actuellement le nombre des systèmes de dislocations, mais qu'il serait de la plus haute importance de parvenir à le connaître. En effet, si le nombre réel des systèmes de soulèvements était connu, on pourrait diviser en époques distinctes l'histoire du globe, depuis le commencement de la formation de sa première pellicule solide jusqu'à ce jour, et la croûte terrestre, formée pendant ce laps de temps, en un nombre exact de terrains; car, après chaque grande catastrophe, il a dû arriver un temps de calme et y avoir un ordre de phénomèmes constituant un ensemble. Or, comme il a été impossible, jusqu'à présent, de déterminer avec rigueur ce nombre de systèmes et ces époques, le nombre des terrains reste indéterminé.

Comme on ignore encore le nombre exact des systèmes de soulèvements, qui ont donné à la surface de la terre son relief général, et comme il faudrait connaître les directions respectives de ces systèmes pour indiquer leurs époques relatives précises, à moins de faire une pétition de principes, de déterminer les époques par les terrains, qui eux-mêmes sont déterminés par les systèmes de soulèvements, il devient impossible de présenter le tableau fidèle des époques respectives des systèmes de soulèvements. Dans cette position, je me bornerai à indiquer approximativement les époques relatives des systèmes qui ont été reconnus jusqu'à ce jour, en prenant toutefois les noms des terrains pour comparaison.

On doit rattacher le 1er système à l'époque de la formation de la première pellicule, c'est-à-dire au premier terrain : d'un côté, il a terminé la série des phénomènes relatifs à cette grande époque; d'un autre côté, il est la résultante des principaux effets dynamiques partiels, qui se sont manifestés antérieurement et qui l'ont ainsi préparé. Donc, dans l'état actuel de la science, la date du premier système de grands soulèvements ne peut être reportée qu'après la formation du terrain granitique, c'est-à-dire que ce système a établi une ligne de démarcation entre le terrain granitique ou gneissique et le terrain talcique?

Le 2e système en a probablement tracé une entre le terrain talcique et le terrain phylladique?

Le 3e, une entre le terrain phylladique et le terrrain grauwacique?

Le 4e, une entre le terrain grauwacique et le terrain anthracitique.

Le 5e, une entre le terrain anthracitique et le terrain carbonique ou houiller?

Le 6e, une entre le terrain carbonique et le terrain pénéique.

Le 7e, une entre le terrain pénéique et le terrain psamm-érithrique ou vosgien.

Le 8e, une entre le terrain psamméritbrique et le terrain triasique.

Le 9e, une entre le terrain triasique et le terrain oolitique.

Le 10e, une entre le terrain oolitique et le terrain glauconique.

Le 11e, une entre le terrain glauconique et le terrain crétacique.

Le 12e, une entre le terrain crétacique et le terrain éocénique?

Ici, il y a une lacune, car il existe probablement un terrain distinct entre la craie blanche et le terrain éocène.

Le 13e, qui aurait séparé le terrain supposé distinct de la craie blanche et du terrain éocène, est encore indéterminé.

Le 14e, entre le terrain éocénique et le terrain miocénique.

Le 15e, entre le terrain miocénique et le terrain pliocénique.

Le 16e, entre le terrain pliocénique et le terrain historique.

Enfin, on peut réunir, en un seul système : 1° tous les

mouvements du sol plus ou moins lents et de diverses intensités, qui, postérieurs à la formation du terrain pliocène et au dernier grand phénomène erratique, se sont produits jusqu'à ce jour; 2° ceux qui se manifesteront par la suite et qui seront terminés par un ensemble de soulèvements brusques, dont l'effet apportera un changement notable à la surface du globe, et d'où datera une nouvelle époque dans l'histoire de la terre.

En adoptant pour chaque système de soulèvements une direction de repaire et en comparant les divers systèmes connus jusqu'à ce jour, on voit qu'ils se distinguent éminemment par leurs directions respectives. Dès 1834, j'avais employé dans mes cours, pour représenter les allures des divers systèmes de soulèvements, une rose de directions typiques ou de repaire. Plus tard, j'en publiai une autre moins défectueuse dans mes éléments de géologie : elle avait été, pour ainsi dire, calquée sur celle qu'avait adoptée M. Agassiz, d'après les indications de M. Élie de Beaumont; et bientôt plusieurs auteurs en donnèrent d'analogues dans leurs ouvrages.

Ces différentes roses, qui représentent les directions typiques des systèmes de soulèvements, ont été tracées par rapport au méridien de Paris. J'indiquerai, plus loin, comment on doit ramener les directions, observées sous d'autres méridiens, aux directions de repaire, qui ont été tracées par rapport à la position de Paris ou de tout autre lieu, pris comme point de comparaison.

La rose des directions établie pour les systèmes de soulèvements rapportés à la situation de Paris, et qui sert ainsi de type, donne un exemple des directions de chacuns des systèmes admis par M. Élie de Beaumont, et montre, par l'orientation, les rapports des directions types des divers systèmes.

Je vais essayer d'indiquer approximativement, et d'après

l'ordre chronologique des systèmes reconnus jusqu'à ce jour, la direction qui a été prise pour type de chaque système.

? La direction type du plus ancien ou du 1er système? qui est encore mal déterminé, paraît être environ du N.-N.-O. au S.-S.-E.?

?............

Celle du 2e système? est du N.-O. un peu O. au S.-E. un peu E.

Celle du 3e système? est de N.-N.-E. au S.-S.-O? (1).

Celle du 4e système est du N.-E. un peu N. au S.O. un peu S. (E. 35° N.)?

Celle du 5e système, de l'O.-N.-O. un peu O. à l'E.-S.-E. un peu E. (O. 15° N.).

Celle du 6e système, du N. un peu O. au S. un peu E. (N. 5° O.).

Celle du 7e système, de l'O. un peu S. à l'E. un peu N. (O. 5° S.).

Celle du 8e système, du S.-S.-O. un peu S. au N.-N.-E. un peu N. (S. 21° O.).

Celle du 9e système, du N.-O. un peu O. au S.-E. un peu E. (O. 40° N.).

Celle du 10e système, du S.-O. un peu O. au N.-E. un peu E. (O. 40° S.).

Celle du 11e, du N. N.-O. au S. S.-E.

Celle du 12e, de l'O.-N.-O. un peu O. à l'E.-S.-E. un peu E. (O. 18° N.).

? Celle du 13e.........

---

(1) Ce système n'ayant été annoncé que depuis peu de temps par M. Élie de Beaumont, je ne suis pas certain de la place qui lui est assignée par ce savant; il en est de même du système n° 2, qui, du reste, est certainement postérieur au système n° 1. Dans tous les cas, il est vivement à désirer que M. Élie de Beaumont publie le travail qu'il a annoncé, pour avoir un classement plus exact des différents systèmes.

Celle du 14e, environ du N. au S.

Celle du 15e, du S.-S.-O. un peu O. au N.-N.-E. un peu E. (S. 26° O.).

Celle du 16e, de l'O.-S.-O. un peu O. à l'E.-N.-E. un peu E. (O. 16° S.).

Celle du 17e, du N.-N.-O. un peu N. au S.-S.-E. un peu S. (N. 20° O.).

On reconnaît, à l'inspection du tableau précédent, qu'il y a des systèmes de soulèvements dont les directions types se rapprochent considérablement les unes des autres ; c'est pourquoi, des directions aussi peu différentes que plusieurs d'entre elles ne suffiraient pas pour établir rigoureusement des systèmes distincts ; et cela, d'autant moins qu'il existe une multitude de variations qui conduisent forcément à prendre des moyennes pour fixer chaque direction de repaire. Dès lors, beaucoup de systèmes se confondraient, si, au caractère des directions moyennes, on ne joignait la considération des époques relatives des soulèvements.

Il est indispensable de tenir compte de la différence des méridiens, lorsqu'on essaie de déterminer les époques des principaux mouvements éprouvés par le sol dans un lieu donné, ou lorsqu'on veut comparer entre eux les soulèvements de contrées différentes. A cet effet, M. Élie de Beaumont a établi sur l'horizon du mont Blanc une carte stéréographique pour l'Europe ; de son côté, M. Boblaye avait commencé à calculer une table pour obtenir l'angle que fait, avec les différents méridiens, un grand cercle déterminé sur cet horizon. Dès lors, il faut, avant de rapporter les directions générales observées dans une contrée aux soulèvements pris pour types, examiner si les directions des soulèvements qu'on prend pour termes de comparaison passent par cette contrée, ou, plus généralement, déterminer les directions que les soulèvements de repaire doivent avoir sous le méridien du lieu d'observation ; finalement il faut comparer les directions, d'après les principes que j'ai exposés précédemment, pour reconnaître les systèmes auxquels on doit rapporter les directions observées. En effet, quand on compare, entre elles, des directions reconnues dans des pays éloignés les uns des autres, il faut se rappeler que les rides et les cassures, coupent dans leurs prolongements, les divers méridiens sous des angles différents ; de sorte qu'un soulèvement qui, à partir de Paris, marcherait d'un côté vers le N.-O., et de l'autre côté vers le S.-E., aurait aux antipodes une orientation absolument contraire, c'est-à-dire la direction du N.-E. au S.-O. Mais, si l'on calcule l'angle sphérique formé par le méridien du lieu avec le grand cercle qui se rapporte au soulèvement, ou bien, si l'on trace les directions sur un globe suffisamment développé, on obtient les relations cherchées entre les soulèvements.

Pour résoudre facilement le problème, M. Élie de Beaumont a construit une carte stéréographique, comme je l'ai déjà dit. Il a également indiqué un calcul très simple pour atteindre le même but. Or, cet illustre géologue ayant annoncé qu'il préparait un travail spécial, et, comme, plus que tout autre, il est capable d'éclairer et de préciser les questions de cette nature, je me bornerai à dire qu'on peut obtenir la solution du problème soit au moyen du calcul, soit au moyen d'une construction graphique sur un plan ou sur un globe ; seulement, je ne saurais me dispenser de donner une formule qui puisse être employée, au moins provisoirement :

$$\varphi = \frac{\text{Pa cos. H} \left(1 + \frac{1}{2} e^2 \sin.^2 \text{H}\right)}{\text{R}} \quad (1).$$

(1) On trouve les principaux éléments de cette formule dans la *Géodésie* de Puissant.

Mais, au lieu de représenter les systèmes par des directions de repaire ou par des grands cercles, il serait plus rationnel de les indiquer par des axes; en sorte que la division et les relations des systèmes de soulèvements seraient représentées par une rose des axes.

J'ai montré que l'axe du premier système doit se rapprocher de l'axe de la terre; or, si le globe n'avait pas été déformé par les premiers mouvements, et si la succession des phénomènes n'était pas venue troubler l'uniformité ni modifier la régularité des effets dynamiques, l'axe du deuxième système serait théoriquement voisin d'un des diamètres de cercle équatorial. Au reste, les premières déformations ayant été assez faibles, l'axe du deuxième système ne doit pas trop s'écarter d'un des diamètres de l'équateur; et ainsi de suite. Il serait donc possible d'indiquer approximativement l'un des grands cercles, dans lesquels devra être inscrit l'axe du système qui terminera notre époque.

Si l'on examine avec attention, sur un globe terrestre figuratif d'une grandeur suffisante et d'une exécution soignée, les diverses chaînes de montagnes qui sillonnent la surface de l'Europe, on reconnaît que chacune d'elles fait partie d'un vaste système de chaînes parallèles, suivant l'acception qu'il faut donner dans ce cas au parallélisme. Or, comme dans toutes les parties bien étudiées de l'Europe on a reconnu, de proche en proche, que les chaînons parallèles sont en général contemporains, on n'a aucune raison, dit M. Élie de Beaumont, pour supposer que cette loi, vérifiée sur tant d'exemples, dût s'interrompre brusquement, si l'on en poussait la vérification plus loin. Il est donc naturel de croire, jusqu'à ce que des observations directes aient montré le contraire, que chacun de ces vastes systèmes, dont les systèmes européens sont respectivement des portions, doit son origine à une seule époque de dislocations; en sorte que les considérations précédentes confirment pleinement les déductions de la théorie générale que j'ai exposée.

Le nombre limité des orientations des montagnes et les relations de ces orientations, ont conduit naturellement M. Elie de Beaumont à mettre en rapport un certain nombre de lignes de démarcation, que présente la série de dépôts de sédiments européens, avec un pareil nombre de systèmes de montagnes européennes. Ainsi, il a pris pour types des systèmes de soulèvements les chaînes de montagnes européennes, où ces soulèvements sont très développés. De cette manière, il a établi jusqu'à ce jour quinze systèmes de soulèvements, et a désigné généralement chacun d'eux par le nom d'une chaîne de montagnes, où il est très caractérisé (1).

Voici les noms de ces systèmes européens :

Système du Morbihan (2);
— du Longmynd;
— du Westmoreland;
— des Ballons;
— du nord de l'Angleterre;
— du Hainaut;
— du Rhin;
— du Thuringerwald;
— de la Côte-d'Or;
— du Mont-Viso;
— des Pyrénées;
— de la Corse;
— des Alpes occidentales;

(1) Je ne mentionne ici que ceux qui ont été décrits depuis longtemps par M. Élie de Beaumont ou qui ont été annoncés dernièrement par ce savant.

(2) M. Élie de Beaumont a cru devoir admettre ce système d'après mes indications.

système des Alpes principales;
— du Ténare.

Ces systèmes ne comprennent problablement pas toutes les chaînes qui sillonnent la surface du globe; mais les chaînes qui ne peuvent s'y rattacher, jouissent aussi de la propriété de pouvoir être groupées par systèmes. Dans tous les cas, les systèmes des soulèvements reconnus en Europe, s'étendent bien au-delà de cette région, et, selon toute apparence, sur-tout le globe. A ce sujet, M. Elie de Beaumont a indiqué le résultat de ses recherches au moyen d'une carte dressée sur la projection de l'horizon de Paris (1).

On voit, sur cette carte, que la direction des Pyrénées s'étend depuis les Alleghanys (dans l'Amérique septentrionale) jusqu'à la presqu'île de l'Inde, passant par les Karpathes, une partie du Caucase, les montagnes de la Perse, enfin par les Ghates, qui déterminent la position de la côte du Malabar. Au sud de cette ligne se présentent également des rides parallèles : celles qui vont du cap Ortégale (dans les Asturies) au cap Creux (en Catalogne); la petite chaîne de Grenade, qui aboutit au cap de Gates; les montagnes qui bordent, au nord, le désert de Sahara, en coupant la direction de l'Atlas; enfin les Apennins, les Alpes-Juliennes, les montagnes de la Croatie, de la Romélie, etc.

Le système des Ballons, si rapproché de celui des Pyrénées, paraît se présenter aussi dans les Alleghanys.

La direction des Alpes occidentales se fait remarquer depuis l'empire du Maroc jusqu'à la Nouvelle-Zemble, en passant par la côte orientale de l'Espagne, le midi de la

(1) Cette carte est reproduite dans les *Éléments de géologie* de M. Beudant, pag. 295.

France, et une grande partie de la presqu'île Scandinave. On la reconnaît encore dans la Cordillière du Brésil, depuis le cap Roque jusqu'à Montévidéo. Parallèlement à cette direction, on reconnaît le même système dans la régence de Tunis, dans la Sicile, dans la pointe de l'Italie et dans l'Asie-Mineure. Tout le littoral de l'ancien continent, depuis le cap Nord de la Laponie jusqu'au cap Blanc d'Afrique, est parallèle à la direction de ce système.

Les Alpes principales font partie d'un système extrêmement étendu. Depuis les chaînes de l'Espagne et celles de l'Atlas (à la partie septentrionale de l'Afrique) jusqu'à la mer de Chine, on retrouve des chaînes parallèles; c'est sur cette direction qu'on voit, en sortant de la Sicile et de l'Italie, les chaînes de l'Olympe, le Balkan, le Taurus, la chaîne centrale du Caucase, couronnée par l'Elbrouz, entre la mer Noire et la mer Caspienne, la longue série de montagnes qui s'étend à travers la Perse et le Kaboul, comprenant le Paropamisus, l'Hindoukoh, etc., enfin l'Himalaya, où se trouvent les plus hautes montagnes du globe.

Dans l'état actuel de nos connaissances, on ne peut pas citer les autres systèmes sur de pareilles étendues; il serait même téméraire, pour tout autre géologue que M. Elie de Beaumont, de tenter une esquisse à cet égard : par conséquent, je dois laisser à l'illustre auteur de la théorie des soulèvements le soin de remplir la lacune, en présentant un tableau général des systèmes sur toute la surface du globe. Néanmoins, je dirai provisoirement, mais encore d'après les recherches de ce savant, qu'on reconnaît la direction du système de la Corse dans les chaînes de la Syrie et de la Palestine; le système du Mont Viso, dans la chaîne du Pinde, en Grèce; et le système du Thuringerwald, dans les montagnes de l'Attique et dans l'île de Négrepont.

Les effets dynamiques, par conséquent les phénomènes d'affaissements et de soulèvements, ont dû être moins intenses aux premières époques, surtout à la première, qu'aux dernières : car, d'un côté, il y avait alors moins de différence entre le refroidissement de la partie inférieure et celui de la partie supérieure de la croûte; d'un autre côté, la croûte étant moins épaisse, la résistance à vaincre était moins grande. Ainsi les plis et les cassures, les affaissements et les soulèvements sont devenus plus considérables, et plus terribles à mesure que le globe vieillissait.

Comme énoncé général, on peut dire que les inégalités formées à la surface du globe sont d'autant plus grandes, qu'elles résultent de phénomènes moins anciens; par suite, les vallées sont d'autant plus profondes, et les montagnes d'autant plus élevées, qu'elles sont plus modernes. Les premières mers étaient donc peu profondes, mais elles étaient très étendues; aux premières époques, il n'y avait probablement point de continents, du moins ils ne devaient former, en réalité, que des îles; puis, les continents se sont successivement développés et ont été de plus en plus accidentés. De ces données, on peut tirer des inductions sur le développement successif des rivières, des lacs d'eau douce, et sur les animaux qui peuplaient les diverses parties de la surface du globe.

Si, par suite de la contraction de l'écorce terrestre, les arêtes d'une grande fente venaient à être pressées latéralement, elles se trouveraient soulevées, relativement au niveau de la mer, qui devrait s'abaisser, afin de remplir les dépressions nouvellement formées. En calculant la quantité de matière solide qui est nécessaire pour produire une augmentation considérable dans une chaîne de montagnes, on verra que la soustraction d'un égal volume d'eau (qui serait reçu dans la dépression de la surface correspondant au nouveau soulèvement), répartie sur toute la masse de l'Océan, y produirait un abaissement de niveau moins considérable qu'on ne le supposerait.

Certains géologues ont essayé d'expliquer, uniquement par la répétition prolongée des effets peu énergiques, lents et continus, que nous voyons se produire actuellement sur la surface du globe, l'ensemble des phénomènes qu'on observe dans les pays de montagnes ; mais ils ne sont parvenus de cette manière à aucun résultat général complètement satisfaisant. Afin d'appuyer leur doctrine, ils ont dit que les géologues de l'autre école étaient obligés d'invoquer des causes et des phénomènes d'un ordre différent, pour expliquer les faits géologiques accomplis durant les époques qui ont précédé la nôtre : de là est venue la discussion sur les causes actuelles. Or, tout dépend de la manière de poser la question. Il est évident que depuis l'origine, ce sont les mêmes causes qui se sont continuées jusqu'à ce jour ; puis, par suite de l'accomplissement de phénomènes antérieurs, et, conséquemment, des changements survenus, au lieu de produire des effets identiques, ces causes ont produit et produisent des effets analogues, mais sur des échelles différentes. Ainsi, les épanchements plutoniens étaient autrefois plus considérables, tandis que les soulèvements avaient lieu sur une échelle plus petite qu'aujourd'hui. Du reste, il me semble inutile de chercher à démontrer qu'au moyen de l'interprétation précédente on explique d'une manière satisfaisante tous les faits anciens ou modernes, et que l'école rationnelle peut aussi bien se dire fondée sur les lois de la nature actuelle, que celle qui s'intitule école des causes actuelles. Néanmoins, il ne faut pas toujours avoir recours à des actions d'une grande énergie, pour expliquer les phénomènes géologiques, surtout lorsqu'une petite force, ou une accumulation de petites forces, peut donner une explication satisfaisante des faits observés.

Les protubérances, et généralement les inégalités qu'on remarque à la surface de la terre, ne sont point particulières à notre globe : tous les astres qui ont une enveloppe solide, présentent les mêmes faits ; par conséquent, la théorie des soulèvements ainsi que plusieurs autres, leur sont applicables ; elles le sont donc à tous les corps, petits ou grands, qui se refroidissent après avoir été en fusion. Déjà, on a essayé de classer les montagnes de la lune ; mais on conçoit que, si le problème est compliqué pour la terre, il est encore plus difficile pour des astres qui sont loin de nos investigations. Ce n'est pas ici le lieu d'entrer dans des détails sur l'ensemble des phénomènes cosmogoniques ; il suffit de faire entrevoir leurs analogies et leurs rapports.

Pendant les premiers âges de la terre, les phénomènes chimiques, dûs à la condensation des matières qui étaient tenues à l'état de vapeur dans l'atmosphère et à leurs réactions avec les substances pâteuses ou même solidifiées, purent exercer une influence notable sur les modifications successives de la surface du globe ; mais tout porte à croire que, depuis une époque très reculée, ces phénomènes ont été tout-à-fait secondaires, et que les phénomènes dynamiques ont seuls présidé aux émissions ignées.

D'après M. Cordier, si l'on suppose à l'écorce de la terre une épaisseur moyenne de 100000 mètres, il suffirait d'une contraction capable de raccourcir, le rayon moyen de la masse centrale, de $\frac{1}{44}$ de millimètre, pour produire la matière d'une éruption. Dès lors, en admettant que la contraction seule produit le phénomène des éruptions et que, sur toute la surface du globe, il se fait cinq éruptions par an, on arrive à trouver que la différence entre la contraction de l'écorce consolidée et celle de la masse interne ne raccourcit le rayon de cette masse que d'un millimètre par siècle ; si l'on ne suppose que deux éruptions par an, le même raccourcissement s'opère en deux siècles et demi. Dans tous les cas, on voit qu'il suffit d'une action excessivement petite pour produire les phénomènes des éruptions.

Mais, les éruptions dont il est question sont simplement des épanchements anormaux ; et les épanchements normaux, qui ont eu lieu aux diverses époques, ont été, en général, d'autant plus considérables qu'ils correspondaient à des époques plus éloignées de la nôtre ; en sorte que les contractions de l'écorce du globe ont été beaucoup plus importantes que je ne viens de l'indiquer; néanmoins, elles ont été, dans tous les cas, peu considérables relativement aux dimensions du globe.

Les épanchements, qui résultent de la contraction d'une partie de l'écorce du globe, ont naturellement lieu suivant les ouvertures ou les lignes de moindre résistance occasionnées par les affaissements et les soulèvements. C'est pourquoi les matières des épanchements normaux doivent former des dépôts, dont les allures correspondent aux directions de leurs systèmes de soulèvements respectifs. Théoriquement il doit en être de même pour les allures des dépôts qui résultent des épanchements anormaux, c'est-à dire que ces dépôts pyrogéniques doivent affecter des allures qui correspondent aux directions de leurs systèmes de soulèvements respectifs; mais, comme les épanchements anormaux de chaque époque ne sont que les restes des épanchements normaux, ils sont trop clair-semés pour pouvoir présenter de grandes lignes de directions, et ne sauraient par conséquent être pris comme véritables caractéristiques des allures des systèmes. Au reste, les épanchements anormaux d'une époque ont lieu suivant les ouvertures ou les lignes de moindre résistance, produites lors de la rupture finale qui a précédé cette époque, et doivent par suite offrir des dépôts, dont les allures correspondent à celles des dépôts des épanchements normaux qui appartiennent à la rupture finale. D'un autre côté, étant produits pendant l'époque qui suit la rupture finale et ayant les allures propres à l'époque précédente, ils servent de liaison et de passage entre les roches d'origine ignée de deux époques successives

Les dépôts produits par les épanchements anormaux appartiennent donc, en même temps, à deux époques : à l'une par leurs allures, à l'autre par la date de leur formation, et peut-être à toutes deux par la nature des roches.

Les matières ignées qui se sont épanchées jadis, et celles qui s'épanchent de nos jours à la surface du globe, ont correspondu ou correspondent, vers leur base, à la partie interne et fluide du globe. Ainsi, dans les divisions supérieures ou à la surface de la croûte, chaque roche d'origine ignée, prise en grand, correspond à une couche interne ; réciproquement, chaque couche interne, aujourd'hui solidifiée ou non, est représentée dans les divisions supérieures ou à la surface de la croûte terrestre, par une ou plusieurs roches d'origine ignée. Pour se faire une idée de la liaison de ces deux parties inférieure et supérieure, on peut donc supposer deux troncs de pyramides qui seraient réunis par leurs petites bases, et dont l'ensemble constituerait une figure qui aurait pour base supérieure la surface d'une ellipse très allongée, et pour base inférieure celle d'une calotte, ou tout au moins d'une portion de calotte ; on peut aussi ajouter que le tronc de pyramide supérieur est d'autant plus volumineux, qu'il résulte d'un épanchement plus ancien.

Il y a peut-être autant de couches internes différentes qu'il y a de roches d'origine ignée essentiellement différentes et de terrains différents.

Je montrerai, dans un autre travail, les analogies qui

existent entre les roches d'origine ignée de la surface et les couches internes qui leur correspondent; je parlerai aussi des documents que les unes peuvent fournir pour la connaissance des autres. Mais je ne saurais me dispenser de faire observer, dès à présent, qu'il ne faut voir dans ces analogies que des rapports éloignés et non des identités : car il est évident que dans les calottes inférieures, à cause de la pression, de la haute température, du mode de refroidissement, de la présence de certains gaz, de l'absence de l'air ou de toute autre circonstance, le départ des éléments pour la formation des minéraux a dû être différent de celui qui a eu lieu à la surface; qu'il en est résulté des combinaisons chimiques, des associations différentes, et enfin des roches différentes par la composition minérale, par la texture, etc.

Les couches internes, dont il s'agit, sont disposées en sens inverse des terrains, les couches internes les plus récentes étant les plus inférieures. Plus les terrains sont modernes, moins est développé l'échelle des roches d'origine ignée qu'ils renferment. Le contraire a probablement lieu pour les calottes internes : c'est-à-dire que plus les terrains sont modernes, plus sont développées les calottes internes qui leur correspondent.

A mesure que la croûte augmente d'épaisseur, la matière fluide de l'intérieur a, dans ses oscillations ordinaires et même dans ses mouvements extraordinaires, plus de trajet à parcourir pour atteindre la surface du sol et plus d'obstacles à vaincre pour s'épancher au-dessus; les inégalités et les cavités intérieures deviennent plus considérables, et la matière fluide trouve plus facilement des lieux de refuge : de là des épanchements moins abondants à la surface du globe. Au contraire, si l'on admettait pour les épanchements une autre cause que la contraction, telle que je l'ai supposée, par exemple des accumulations de gaz ou d'autres matières produisant un effort, les roches d'épanchement auraient dû être plus développées aux époques modernes qu'aux époques anciennes, surtout si l'on admet que les montagnes les plus élevées sont les plus récentes; il y aurait, en outre, des étoilements immenses sur la surface du globe, et l'on trouverait beaucoup de roches d'épanchement qui affecteraient cette disposition.

Les roches d'origine ignée sont beaucoup plus développées dans les terrains anciens, même en exceptant le premier terrain qui est exclusivement formé de roches plutoniennes, que dans les terrains modernes. Le contraire a lieu, jusqu'à un certain point, pour les roches d'origine aqueuse ou sédimentaire. Mais, si l'on tient compte des calottes internes, les roches neptuniennes, qui, du reste, résultent, sinon en totalité, du moins en majeure partie, de la dégradation des roches d'origine ignée, ne sont dans les divers terrains que des infiniment petits en comparaison des dimensions des substances plutoniques et de l'écorce du globe.

Tous les différents matériaux, qui entrent dans la composition de l'écorce du globe, ne sont pas rigoureusement disposés d'après les lois de leur pesanteur spécifique; néanmoins, les roches d'origine ignée sont d'autant plus denses qu'elles sont plus modernes. De sorte que, si l'on supprimait par la pensée les dépôts neptuniens, à partir de la ligne imaginaire dont j'ai déjà parlé, le sol serait, en allant successivement de bas en haut, formé de dépôts de plus en plus denses; tandis qu'inversement le sous-sol, en allant successivement de haut en bas, serait formé de couches de plus en plus denses. Cette inversion des densités résulte du déplacement successif d'une partie de la matière des couches fluides internes, et donne une nouvelle force à l'hypothèse de la chaleur centrale et à la théorie géologique qui a été précédemment développée.

Application des principes qui ont été exposés précédemment à la division rationnelle de la croûte du globe, et discussion sur la valeur de la méthode linéaire.

On a vu que le globe, pris dans son ensemble, peut être divisé en quatre parties :

1° L'atmosphère ;

2° Les mers ;

3° La croûte ;

4° Le noyau fluide.

Les deux premières parties sont assez simples, en elles-mêmes, pour ne pas nécessiter de division, quand on veut les étudier; tandis que les deux dernières étant très complexes, exigent, au contraire, qu'on y établisse des divisions pour leur étude approfondie. Il s'agit donc de déterminer des divisions naturelles, ou tout au moins rationnelles, dans les deux dernières parties.

Le principe de la discordance d'allure, si toutefois, en étendant la signification de cette dernière expression, il est applicable aux calottes internes qui forment le sous-sol, ne peut être directement employé pour établir des divisions dans cette partie de la croûte du globe ; mais les calottes internes et les terrains résultant de formations synchroniques, plus ou moins tranchées par les révolutions, ces calottes ou les divisions inférieures, doivent correspondre aux divisions supérieures, c'est-à-dire aux terrains. Leur nombre et leurs âges peuvent ainsi être établis d'après les terrains eux-mêmes. Dès lors, j'envisagerai particulièrement, dans les détails qui vont suivre, le sol ou, en d'autres termes, la partie de l'écorce du globe comprise depuis la ligne imaginaire, déterminée au milieu de la première croûte consolidée, jusqu'aux dépôts supérieurs les plus modernes inclusivement.

La surface du globe n'a probablement jamais été dans un état permanent, et nous sommes chaque jour témoins des modifications qu'elle éprouve : en effet, certains points de cette surface reçoivent de l'accroissement, soit aux dépens d'autres points qui se dégradent, soit au moyen de matières nouvelles qui, sous différents états, sont rejetées du sein de la terre. D'un autre côté, on a vu que la croûte du globe, qui résulte ainsi de formations successives, a été formée par des modes divers.

Il serait facile de reconnaître le rang de chaque dépôt, si la terre était successivement enveloppée de couches concentriques non interrompues, et si chacune de celles-ci recouvrait en tous points celle qui l'a précédée, car des superpositions directes seraient toujours visibles. Mais l'enveloppe terrestre ne se divise pas en feuillets complets, et dont le nombre, par conséquent, soit égal sur tous les points; il faut la regarder plutôt comme composée de lambeaux de formes irrégulières, qui ont été placés à côté, au-dessus ou au-dessous les uns des autres, pendant un laps de temps plus ou moins long, et de manière que les plus anciens dépôts, dans certaines de leurs parties, n'ayant jamais été recouverts par d'autres, ou ayant été dénudés après coup, peuvent, aussi bien que les plus modernes, paraître à la surface du sol.

La détermination des terrains est une question dont peu de géologues comprennent le vrai sens philosophique, et toute la difficulté. Dans l'étude des sciences, en général, outre les erreurs ordinaires que l'on peut commettre par les interprétations ou dans l'emploi des méthodes usitées, on oublie trop que les principes qui sont matériellement et uniquement établis sur des sommes de faits, ne triomphent souvent que pendant un certain laps de temps : ils triomphent, soit parce qu'on les admet comme des vérités immuables, et qu'alors on est loin de soupçonner leur faillibilité ; soit parce qu'on ne trouve pas de faits nouveaux qui les détruisent, ou que les faits nouveaux, contraires aux principes établis, sont regardés comme des exceptions qui confirment la règle. Mais, peu à peu, la connaissance des faits devient plus complète, les exceptions deviennent aussi plus nombreuses, la direction et la méthode d'observation varient, changent même de face, les contemporains des chefs d'écoles disparaissent, et les nouveaux savants, qui n'ont plus la même vénération pour ces principes déduits matériellement, et qui sont sous l'influence de nouvelles impressions, interprètent d'une manière différente les faits, et alors les principes sont détruits ; ou bien, il arrive quelquefois de ces hommes éminents qui, d'une seule conception, reconnaissent l'insuffisance, la faillibilité et même les erreurs de principes admis, et en posent d'autres d'après un ordre d'idées différent. Au contraire, les principes établis *à priori*, selon le vrai sens de cette expression, par des hommes supérieurs, et sur une conception générale et philosophique, restent presque toujours, quels que soient le progrès et l'allure des sciences. Il en est de même de la classification des terrains, si l'on appuie cette classification sur une donnée générale et philosophique, comme l'a fait M. Élie de Beaumont, elle restera tant que l'on n'aura pas démontré l'inexactitude du point de départ, que l'on n'aura pas détruit la base première. Or, il n'y a pas, il me semble, de principe plus général, plus philosophique, plus satisfaisant sous tous les rapports que celui de la chaleur centrale.

Comme pour arriver à toute classification scientifique, la condition première est de choisir, afin de les opposer les uns aux autres, des caractères de même sorte et de même valeur, il faut, pour diviser l'écorce du globe en terrains, n'avoir recours successivement qu'à une seule et même grande conception ; sous ce rapport, le principe des révolutions du globe est le seul qui remplisse complètement toutes les conditions d'une méthode rationnelle, si toutefois on lui refusait les caractères d'une méthode naturelle. En effet, s'il n'y avait pas eu de révolutions, si l'on n'admettait pas des hiatus à de certaines époques de la vie du globe, il n'y aurait pas lieu de tracer des divisions rationnelles, encore moins de rechercher des divisions naturelles, dans l'écorce du globe : car il est évident que, si la croûte du globe présentait une suite de dépôts non interrompus, depuis la partie inférieure jusqu'à la partie supérieure, on ne saurait où commencer et où s'arrêter pour y établir des divisions ; par conséquent, la division de l'écorce en terrains serait tout-à-fait arbitraire. Devant, de toute nécessité, admettre des révolutions, afin de pouvoir diviser l'écorce du globe en terrains, ou, plus exactement, y déterminer la série des terrains dont elle est composée, je répèterai ici la définition que j'ai déjà donnée à la page 173.

Un terrain comprend l'ensemble des matériaux formés, n'importe par quel mode, pendant une même époque déterminée par deux révolutions successives, tant au-dessus qu'au-dessous d'un niveau imaginaire, que l'on fixe au milieu de l'épaisseur de la première pellicule.

Les révolutions dont il s'agit, quoiqu'étant le résultat d'effets dynamiques qui s'exercent sur l'ensemble de la croûte du globe, n'ont probablement jamais arrêté complètement la formation des dépôts sur le sol : il y a eu, en certains lieux, pendant ces révolutions, continuation des phénomènes ordinaires, ainsi que j'ai dit précédemment; et les dépôts qui appartiennent, en quelque sorte à deux époques, forment les passages naturels entre les terrains. Mais, ce qu'il y a de constant, c'est que ces révolutions, qui ont eu lieu suivant un certain nombre d'arcs de grands cercles, aboutissant à un même diamètre pour une même époque, ont affecté à chaque époque, sinon toute la surface du globe, du moins la majeure partie, par un changement de position des surfaces, relativement à la normale.

Le grand effet dynamique, le soulèvement brusque, termine l'époque et appartient à cette époque. Les matières vomies pendant la durée du soulèvement brusque, ou les éruptions normales, appartiennent à cette époque, et se continuent accidentellement par des éruptions anormales pendant l'époque suivante; les matériaux arrachés, transportés, roulés, triturés, etc. appartiennent à cette dernière époque; les soulèvements ou affaissements lents normaux, ayant eu lieu à l'époque précédente, sont la préparation du soulèvement ou de l'affaissement brusque final, lui sont, par conséquent, naturellement liés et appartiennent à la première époque. Enfin, les roches d'origine ignée forment principalement le passage qui existe entre les terrains des deux époques successives.

Tel est le principe fondamental, celui des révolutions, pour préciser des divisions aussi tranchées qu'il est donné à l'investigation de l'homme de le faire. Quant aux subdivisions, on ne saurait en trouver de constantes : ce sont des détails bons pour une localité restreinte, et encore ces subdivisions sont-elles presque toujours arbitraires. Il est donc un nombre déterminé de divisions ou de terrains qu'on ne peut ni augmenter ni diminuer, seulement il faut arriver à reconnaître exactement ce nombre. C'est dans cette précision que consiste aujourd'hui le principal problème de la classification des terrains, et c'est vers ce but que tous les géologues de l'école moderne devraient diriger leurs études.

Pour qu'une classification soit rationnelle, il faut qu'elle satisfasse aux conditions dans tous les cas. Or, en admettant même que la classification paléontologique fût un jour démontrée exacte, elle ne serait tout au plus applicable qu'aux dépôts fossilifères; tandis que la classification linéaire est aussi bien applicable aux dépôts fossilifères qu'aux dépôts non fossilifères, aux roches d'origine ignée qu'aux autres, etc. Je sais que la classification linéaire ou la méthode des axes présente de grandes difficultés en pratique, surtout à l'égard des systèmes et des terrains anciens; mais, donner une méthode théorique pour déterminer les terrains, et donner une méthode pratique, sont deux choses distinctes; et, si dans l'application, la classification linéaire devient parfois très difficile, ce n'est pas un motif pour la rejeter, d'autant plus qu'elle est seule rationnelle, et que toutes les autres sont ou inexactes ou insuffisantes.

Je rappellerai que dans la méthode rationnelle de la classification des terrains, comme dans toute question d'un autre ordre, il importe de faire une distinction entre les principes et les moyens, c'est-à-dire entre les principes sur lesquels repose la classification des terrains et les moyens ou caractères qui servent dans la pratique à déterminer ces terrains: par exemple, un des principes de physique est que les corps augmentent de volume par une élévation de température, tandis que le thermomètre est un moyen ou instrument pour reconnaître et apprécier le phénomène de la dilatation. C'est faute d'avoir établi rigoureusement cette distinction, toute logique, que l'on n'a pu arriver à une classification rationnelle des terrains.

En définitive, les principes de la classification des terrains sont : 1° la superposition; 2° la discordance d'allures.

Les moyens ou les caractères sont beaucoup plus nombreux; je rappellerai l'inclinaison et la direction des couches, la direction des dépôts, des montagnes, des vallées, etc., les formes générales des montagnes, des vallées, des bassins, des dépôts, les dénudations, la présence de cailloux roulés, de grès, de poudingues, d'argiles, en un mot celle des matériaux de terrains préexistants dans d'autres ou à leur base, la position des axes des galets, des stalactites ou des cristaux dans les géodes, la pénétration, la distribution, les relations et la nature des roches d'origine ignée, les fossiles que renferment les terrains, etc.

La superposition est insuffisante pour déterminer et classer un terrain. Pour que la détermination soit complète, surtout quant à l'idée de l'ordre de succession, il faut employer simultanément les deux principes.

D'un autre côté, il ne suffit pas qu'une roche soit intercalée dans une ou deux autres, pour être de même âge que celles-ci; il faut qu'elle soit en allure concordante avec ces dernières. De plus, le principe de la concordance ou de la discordance d'allure s'applique aussi bien aux roches non stratifiées qu'aux roches stratifiées.

Chaque terrain est caractérisé ou séparé des autres par un système de soulèvements brusques, à la base par un dépôt caillouteux ou arénacé, et en général par un dépôt de combustible de transport : c'est une conséquence naturelle de la révolution qui termine l'époque de tranquillité. Par exemple, les grès, les arkoses, etc. du lias servent de base au terrain oolitique; le grès vert sert aussi de base au terrain crétacé inférieur; et ainsi de suite. Relativement à l'ensemble des dépôts stratifiés de chaque terrain, il paraît qu'après la production du système de soulèvements brusques, il s'est formé d'abord un dépôt de poudingues et de grès, puis un dépôt d'argile avec accumulation de débris de végétaux, qu'enfin la tranquillité étant rétablie, a commencé le dépôt normal, composé surtout de roches calcaires. La puissance de ces dernières roches et la quantité prodigieuse de coquilles, de polypiers, etc. fossiles qu'elles renferment, peuvent donner une idée de la durée immense de l'époque de tranquillité (1). Tous ces résultats découlent nécessairement de l'hypothèse des révolutions et des effets des eaux, mises en mouvement par les vibrations subites de l'écorce et revenues ensuite à l'état de calme ordinaire.

On se méprend trop souvent sur le choix des inclinaisons des couches pour connaître les allures qui résultent des

(1) Ce sont des considérations de cet ordre qui, jointes à d'autres, telles que la concordance d'allures du terrain houiller, du calcaire carbonifère et du grès rouge dans un grand nombre de localités, notamment dans la Vendée, m'ont fait réunir le calcaire carbonifère et le grès rouge au terrain houiller; car, si l'on sépare du terrain houiller le calcaire carbonifère et le vieux grès rouge, où serait la roche normale sédimentaire qui aurait dû être formée pendant le laps de temps nécessaire à l'accumulation des végétaux pour donner lieu à la houille, qui, elle-même, paraît avoir été formée en grande partie sur place? et où seraient les matériaux qui auraient été transportés avec plus ou moins de violence par suite du système de soulèvements de l'époque précédente, si l'on ne suppose pas que les grès houilliers soient les représentants des matériaux de transport qui doivent servir de base? D'un autre côté, il est bien difficile d'admettre que les lambeaux de terrain houiller qui existent à la surface du globe, constituent seuls les dépôts d'origine sédimentaire qui ont dû être formés pendant une grande époque (pour d'autres détails sur ce sujet, voyez : 1° les notes que j'ai insérées dans le *Bulletin de la Société géologique*, Tom. I, 2e série, pag. 103, 142, 271, 273; 2° mon *Mémoire sur les roches dioritiques de la France occidentale;* 3° mon *Mémoire sur les terrains houillers de la Vendée*). Mais une opinion toute puissante est venue naguère ébranler la mienne. M. Élie de Beaumont a cru devoir admettre un système de soulèvements entre le terrain houiller et le vieux grès rouge; j'ignore si le célèbre géologue est entièrement fixé sur la place que doit occuper ce système dans les divisions des autres géologues. Je ne doute nullement de l'existence du système; mais, je lui en demande pardon, je doute encore de la justesse de la place qu'il lui assigne, ou pour mieux dire, des rapports qu'il lui assigne avec le terrain devonien, terrain rendu si élastique par ses auteurs. Il y a certainement à faire quelque chose dans le voisinage du terrain houiller et du terrain anthraxifère, c'est-à-dire qu'il faudrait faire une répartition mieux entendue des dépôts qui les composent, et leur chercher des limites plus exactes; car ces terrains, tels qu'ils ont été déterminés, ne correspondent pas rigoureusement aux systèmes de M. Élie de Beaumont. Cette discordance et cette indécision resteront, tant qu'on ne partira pas du principe de la stratification pour limiter les terrains dont il est question.

systèmes de soulèvements ou d'affaissements; en général, les inclinaisons qui se montrent çà et là sur une petite étendue, sont des accidents d'ondulations, d'affaissements ou de soulèvements que l'on doit négliger pour la détermination des allures générales (1). Les systèmes de soulèvements affectent le sol sur une grande étendue; celui-ci offre alors de grandes surfaces plus ou moins ondulées, mais qui peuvent être ramenées à des plans inclinés, en négligeant les accidents. On ne saurait donc déduire les allures des soulèvements normaux que sur des plans généraux et que d'après la forme des grandes masses. Dans tous les cas, les lignes principales des directions qui donnent les allures générales, font disparaître les accidents dont il est question.

On serait dans l'erreur, si l'on croyait que la méthode linéaire n'est applicable que dans les pays de montagnes, et que dans le cas où les couches sont fortement redressées; c'est tout le contraire : l'application de la méthode linéaire est plus difficile dans les pays bouleversés que dans les contrées où les couches sont peu inclinées; car les pays de montagnes sont des accidents très compliqués, tandis que les contrées à couches peu relevées représentent, avec toute sa simplicité et sur sa véritable échelle, le résultat du phénomène normal.

Non-seulement il ne faut pas considérer uniquement les montagnes, et surtout ne pas choisir des montagnes isolées, pour principal guide dans la détermination des directions des systèmes des soulèvements normaux, mais encore les montagnes isolées peuvent conduire à des résultats erronés : car, en calculant la base d'une montagne, sa hau-

(1) La construction des chemins de fer, notamment de celui de Paris à Sceaux, a mis à découvert des accidents très remarquables, qui pourraient être pris tout d'abord pour des effets de soulèvements normaux; mais ce sont ordinairement des ondulations qui résultent d'affaissements accidentels ou de pressions latérales.

teur et l'effort qui a été nécessaire pour la former, on voit que tout cela n'est qu'un infiniment petit eu égard au globe et au phénomène général ; qu'ainsi, les montagnes, étant des accidents très limités et plus ou moins compliqués, peuvent avoir été produites par des actions indépendantes du phénomène normal d'un système de rides et de cassures.

De prime abord, il paraît assez difficile d'appliquer la méthode linéaire dans les pays à couches peu relevées ; mais, d'un côté, la question ne doit pas être considérée sous ce point de vue, car lorsqu'il s'agit de poser les bases d'une classification, établir les principes et appliquer ces principes, sont, je le répète, deux choses très distinctes ; d'un autre côté, on est dans l'erreur, lorsqu'on pense que les couches qui paraissent horizontales, ne sont pas susceptibles d'être déterminées par la concordance ou la discordance de stratification. En réalité, aucune couche n'est rigoureusement horizontale : en effet, une couche qui n'a pas été dérangée après son dépôt, offre une portion de calotte qui, prise en grand, est assez régulière à partir de son centre, et symétrique avec la figure du globe ; tandis que, si elle a subi un mouvement, quelque léger qu'il soit, le plan tangent au pied de la normale, élevée à son centre, a changé de position, et la calotte elle-même n'est plus symétrique avec la figure offerte précédemment par le globe. Je fais, ici, abstraction des accidents que présentent des surfaces ondulées et brisées ; je considère seulement l'ensemble de la surface ramenée à une surface régulière. Les terrains oolitiques, crétacés et tertiaires nous offrent de nombreux exemples de dérangements peu sensibles ; ils nous montrent, en effet, des dépôts qui se recouvrent comme les tuiles d'un toit, et comme en produirait une continuation de dépôts pendant la manifestation de soulèvements lents. Si les phénomènes s'étaient passés autrement, serait-il possible d'admettre les belles idées de Cuvier et de M. Alex. Brongniart, à l'égard du retour de la mer sur le sol tertiaire des environs de Paris ? Outre cela, le cas ordinaire n'est-il pas de voir les terrains fortement relevés dans les montagnes, pour diminuer insensiblement d'inclinaison en s'éloignant de ces espèces de centres d'action. La moindre observation fait supposer que le maximum de l'énergie s'est produit dans les montagnes, et qu'à partir de ces grands reliefs, l'intensité du phénomène est allée successivement en s'affaiblissant jusque vers la ligne médiane des plaines. D'après cette interprétation, on doit donc, pour avoir une idée exacte et complète de l'effet dynamique, coordonner l'allure que présentent les montagnes avec celle que montrent les plaines et les bassins qui leur correspondent.

Lorsqu'il est impossible d'apprécier à l'œil et de déterminer avec la boussole du géologue l'allure d'un dépôt, d'un terrain, cette détermination devient très facile à l'aide d'opérations géodésiques : c'est même le seul moyen rigoureux qu'on doive employer pour déterminer l'allure générale ou de l'ensemble. Les tracés exacts de plans, de coupes et d'épures donnent les principaux détails, et, ce qui est le plus important, la représentation générale de la figure et de la position des dépôts, par conséquent les principaux caractères stratigraphiques des terrains.

Un dépôt quelconque, après sa formation, peut toujours être ramené à une figure simple, et peut toujours être ordonné, au moyen d'une construction géométrique, par rapport à un ou à deux plans tangents en certains points. Il en est de même après le changement d'allure du dépôt; seulement, la construction est alors plus compliquée et exige plus de sagacité. Dans tous les cas, la ligne tangentielle principale du plan auxiliaire ou l'intersection des deux plans détermine la position de la ligne ordonnatrice.

ou l'allure générale du dépôt, par rapport à l'horizon. Mais l'application de ces principes devient quelquefois très délicate, et la solution des différents problèmes, qui en sont la conséquence, réclame souvent la plus grande attention de la part de l'observateur.

Je dois prévenir une objection qu'on ne manquerait pas de faire à la classification linéaire, sur la difficulté dans beaucoup de cas, et sur l'impossibilité dans certains autres, d'appliquer cette classification. Ainsi, lorsque durant deux époques consécutives, les dépôts ont continué à se former sans interruption dans une même localité, et lorsque ces dépôts, appartenant à deux terrains différents, n'ont été dérangés qu'après la formation du dernier terrain, les dépôts des deux terrains paraissent être caractérisés par les mêmes directions, les mêmes allures; par exemple, si dans une localité, depuis l'époque de la formation du lias jusqu'à celle de la craie blanche, les dépôts avaient continué à se former sans interruption, dans ce cas, il serait impossible de distinguer entre eux le terrain oolitique et le terrain du grès vert, par la discordance de stratification, et par conséquent de les classer d'après la méthode linéaire. Or, je ferai les réflexions suivantes : 1° Cette succession non interrompue mathématiquement n'a jamais existé; 2° quoique, dans certaines localités, des terrains successifs présentent tout d'abord les mêmes caractères linéaires, ou bien quoiqu'il y ait eu continuation des formations sur une étendue plus ou moins considérable de la surface du globe, en réalité, si l'on étudie attentivement les terrains, on verra que, dans des points extrêmes surtout, il y a eu modification ou interruption du phénomène, et par suite, dépôts discordants; 3° si l'on considère en grand et si l'on compare entre eux les dépôts respectifs des terrains, on reconnaîtra que les dépôts superposés qui appartiennent à des terrains différents, ne sont pas parallèles, et que ce défaut de parallélisme est d'un ordre essentiellement différent des accidents que peuvent présenter les dépôts qui appartiennent à un même terrain. D'un autre côté, en supposant que le même ordre de choses ait pu régner pendant deux époques successives dans une même localité et qu'il n'y ait pas eu d'interruption dans la formation des dépôts, je ne vois pas comment il serait possible de différencier les deux terrains par les fossiles, et où l'on établirait la ligne de démarcation, à moins de se jeter dans le domaine de l'arbitraire, si l'on voulait en déterminer une au moyen des restes organisés,

Relativement à l'emploi de la méthode linéaire, il faut, pour la détermination des terrains, avoir bien soin, je ne saurais trop le répéter, de mettre de côté les discordances accidentelles, car elles ne sont pas même des éléments du problème: il est indispensable de ne prendre que les discordances des allures des dépôts considérés sur une grande échelle. Néanmoins, les discordances ou les concordances accidentelles sont toujours utiles pour avoir la représentation complète de la configuration des dépôts, et pour se former une idée exacte des phénomènes accidentels ou des particularités des phénomènes généraux; c'est pourquoi, aucun détail ne doit être oublié dans la pratique. Seulement, il est des faits qui sont la traduction de phénomènes généraux, tandis qu'il en est d'autres qui sont la traduction de phénomènes particuliers.

Les naturalistes qui établissent les terrains d'après le caractère des fossiles, oublient ou ne veulent pas admettre qu'un terrain comprend l'ensemble des dépôts qui ont été formés pendant une même époque, que les époques sont déterminées par des révolutions, et que pour qu'il y ait des terrains différents, il faut supposer des hiatus; car, s'ils pensaient autrement, pourquoi ne placeraient-ils pas en première ligne les principes qui servent de base à la classification linéaire? Aussi, que leur arrive-t-il trop souvent, en se laissant guider surtout par les principes qu'ils posent eux-mêmes? ils identifient des terrains différents, ou différencient des parties d'un même terrain, c'est-à-dire qu'ils établissent des divisions différentes de celles que la nature a faites d'une manière plus ou moins tranchée. Je citerai comme exemples : 1° le terrain à nummulites des Pyrénées qui est supérieur à la craie blanche, dans lequel on a trouvé des fossiles de la craie et du terrain éocène, terrain que MM. Dufrénoy et Elie de Beaumont avaient séparé de la craie et du terrain éocène d'après les caractères stratigraphiques qu'il présente, et que j'avais admis dès 1839 dans mon *Traité de Géologie* sous le nom de dépôt coquillier (pag. 170) ; 2° l'ensemble des couches auxquelles on avait donné le nom de terrain néocomien, mais que M. Fitton a ensuite réunies au terrain du grès vert, et que j'avais déjà regardées comme des dépôts marins synchroniques de l'argile de weald et comme formant un des membres du terrain du grès vert (*Mémoire sur les terrains crétacés de la France occidentale*, pag. 3).

Pour terminer cette discussion, relative aux méthodes de classification, je crois utile de rapporter l'opinion écrite du géologue le plus éminent de notre époque sur les caractères des fossiles. Voici un passage extrait des leçons de géologie pratique de M. Elie de Beaumont (1er vol., p. 64).

« Les caractères tirés des fossiles, les caractères paléon-
« tologiques, portant sur un grand nombre d'objets sont
« devenus pour l'identification des couches des diverses lo-
« calités, un guide moins incertain que les caractères mi-
« néralogiques. Toutefois, on ne doit jamais oublier que ce
« moyen de classification est essentiellement subordonné
« aux observations stratigraphiques, et que c'est des faits

« stratigraphiques qui lui servent de point de départ qu'il « tire toute sa vertu.............

« Tout semble annoncer que des formes analogues se « sont succédé dans les différentes parties de la terre dans « le même ordre ; car on les trouve constamment super- « posées suivant la même loi ; et que des formes, sinon « identiques, du moins correspondantes, doivent y avoir « existé partout en même temps. En partant de cette con- « sidération fondamentale, on parvient à rapprocher les « unes des autres les couches contemporaines observées « dans les contrées les plus éloignées. Cependant on doit « avouer que par ce moyen, on fait le rapprochement dont « il s'agit avec moins de certitude et de précision que si, « la mer étant à sec, on pouvait suivre la continuité des « couches d'une contrée dans une autre............

« A ce sujet, il faut remarquer que l'étude des êtres « organisés ne sert pas seulement à fournir des caractères « pour connaître les couches ; la géologie n'a même besoin « de recourir à ce moyen empyrique qu'en raison de « l'état imparfait et transitoire où elle se trouve encore ; « ce n'est pas là le but final et le plus important de la pa- « léontologie ; ce genre d'observations conduit à un ré- « sultat d'un ordre bien plus élevé : à nous faire con- « naître les organisations variées qui ont existé sur la « surface de la terre ; les formes successives des êtres or- « ganisés dont la terre a été peuplée ; le renouvellement « soit brusque, soit lent que ces êtres y ont éprouvé ; « phénomènes éminemment curieux que la géologie « nous a révélés. Par là, nous arriverons, en outre, à la « connaissance des circonstances physiques au milieu « desquelles ces êtres ont vécu ; à conclure, d'après les « formes de ces êtres, soit animaux, soit végétaux, quels « ont été les différents climats qui ont existé à diverses « époques sur chaque point de la surface de la terre ;

« quels ont été les milieux atmosphériques, les circon- « stances météorologiques auxquelles chaque série d'êtres « organisés a été appropriée. Mais ce but exige la con- « naissance la plus approfondie des lois de l'organisation. « En considérant la paléontologie sous ce point de vue « plus relevé, il devient nécessaire de lui appliquer les « notions les plus philosophiques tirées de l'étude du règne « organique. Il a fallu toute la science anatomique de « M. Cuvier, toute la science botanique de M. Ad. Bron- « gniart, pour établir comme ils l'ont fait, sur d'in- « formes débris, les grands animaux et les végétaux « singuliers dont la surface de la terre a été peuplée. »

Enfin, je renverrai pour d'autres explications sur les fossiles aux pages 574 à 612 de mon *Traité de Géologie*.

Application de la méthode linéaire ou classification rationnelle des terrains dans l'état actuel de la science.

Dans l'état actuel de nos connaissances, il est impossible de présenter le tableau exact et complet des terrains : il s'écoulera probablement encore bien des années avant que l'on puisse recueillir les éléments nécessaires, soit pour déterminer les allures respectives, en un mot les caractères spéciaux des terrains, soit pour préciser le nombre de ceux-ci. Je n'ai donc nullement la prétention de donner un tableau définitif des terrains : celui qui va suivre ne se trouve ici que pour mémoire; il n'est, du reste, qu'un simple résumé de nos connaissances sur les systèmes de dislocations, comparés aux systèmes des dépôts qui se sont formés, n'importe par quel mode, au dessus du niveau imaginaire. Quant aux dénominations employées ci-après pour désigner les différents terrains, on ne saurait y attacher de l'importance : on ne doit prendre en considération sérieuse que les principes de la méthode linéaire.

Dans la classification des terrains, un grand nombre de géologues ont relégué à la fin de leur légende, dans une espèce d'appendice, les roches d'origine ignée. Cette méthode est irrationnelle vu l'importance relative de ces roches, et d'après des faits que j'ai exposés précédemment, pages 274 à 278. Il est donc indispensable de classer les roches d'origine ignée parallèlement avec les roches sédimentaires, auxquelles elles correspondent par contemporanéité de formation. Dans chaque grande division chronologique ou dans chaque terrain, en exceptant toutefois ceux qui sont entièrement d'origine ignée, ont peut dès lors établir deux grandes subdivisions : l'une comprenant les roches stratifiés, et l'autre comprenant les roches non stratifiées ; de cette manière on a parallèlement la succession des roches d'origine aqueuse et celle des roches d'origine ignée, formées pendant une même grande époque géologique. Cette méthode offre quelquefois plus de difficulté dans la pratique, mais est seule rigoureuse et complète. Enfin, on devrait tenir compte dans chaque terrain de la calotte interne qui lui correspond.

TERRAINS.

Historique ou moderne ;
?
Pliocénique ou tertiaire ;
Miocénique ou tertiaire moyen ;
Eocénique ou tertiaire inférieur ;
?
Crétacique ou de la craie blanche ;
Glauconique ou du grès vert ;
Oolitique ou jurassique ;
Triasique ou du Trias ;
Psamméritbrique ou Vosgien ;

Pénéique ou pénéen (permien);
Carbonique ou houiller;
Anthracitique ou Anthraxifère;
Grauwacique ou de la Grauwacke;
Phylladique;
Talcique;

?

Granitique ou gneissique.

Il y a probablement des lacunes dans ce tableau, surtout en ce qui touche la série des terrains anciens, les systèmes des dislocations anciennes ayant été péu prononcés eu égard aux autres, et leurs caractères ayant été plus ou moins compliqués et effacés par les suivants.

Comme il n'y a qu'une idée générale, celle de l'époque déterminée par deux révolutions successives, qui puisse servir de terme de comparaison à la série des dépôts formant l'écorce du globe et comme les divers terrains n'ont pas de commun diviseur, on ne saurait établir dans chaque terrain des subdivisions comparables entre elles; dès lors toute subdivision d'un terrain sera arbitraire ou locale.

TABLE DES MATIÈRES.

ERRATA.

Page 8, ligne 12, au lieu de : relativement à la théorie *de* métamorphisme, lisez : relativement à la théorie du métamorphisme.

Page 14, ligne 10, au lieu de 1699, lisez 1669.

Page 126, ligne 21, au lieu de : de la $\frac{1}{300}$ partie de 1°, lisez : de $\frac{1}{300}$ de 1°.

Page 127, ligne 15 au lieu de : de la $\frac{1}{300}$ de 1°, lisez : de $\frac{1}{300}$ de 1°.

Page 212, ligne 20, au lieu de : surface *émargée*, lisez : surface émergée.

Page 266, au lieu de la formule $\varphi = \frac{Pa \cos. H (1 + \frac{1}{2} e^2 \sin._2 H)}{R}$ (1),

Lisez

$$\varphi = \frac{Pa \cos. H (1 + \frac{1}{2} e^2 \sin.^2 H)}{R} (1).$$

Page 268, ligne 7, au lieu *de* : la série *de* dépôts, lisez : la série des dépôts.

www.ingramcontent.com/pod-product-compliance
Ingram Content Group UK Ltd.
Pitfield, Milton Keynes, MK11 3LW, UK
UKHW012017240726
13965UKWH00002B/412